MEYBERG/VACHENAUER
AUFGABEN UND LÖSUNGEN ZUR ALGEBRA

MATHEMATISCHE GRUNDLAGEN
für Mathematiker, Physiker und Ingenieure

Herausgeber: Prof. Dr. J. Heinhold, München

CARL HANSER VERLAG MÜNCHEN WIEN

Aufgaben und Lösungen zur Algebra

von
DR. KURT MEYBERG
Wissenschaftlicher Rat und Professor

und

DR. PETER VACHENAUER
Oberassistent

am Institut für Mathematik der Technischen Universität München

466 Aufgaben mit vollständigen Lösungen

CARL HANSER VERLAG MÜNCHEN WIEN 1978

CIP-Kurztitelaufnahme der Deutschen Bibliothek

Meyberg, Kurt:
Aufgaben und Lösungen zur Algebra : 466 Aufgaben mit vollst. Lösungen / von Kurt Meyberg u. Peter Vachenauer. – München, Wien : Hanser, 1978.
(Mathematische Grundlagen für Mathematiker, Physiker und Ingenieure)
Erg. zu: Meyberg, Kurt: Algebra.
ISBN 3-446-12173-0

NE: Vachenauer, Peter :

Druck: Georg Appl, Wemding
Printed in Germany

Vorwort

Diese Aufgabensammlung entstand aus den von beiden Autoren in den vergangenen Jahren wiederholt abgehaltenen Übungen zu den Algebra-Vorlesungen an der Universität München und an der Technischen Universität München. Wir haben sie in erster Linie für die Studenten geschrieben, sie kann aber durchaus auch dem fertig ausgebildeten Mathematiker als Quelle für Beispiele und Ergänzungen zum Inhalt einer Algebra-Vorlesung dienen.

Zum Einüben des Stoffes haben wir sehr viele leichte, typische Aufgaben angegeben; an konkreten Beispielen soll der Student die Wirkungsweise der abstrakten Methoden erfahren. Diese Sammlung enthält aber auch eine ganze Reihe schwieriger Aufgaben, die den Forschungsdrang der interessierten Studenten anregen sollen und als Herausforderung an diese gedacht sind, sich vertieft selbständig mit Problemen der Algebra zu befassen. Auch haben wir einige uns besonders wichtig erscheinende Ergänzungen zum üblichen Vorlesungsstoff in Aufgabenform eingearbeitet; diese Aufgaben sind durch einen Stern ✡ gekennzeichnet.

An Vorkenntnissen setzen wir den jeweiligen Stoff aus dem in der gleichen Reihe beim Hanser Verlag erschienen zweibändigen Lehrbuch ALGEBRA I, II von K.MEYBERG voraus, gelegentlich auch Ergebnisse vorhergehender Aufgaben. (Die in den Lösungen angegebenen Verweise beziehen sich auf die Nummerierung des Lehrbuches.) Dadurch ist so manche Lösung etwas länger ausgefallen, als sie es bezugnehmend auf höhere Hilfsmittel eventuell wäre. Sicher gibt es auch zu dieser oder jener Aufgabe eine noch elegantere Lösung als die hier angegebene (und die ebenfalls mit den gleichen Hilfsmitteln auskommt); für entsprechende Hinweise wären wir sehr dankbar.

Wir haben die Aufgaben nicht nach Schwierigkeit geordnet und bewußt nur die als Ergänzung zum Lehrbuch gedachten (allerdings meist sehr schweren) Aufgaben mit einem Stern markiert. Ebenso haben wir im Aufgabenteil auf Hinweise für die Lösung verzichtet; denn wir wünschen, daß der Leser unbefangen jede Aufgabe angeht und sich zunächst die jeweilige Problematik durch eigene Überlegungen erschließt. Wer Hilfe benötigt, möge einen kurzen Blick auf die Lösung im zweiten Teil des Buches werfen. Damit die Nähe der Lösung nicht zum sofortigen Nachsehen verführt und jede Orginalität erdrückt, haben wir sie von den Aufgaben getrennt. Die Lösungen sind vollständig und ausführlich ausgearbeitet. Dieses entspricht der Intention der Verfasser, nicht nur eine Materialsammlung vorzulegen, sondern auch vorzuführen, in welcher Ausführlichkeit und in welcher Form wir vom Studenten die Lösung einer gestellten Aufgabe erwarten (z.B. im Examen).

Die von uns verwendeten Quellen sind zahlreich. Es ist bei vielen Aufgaben unmöglich, den Ursprung anzugeben, da sie häufiger in der Literatur (mitunter in jedem besseren Lehrbuch) vorkommen. Auch haben wir interessante Examensaufgaben, die in den letzten Jahren für Lehramtskandidaten in Bayern gestellt wurden, in den hier behandelten Stoff eingearbeitet.

Wir danken dem Herausgeber dieser Reihe, Herrn Professor Dr. Josef Heinhold und dem Carl Hanser Verlag herzlich für die gute Zusammenarbeit bei der Fertigstellung dieses Buches.

München, im Juli 1978 Die Verfasser

Inhaltsverzeichnis

ERSTER TEIL. AUFGABEN

I. GRUPPEN

A. GRUPPEN , UNTERGRUPPEN , HOMOMORPHISMEN

1. Man zeige: $(\mathbf{Z},+)$, $(\mathbf{Q},+)$, $(\mathbf{R},+)$, $(\mathbf{C},+)$ und $(\{+1,-1\},\cdot)$, $(\mathbf{Q}\setminus\{0\},\cdot)$, $(\mathbf{R}\setminus\{0\},\cdot)$, $(\mathbf{C}\setminus\{0\},\cdot)$ sind (additive bzw. multiplikative) abelsche Gruppen. [0])

2. Man zeige, daß $\mathbf{Z}\setminus\{0\}$ zusammen mit der üblichen Multiplikation und $2\mathbf{Z}+1 = \{2k+1 \; ; \; k \in \mathbf{Z}\}$ zusammen mit der Addition keine Gruppen sind.

☆**3.**a) Es sei K ein Körper. Man zeige, daß die Menge $Gl(n,K)$ der invertierbaren $n \times n$ - Matrizen über K zusammen mit der üblichen Matrizenmultiplikation eine Gruppe ist.
($Gl(n,K)$ heißt *lineare Gruppe vom Rang* n *über* K .)

b) Man bestimme die Ordnung (= Anzahl der Elemente) von $Gl(n,K)$, wenn K ein endlicher Körper ist mit p^k Elementen.

4.a) Es sei $X \neq \emptyset$ eine beliebige Menge. Man zeige, daß $S(X) := \{f : X \longrightarrow X \; ; \; f \text{ bijektiv}\}$ zusammen mit der üblichen Komposition von Abbildungen, $f \circ g\,(x) := f(g(x))$, eine Gruppe ist.
($S(X)$ heißt *symmetrische Gruppe von* X .)

b) Für $X_n = \{1,2,\ldots,n\}$ werden die Elemente von $S_n := S(X_n)$ in der Form

$$f = \begin{pmatrix} 1 & 2 & \ldots & n \\ f(1) & f(2) & \ldots & f(n) \end{pmatrix}$$

angegeben (vgl. 1.4.(1)) . Man berechne die folgenden Produkte in S_6

---

[0]) *Für die Mengen der natürlichen Zahlen (ohne Null), natürlichen Zahlen mit Null, ganzen Zahlen, rationalen Zahlen, reellen Zahlen und komplexen Zahlen gelten folgende Bezeichnungen:*

$$\mathbf{N} \; , \; \mathbf{N}_0 \; , \; \mathbf{Z} \; , \; \mathbf{Q} \; , \; \mathbf{R} \; , \; \mathbf{C} \; .$$

$$\begin{pmatrix}1&2&3&4&5&6\\3&1&2&4&6&5\end{pmatrix}\begin{pmatrix}1&2&3&4&5&6\\3&1&4&6&5&2\end{pmatrix},$$

$$\begin{pmatrix}1&2&3&4&5&6\\6&5&4&3&2&1\end{pmatrix}\begin{pmatrix}1&2&3&4&5&6\\5&4&3&2&1&6\end{pmatrix},$$

$$\begin{pmatrix}1&2&3&4&5&6\\2&1&4&3&6&5\end{pmatrix}^5,\ \begin{pmatrix}1&2&3&4&5&6\\6&4&5&1&2&3\end{pmatrix}^5$$

und gebe zu den angegebenen Permutationen die Inversen an.

5. Man zeige, daß $G = \left\{\begin{pmatrix}a&b\\-b&a\end{pmatrix};\ a,b\in\mathbf{R}\ \text{mit}\ a^2+b^2\neq 0\right\}$ zusammen mit der Matrizenmultiplikation eine abelsche Gruppe ist. Man löse in G die Gleichung

$$\begin{pmatrix}4&3\\-3&4\end{pmatrix}\begin{pmatrix}x&y\\-y&x\end{pmatrix}\begin{pmatrix}6&2\\-2&6\end{pmatrix}=\begin{pmatrix}1&3\\-3&1\end{pmatrix}.$$

6. Man zeige, daß $G = \mathbf{R}\setminus\{-1\}$ zusammen mit der durch

$$a \times b = a + b + ab$$

definierten Operation eine Gruppe ist. Man löse in G die Gleichung

$$5 \times x \times 6 = 17 .$$

7. Es sei G eine Gruppe und $X \neq \emptyset$ eine beliebige Menge. Man zeige, daß die Menge aller Abbildungen von X in G

$$\mathrm{Abb}(X,G) := \{f\ ;\ f : X \longrightarrow G\}$$

zusammen mit der durch $(f\cdot g)(x) = f(x)g(x)$ definierten Operation $(f,g) \longmapsto f\cdot g$ eine Gruppe ist.

8. Es sei $(G,\odot)$ eine Halbgruppe mit den folgenden Eigenschaften

(α) Es gibt $g \in G$ mit $e \odot a = a$ für alle $a \in G$,

(β) Zu jedem $a \in G$ gibt es $b \in G$ mit $a \odot b = e$.

a) Man beweise oder widerlege, daß $(G,\odot)$ eine Gruppe ist.

b) Zeige, daß $(\{x\odot e\ ;\ x\in G\},\odot)$ eine Gruppe ist.

c) Man zeige, daß die Eigenschaften (α) und (β) äquivalent sind zu

(γ) Zu jedem $a \in G$ gibt es $b \in G$ mit $a \odot b \odot c = c$ für alle c .

9. Man beweise: Eine nicht-leere Menge G zusammen mit einer inneren Verknüpfung $\cdot$ ist genau dann eine Gruppe, wenn gilt:

(α) Es gibt $e \in G$ mit $a \cdot e = e \cdot a = a$ für alle $a \in G$,

(β) Zu jedem $a \in G$ gibt es $b \in G$ mit $a \cdot b = b \cdot a = e$,

(γ) Für alle $a,b \in G$ mit $a \cdot b = e$ gilt

$$(x \cdot b) \cdot (a \cdot y) = x \cdot y \quad \text{für alle } x,y \in G .$$

10. Es sei G eine nicht-leere Menge mit einer inneren Verknüpfung $/ : G \times G \longrightarrow G$, $(x,y) \longmapsto x/y$, mit folgenden Eigenschaften:

(α) $x/x = y/y$ für alle $x,y \in G$,

(β) $x/(y/y) = x$ für alle $x,y \in G$,

(γ) $(x/z)/(y/z) = x/y$ für alle $x,y,z \in G$.

Man zeige, daß $(G,\cdot)$ mit $x \cdot y := x/((x/x)/y)$ eine Gruppe ist.

11. Es sei $n \in \mathbf{N}$ und $\mathbf{Z}_n = \{k + n\mathbf{Z} \; ; \; k \in \mathbf{Z}\}$ die Menge der Restklassen modulo n . Addition und Multiplikation in $\mathbf{Z}_n$ sind definiert durch

$$(k + n\mathbf{Z}) + (j + n\mathbf{Z}) = (k + j) + n\mathbf{Z} ,$$

$$(k + n\mathbf{Z}) \cdot (j + n\mathbf{Z}) = (k \cdot j) + n\mathbf{Z} .$$

a) Man zeige:

i) $(\mathbf{Z}_n,+)$ ist eine abelsche Gruppe der Ordnung n .

ii) $(\mathbf{Z}_n \setminus \{n\mathbf{Z}\},\cdot)$ ist für $n > 1$ genau dann eine Gruppe, wenn n eine Primzahl ist.

iii) $\mathbf{Z}_n^* := \{k + n\mathbf{Z} \; ; \; \mathrm{ggT}(k,n) = 1\}$ (das ist die Menge der Restklassen $k + n\mathbf{Z}$, wobei k zu n teilerfremd) ist zusammen mit der Multiplikation von Restklassen eine Gruppe. ($\mathbf{Z}_n^*$ heißt *prime Restklassengruppe modulo* n .)

b) Man stelle die Gruppentafel auf für $(\mathbf{Z}_n,+)$ und $(\mathbf{Z}_n^*,\cdot)$ für alle $n \in \mathbf{N}$ mit $3 \le n \le 17$. (Verwende jeweils die Bezeichnung $\overline{k} := k + n\mathbf{Z}$.)

c) Löse $(\overline{27} + x) + \overline{116} = \overline{-3}$ in $(\mathbf{Z}_n,+)$ für $n = 2,8,17$.

d) Berechne $\overline{125} \cdot \overline{316}$ in $(\mathbf{Z}_n^*,\cdot)$ für $n = 3,10,16$.

12. Es seien

$$E = \begin{pmatrix} 1 & 0 \\ 0 & 1 \end{pmatrix} , \quad I = \begin{pmatrix} 0 & 1 \\ -1 & 0 \end{pmatrix} , \quad J = \begin{pmatrix} 0 & i \\ i & 0 \end{pmatrix} , \quad K = \begin{pmatrix} -i & 0 \\ 0 & i \end{pmatrix}$$

Matrizen aus $\mathbb{C}^{(2,2)}$, wobei $i \in \mathbb{C}$ mit $i^2 = -1$. Man zeige, daß $G := \{E, -E, I, -I, J, -J, K, -K\}$ zusammen mit der Matrizenmultiplikation eine Gruppe ist. Man stelle die Gruppentafel auf. (Diese Gruppe heißt *Quaternionengruppe* .)

13. Man gebe die Gruppentafeln der symmetrischen Gruppen S_3 und S_4 an.

14. Es sei $G = \{e=a_1, a_2, \ldots, a_{12}\}$ eine multiplikative Gruppe mit neutralem Element e . Es gelte

$$a_2^k \neq e \text{ für } 1 \leq k < 6 , \quad a_2^6 = a_3^2 = e , \quad a_2 a_3 = a_3 a_2^{-1} .$$

Man stelle die Gruppentafel auf.

15. Man zeige, daß in einer endlichen Gruppe $(G,\cdot)$ gerader Ordnung die Menge $\{x \in G ; x^2 = e\}$ eine gerade Anzahl von Elementen hat.

16. Man zeige, daß jede Gruppe mit 4 Elementen abelsch ist.

17. Es sei $(G,\cdot)$ eine (multiplikative) Gruppe, in der $a^2b^2 = (ab)^2$ gilt für alle $a,b \in G$. Man zeige, daß G abelsch ist.

18. Es sei $(G,\cdot)$ eine Gruppe, zu der es ein $k \in \mathbb{N}$ gibt, so daß

$$(ab)^{k+i} = a^{k+i} b^{k+i} \quad \text{für } 0 \leq i \leq 2 \text{ und alle } a,b \in G .$$

Man zeige, daß G abelsch ist.

19. Man zeige, daß es zu je zwei Elementen a,b einer Gruppe G ein Element $g \in G$ gibt mit $ab = g(ba)g^{-1}$ (d.h. ab ist konjugiert zu ba).

20. Es sei $(G,\cdot)$ eine Gruppe , $x,y \in G$, e neutrales Element in G . Man zeige:

$$xy^2 = y^3x \text{ und } x^3y = yx^2 \Rightarrow x = y = e .$$

21. Es sei G eine Gruppe mit $a^p = e$ für alle $a \in G$, p Primzahl; ferner seien je zwei Elemente $\neq e$ zueinander konjugiert (d.h. zu $a \neq e$, $b \neq e$ gibt es $x \in G$ mit $a = xbx^{-1}$).
Man zeige, daß G höchstens zwei Elemente enthält.

22. Es sei G eine Gruppe und $a,b \in G$. Man zeige

$$a^2 = e \quad \text{und} \quad a^{-1}b^2a = b^3 \quad \Rightarrow \quad b^5 = e \ .$$

23. Es sei G eine Gruppe und $x,y,z \in G$. Man zeige

$$x^{-1}yx = y^2 \ , \ y^{-1}zy = z^2 \ , \ z^{-1}xz = x^2 \quad \Rightarrow \quad x = y = e \ .$$

24. a) Man beweise: Die Drehungen um den Ursprung O im euklidischen affinen Raum $\mathbf{R}^3$ bilden mit der üblichen Komposition von Abbildungen eine Gruppe (die mit $SO_3(\mathbf{R})$ bezeichnet wird). Für eine beliebige Teilmenge $E \subseteq \mathbf{R}^3$ ist $D(E) = \{f \in SO_3(\mathbf{R})\ ;\ f(E) = E\}$ eine Untergruppe von $SO_3(\mathbf{R})$, die sog. *Drehgruppe von* E.

b) Man bestimme die Gruppentafel und die Ordnung von $D(E)$, falls
(α) E ein ebenes reguläres n-Eck,
(β) E ein Tetraeder ist (jeweils mit Mittelpunkt O).

(*Diedergruppe* D_n, *Tetraedergruppe* T, vgl. Aufg. 126 .)

25. Man bestimme alle Untergruppen von S_3, S_4, $\mathbf{Z}_{24}$, $\mathbf{Z}_{15}$, $\mathbf{Z}_{19}$, $\mathbf{Z}^*_{15}$, $\mathbf{Z}^*_{16}$, $\mathbf{Z}^*_{17}$, D_5, D_6 und von der Quaternionengruppe.
(Vgl. Aufgn. 11 bis 14 .)

26. Es sei $U = \{f \in S_n\ ;\ f(n) = n\}$. Man zeige, daß U eine Untergruppe in S_n ist und bestimme den Index $|S_n : U|$.

27. Man zeige, daß eine Gruppe genau dann endlich ist, wenn sie nur endlich viele verschiedene Untergruppen hat.

28. Es sei $A \subseteq \mathbf{N}$ und $\{U_k\ ;\ k \in A\}$ eine Familie von Untergruppen einer Gruppe G mit $U_k \subseteq U_{k+1}$. Man zeige, daß $U = \bigcup_{k \in A} U_k$ eine Untergruppe von G ist.

29. U_1, U_2 seien Untergruppen von G. Man zeige:

a) $U_1 \cup U_2$ ist genau dann Untergruppe in G, wenn $U_1 \subseteq U_2$ oder $U_2 \subseteq U_1$.

b) $U_1 \neq G$ und $U_2 \neq G \Rightarrow U_1 \cup U_2 \neq G$.

☆**30.** Ist G eine abelsche Gruppe, die von n Elementen erzeugt wird, dann wird jede Untergruppe von höchstens n Elementen erzeugt ($n \in \mathbf{N}$).
(*Die Kommutativität von* G *ist sehr wichtig, man vgl. Aufg. 153 .*)

31. Man gebe die Ordnung aller Elemente von S_3, $\mathbf{Z}_{24}$, $\mathbf{Z}^*_{17}$, D_6 und der Quaternionengruppe an.

32. Man zeige, daß in einer abelschen Gruppe G die Menge $U = \{a \in G \,;\, a \text{ hat endliche Ordnung}\}$ eine Untergruppe von G ist. Ist U endlich erzeugt, dann ist U endlich. Diese Aussage ist falsch bei beliebigen Gruppen. (Gegenbeispiel!)

33. Es sei G eine Gruppe, $a,b \in G$ und φ ein Automorphismus von G. Mit $\operatorname{ord} a$ werde die Ordnung von a bezeichnet. Man zeige:

a) $\operatorname{ord} a = \operatorname{ord} \varphi(a)$.   b) $\operatorname{ord} (aba^{-1}) = \operatorname{ord} b$.

c) $\operatorname{ord} a = \operatorname{ord} a^{-1}$.   d) $\operatorname{ord} ab = \operatorname{ord} ba$.

34. Für die Elemente a,b der Gruppe G gelte $a^5 = e$, $b \neq e$, (e neutrales Element) und $aba^{-1} = b^2$. Man bestimme die Ordnung von b.

35. Man zeige, daß in jeder endlichen Gruppe G zu jedem $n \geq 3$ die Anzahl der Elemente in $A_n = \{x \in G \,;\, \operatorname{ord} x = n\}$ gerade ist. (0 ist eine gerade Zahl!)

36. Es sei G eine endliche Gruppe, H eine Untergruppe, und $o(a,H) = \operatorname{Min} \{n>0 \,;\, a^n \in H\}$. Man zeige, daß $o(a,H)$ ein Teiler von $\operatorname{ord} a$ ist.

37. Man suche Gegenbeispiele für folgende Behauptungen:

a) $\operatorname{ord} a \mid n$ für alle $a \in G \Rightarrow |G| \mid n$.

b) G ist endlich und jede echte Untergruppe ist zyklisch $\Rightarrow$ G ist zyklisch.

c) $n \mid |G| \Rightarrow$ Es gibt $a \in G$ mit $\operatorname{ord} a = n$.

38. Es sei G eine abelsche Gruppe, $a,b \in G$. Man zeige

$$(\operatorname{ord} a, \operatorname{ord} b) = 1 \Leftrightarrow \operatorname{ord} ab = \operatorname{ord} a \operatorname{ord} b \ .$$

39. Es sei G eine endliche abelsche Gruppe und $m = \operatorname{Max} \{\operatorname{ord} a \,;\, a \in G\}$. Man zeige $\operatorname{ord} a \mid m$ für jedes $a \in G$.

40. Sei $A = \begin{pmatrix} 1 & 0 \\ 0 & -1 \end{pmatrix}$, $B = \begin{pmatrix} 1 & 1 \\ 0 & -1 \end{pmatrix}$. Man zeige: $A, B \in \mathrm{Gl}(2,\mathbf{R})$ mit $\operatorname{ord} A = \operatorname{ord} B = 2$ und $\operatorname{ord} AB = \infty$.

41. Man zeige, daß eine Gruppe G genau dann zyklisch ist, wenn es einen Gruppenhomomorphismus von $\mathbf{Z}$ auf G gibt.

☆**42.** Man beweise: Eine endliche Gruppe G ist genau dann zyklisch, wenn es zu jedem Teiler d der Gruppenordnung $|G|$ genau eine Untergruppe U von G gibt mit $|U| = d$.

43. Man gebe jeweils ein erzeugendes Element der primen Restklassengruppe $\mathbf{Z}_5^*$, $\mathbf{Z}_{25}^*$, $\mathbf{Z}_{125}^*$.

44. Es sei G eine endliche abelsche Gruppe, in der es zu jedem $n \in \mathbf{N}$ höchstens n verschiedene Lösungen der Gleichung $x^n = e$ gibt. Dann ist G zyklisch.

45. Für die erzeugenden Elemente x, y einer Gruppe $G = \langle x,y \rangle$ gelte $\operatorname{ord} x = 2$, $\operatorname{ord} y = 3$ und $(xy)^2 = e$. Man zeige $G \cong S_3$.

46. Bestimme die Automorphismen der Gruppen $V = \{e,a,b,c\}$ (*Kleinsche Vierergruppe*) mit $a^2 = b^2 = e$; S_3 und $\mathbf{Z}_n$.

47. Es sei $\zeta = \exp(2\pi i/n) \in \mathbf{C}$ und $G = \{\zeta^k ; 1 \le k \le n\}$ die Gruppe der *n-ten Einheitswurzeln aus* $\mathbf{C}$ (mit dem üblichen Produkt komplexer Zahlen). Man zeige, daß $f: \mathbf{Z} \to G$, $f(m) = \zeta^m$ ein Homomorphismus ist; berechne Kern f.

48. Zeige $(\mathbf{Z},+) \cong (n\mathbf{Z},+) \not\cong (\mathbf{Q},+)$.

49. Es sei G eine Gruppe. Man zeige:

a) $\operatorname{Aut} G = \{\mathrm{Id}\} \Rightarrow G$ abelsch.

b) Definiert $a \mapsto a^2$ einen Endomorphismus von G, dann ist G abelsch.

c) Definiert $a \mapsto a^{-1}$ einen Automorphismus von G, dann ist G abelsch.

50. Es sei $(G,\cdot)$ eine Gruppe. Zu festem $x \in G$ definieren wir $a \circledcirc b := axb$. Man zeige, daß $(G,\circledcirc)$ eine zu $(G,\cdot)$ isomorphe Gruppe ist.

51. Man zeige, daß die Gruppe aus Aufg. 5 isomorph ist zu $(\mathbb{C} \setminus \{0\},\cdot)$.

52. Man bestimme bis auf Isomorphie alle Gruppen der Ordnung ≤ 7.

53. Es sei G eine endliche Gruppe und $\varphi \in \operatorname{Aut} G$ mit $\varphi(x) = x$ nur für $x = e$. Man zeige:

a) Zu jedem $x \in G$ gibt es $y \in G$ mit $x = y^{-1}\varphi(y)$.

b) Falls $\varphi^2 = \mathrm{Id}$, dann ist G abelsch.

54. Man zeige: Für jede endliche Gruppe G mit $|G| > 2$ gilt $|\operatorname{Aut} G| > 1$.

B. Normalteiler, Faktorgruppen, Direkte Produkte

55. Man gebe eine Zerlegung von $\mathbb{Z}_{15}^*$ in Linksnebenklassen der Untergruppe $U = \langle\overline{7}\rangle$ an. Ebenfalls gebe man zu allen Untergruppen U von S_3 die Zerlegungen von S_3 in Links- bzw. Rechtsnebenklassen an. Suche Beispiele für $Ua \neq aU$.

56. Zu Untergruppen U, V einer Gruppe G nennt man UgV, $g \in G$, die (U,V)-*Doppelnebenklasse von* g *in* G. Für $G = S_3$ und $U = \{\mathrm{Id}, \begin{pmatrix}1&2&3\\2&1&3\end{pmatrix}\}$, $V = \{\mathrm{Id}, \begin{pmatrix}1&2&3\\3&2&1\end{pmatrix}\}$ berechne man UV und $U\begin{pmatrix}1&2&3\\1&3&2\end{pmatrix}V$.

57. Man berechne $\begin{pmatrix}1&2&3&4&5\\2&3&1&5&4\end{pmatrix}^{1202}$ in S_5 und $\overline{7}^{350}$, $\overline{2}^{1000}$ in $\mathbb{Z}_{15}^*$.

58. Es sei G eine endliche Gruppe der Ordnung n und m eine zu n teilerfremde natürliche Zahl. Man zeige, daß es zu jedem $x \in G$ genau ein $y \in G$ gibt mit $x = y^m$.

59. Es sei G eine endliche Gruppe von ungerader Ordnung und $a,b,c \in G$. Man beweise:

a) $aba = a \Rightarrow a = e$. b) $abcba = c \Rightarrow ab = e$.

60. Es sei G eine endliche Gruppe der Ordnung n. Man zeige: $|\mathrm{Aut}\,G|$ ist ein Teiler von $(n-1)!$.

61. In einer endlichen Gruppe G gelte für ein $\sigma \in \mathrm{Aut}\,G$ $|\{x \in G \,;\, \sigma(x) = x^{-1}\}| > \frac{3}{4}|G|$. Man zeige $\sigma(x) = x^{-1}$ für alle $x \in G$.

62. Man zeige für $m,n \in \mathbf{N}$ mit $m>1$, daß n ein Teiler von $\varphi(m^n-1)$ ist. (φ *Eulersche* φ-*Funktion*.).

63. In einer endlichen abelschen Gruppe G sei u das Produkt aller Elemente aus G, $u = \prod_{g \in G} g$. Man zeige:

a) Besitzt G genau ein Element a der Ordnung 2, dann ist $u = a$, andernfalls gilt $u = e$.

b) Man beweise den Satz von *Wilson*: Für jede Primzahl p gilt $(p-1)! \equiv -1 \pmod p$.

64. Man bestimme alle Normalteiler und Faktorgruppen von V (Kleinsche Vierergruppe), $\mathbf{Z}_n$, S_3, S_4 und der Diedergruppe D_n.

65. Jede Untergruppe U von G mit $|G:U| = 2$ ist Normalteiler in G.

66. Man zeige, daß zu einer Untergruppe U in G die Menge $V := \bigcap_{x \in G} xUx^{-1}$ der größte in U enthaltene Normalteiler von G ist.

67. Es sei N ein zyklischer Normalteiler der Gruppe G. Man zeige, daß jede Untergruppe U von N ein Normalteiler von G ist. Man gebe ein Beispiel an für: $U \subseteq V \subseteq G$, U Normalteiler von V, V Normalteiler von G, aber U nicht Normalteiler von G.

68. Man gebe ein Beispiel an für eine nichtabelsche Gruppe G,

a) deren Normalteiler ($\neq G$) alle abelsch sind,

b) deren Untergruppen alle Normalteiler von G sind.

69. Hat die Gruppe G nur eine Untergruppe der Ordnung n, dann ist diese ein Normalteiler von G.

70. Es sei N ein Normalteiler von G und $f : G/N \longrightarrow \mathbf{Z}$ ein Gruppenepimorphismus. Man zeige, daß es zu jedem $n \in \mathbf{N}$ einen Normalteiler U von G gibt mit $|G:U| = n$.

71. Man zeige:

a) Jedes Element der Faktorgruppe $\mathbf{Q}/\mathbf{Z}$ hat endliche Ordnung.

b) Für jedes $n \in \mathbf{N}$ ist $f : \mathbf{Q}/\mathbf{Z} \longrightarrow \mathbf{Q}/\mathbf{Z}$, $f(x) = nx$, ein Epimorphismus mit Kern $f \cong \mathbf{Z}/n\mathbf{Z}$.

72. Sei $n \in \mathbf{N}$, $n = dm$. Man zeige:

a) $m\mathbf{Z}_n \cong \mathbf{Z}_d$. b) $\mathbf{Z}_n/m\mathbf{Z}_n \cong \mathbf{Z}_m$.

73. Es sei G eine Gruppe. $Z(G) = \{x \in G \,;\, xy = yx$ für alle $y \in G\}$ ($Z(G)$ heißt *Zentrum* von G). Man zeige:

a) $Z(G)$ und jede Untergruppe von $Z(G)$ sind Normalteiler von G .

b) $ab \in Z(G) \Rightarrow ab = ba$.

74. Der Normalteiler N der Gruppe G sei maximale Untergruppe von G (d.h. $N \neq G$ und für jede Untergruppe $H \neq G$ mit $N \subseteq H$ gilt $N = H$). Man zeige, daß zwei von $\{e\}$ verschiedene Untergruppen U,V mit $U \cap N = V \cap N = \{e\}$ isomorph sind.

75. Es sei G eine Gruppe $U = \{g_1 g_2 \ldots g_n g_n \ldots g_2 g_1 \,;\, g_i \in G, n \in \mathbf{N}\}$. Man zeige, daß U ein Normalteiler von G ist mit $\bar{x}^2 = \bar{e}$ für alle $\bar{x} \in G/U$.

76. Es sei G eine Gruppe, zu der es ein $n \in \mathbf{N}$, $n>1$, gibt mit $(xy)^n = x^n y^n$ für alle $x,y \in G$,

$$G^{(n)} := \{x^n \,;\, x \in G\} \quad , \quad G_{(n)} := \{x \in G \,;\, x^n = e\} \quad .$$

Man zeige:

a) $G^{(n)}$ und $G_{(n)}$ sind Normalteiler von G .

b) G endlich $\Rightarrow |G^{(n)}| = |G:G_{(n)}|$.

c) $x^{1-n}y^{1-n} = (xy)^{1-n}$ und $x^{n-1}y^n = y^n x^{n-1}$ für alle $x,y \in G$.

d) $U = \{x^{n(n-1)} \,;\, x \in G\}$ ist eine abelsche Gruppe.

77. Man beweise oder widerlege:

a) $\mathbf{Z}_6 \cong \mathbf{Z}_2 \times \mathbf{Z}_3$. b) $\mathbf{Z}_8 \cong \mathbf{Z}_2 \times \mathbf{Z}_4$. c) $\mathbf{Z}_8 \cong \mathbf{Z}_2 \times V_4$.

78. Man bestimme die Ordnung von $(\bar{5},\bar{3}) \in \mathbf{Z}_6 \times \mathbf{Z}_9$ bzw. $(\bar{a},\bar{b}) \in \mathbf{Z}_n \times \mathbf{Z}_m$.

79. In $G = \mathbf{Z}_{p^3} \times \mathbf{Z}_{p^2} \times \mathbf{Z}_p$ (p Primzahl) bestimme man die Anzahl der Elemente mit der Ordnung p , p^2 , p^3 .

80. Es sei p eine Primzahl, $k \in \mathbf{N}$. Man zeige: Aus $\mathbf{Z}_{p^k} \cong U \times V$ folgt $U = \{e\}$ oder $V = \{e\}$.

81. Es seien $\mathbf{C}^* = \mathbf{C} \setminus \{0\}$, $\mathbf{R}_+^* = \{x \in \mathbf{R} ; x > 0\}$, $K = \{z \in \mathbf{C} ; |z| = 1\}$. Für diese (multiplikativen) Gruppen zeige man $\mathbf{C}^* \cong \mathbf{R}_+^* \times K$.

82. Man bestimme die Anzahl aller Untergruppen von $\mathbf{Z}_2 \times \mathbf{Z}_2 \times \mathbf{Z}_2$ mit 2 bzw. 4 Elementen.

83. Man bestimme alle Untergruppen von $\mathbf{Z}_2 \times \mathbf{Z}_m$.

84. Es sei p eine Primzahl, $G = \mathbf{Z}_p \times \mathbf{Z}_p \times \ldots \times \mathbf{Z}_p$ (n mal). Man zeige : $\operatorname{Aut} G \cong Gl(n, \mathbf{Z}_p)$.

85. U, V seien Normalteiler einer endlichen Gruppe G mit teilerfremder Ordnung, $(|U|, |V|) = 1$. Man zeige:

a) $U \cap V = \{e\}$.

b) $uv = vu$ für alle $u \in U$, $v \in V$.

c) $UV = U \times V$.

86. Für eine Familie $(G_\alpha)_{\alpha \in A}$ von Gruppen ist $\bigoplus_{\alpha \in A} G_\alpha$ Normalteiler von $\prod_{\alpha \in A} G_\alpha$.

87. N sei ein Normalteiler einer Gruppe G. Man zeige: G ist genau dann ein inneres Produkt $G = NU$, $U \cap N = \{e\}$, von N mit einem Normalteiler U , wenn es einen Homomorphismus $\beta : G \longrightarrow N$ gibt, dessen Restriktion $\beta_N : N \longrightarrow N$, $\beta_N(x) = \beta(x)$, ein Isomorphismus ist.

88. N_1, N_2 seien Normalteiler der Gruppe G. Man zeige, daß $G/N_1 \cap N_2$ isomorph ist zu einer Untergruppe von $G/N_1 \times G/N_2$.

89. Man zeige, daß die Untergruppe von $Gl(n+1,\mathbf{R})$

$$G = \left\{ \begin{pmatrix} 1 & 0 & \dots & 0 & a_1 \\ 0 & 1 & \dots & 0 & a_2 \\ \vdots & \vdots & \ddots & \vdots & \vdots \\ 0 & 0 & \dots & 1 & a_n \\ 0 & 0 & \dots & 0 & 1 \end{pmatrix} ; \quad a_i \in \mathbf{R} \right\}$$

isomorph ist zu $(\mathbf{R}^n,+)$.

C. Struktursätze

90. Es sei $X = \left\{ \{ \binom{x}{xk} ; x \in \mathbf{R} \} ; k \in \mathbf{R} \right\} \cup \{ \binom{0}{x} ; x \in \mathbf{R} \}$ die Menge aller Geraden durch den Ursprung im $\mathbf{R}^2$, $G = Gl(2,\mathbf{R})$ und $A \in G$ beliebig. Man zeige

$$A \cdot \{ \binom{x}{xk} ; x \in \mathbf{R} \} := \{ A \binom{x}{xk} ; x \in \mathbf{R} \}$$

$$A \cdot \{ \binom{0}{x} ; x \in \mathbf{R} \} := \{ A \binom{0}{x} ; x \in \mathbf{R} \}$$

ist eine Operation von G auf X. Man bestimme die Bahn $G \cdot \ell$ und den Stabilisator G_ℓ für $\ell = \{ \binom{x}{2x} ; x \in \mathbf{R} \}$.

91. Es sei $X = \{1,2,3,4\}$, $G = V_4 = \left\{ Id, \begin{pmatrix} 1 & 2 & 3 & 4 \\ 2 & 1 & 4 & 3 \end{pmatrix}, \begin{pmatrix} 1 & 2 & 3 & 4 \\ 3 & 4 & 1 & 2 \end{pmatrix}, \begin{pmatrix} 1 & 2 & 3 & 4 \\ 4 & 3 & 2 & 1 \end{pmatrix} \right\}$ und $G \times X \longrightarrow X$, $g \cdot x = g(x)$, die natürliche Operation von G auf X. Man bestimme die Bahnen $G \cdot 2$, $G \cdot 4$ und die Stabilisatoren G_4 und G_2 .

92. Man bestimme die Klassen konjugierter Elemente in S_3 und D_4 .

☆**93.** Es sei G eine Gruppe, $H \neq G$ eine Untergruppe von G und $X = \{gH ; g \in G\}$ die Menge der Linksnebenklassen von H in G .

a) Vermöge $a \cdot gH = (ag)H$ operiert G auf X. (Beweis!)

b) Ist G endlich und $|G|$ kein Teiler von $|G:H|!$, dann enthält H einen echten Normalteiler von G .

(• *Ein eleganter, häufig anwendbarer Existenzsatz für Normalteiler* •)

c) Ist zusätzlich $|G:H| = p$ und p kleinster Primteiler von $|G|$, dann ist H Normalteiler von G.

d) In einer Gruppe der Ordnung 99 ist jede Untergruppe der Ordnung 11 (vgl. den ersten Sylow-Satz) ein Normalteiler.

94. Die Gruppe $G = \{ A \in Gl(2,\mathbf{R}) \; ; \; \det A = 1\}$ operiert auf $X = \mathbf{R}^2$ vermöge

$$(A,\binom{x}{y}) \mapsto A\binom{x}{y} \quad .$$

a) Bestimme Stabilisator G_x und Bahn $G\cdot x$ für $x \in \{\binom{0}{0},\binom{1}{3}\}$.

b) Beschreibe alle Bahnen $G\cdot x$.

95. Die Gruppe $G = Gl(2,\mathbf{R})$ operiert auf $X = \{f:\mathbf{R}\cup\{\infty\} \to \mathbf{R}\cup\{\infty\}\}$ vermöge

$$(A,f) \mapsto f_A \quad \text{mit} \quad f_A(x) = f(\frac{ax+b}{cx+d}) \quad , \quad A = \begin{pmatrix} a & b \\ c & d \end{pmatrix} .$$

Man bestimme Bahnen, Stabilisatoren und Fixpunkte.

96. Die Gruppe $G = \mathbf{R}^*$ operiert auf $X = \mathbf{R}^2$ vermöge $t\cdot(x,y) = (tx,\frac{1}{t}y)$. Man bestimme Bahnen, Stabilisatoren und Fixpunkte.

97. Die Gruppe G operiere auf der Menge X . Für $x \in X$ sei $G_x = \{g \in G \; ; \; g\cdot x = x\}$ der Stabilisator und $G\cdot x = \{g\cdot x \; ; \; g \in G\}$ die Bahn. Man zeige:

a) $G_{g\cdot x} = g\, G_x\, g^{-1}$ für alle $g \in G$.

b) $G_x \cong G_y$ für alle $y \in G\cdot x$.

c) G_x ist genau dann ein Normalteiler von G , wenn $G_x = G_y$ für alle $y \in G\cdot x$.

98. Für die Untergruppen U,V einer endlichen Gruppe G zeige man

a) $|U g V| = \dfrac{|U|\;|V|}{|U \cap gVg^{-1}|}$ für alle $g \in G$.

b) $|U \cap V| = |U \cap uVu^{-1}|$ für alle $u \in U$.

99. Für Untergruppen U,V einer Gruppe G zeige man

$$|\{vUv^{-1} \; ; \; v \in V\}| = |\, V : V \cap N_G(U) \,| \; .$$

100. U sei eine Untergruppe der endlichen Gruppe G, $U \neq G$. Man zeige $G \neq \bigcup_{g \in G} gUg^{-1}$.

101. G sei eine endliche Gruppe, $f \in \mathrm{Aut}\, G$, p eine Primzahl, die $|G|$ teilt und $\mathrm{ord}\, f = p^k$. Man zeige, daß f einen von e verschiedenen Fixpunkt hat.

102. Es sei p Primzahl, $K = \mathbb{Z}_p$, V ein endlichdimensionaler Vektorraum über K und G eine Untergruppe von $Gl(V)$ mit $|G| = p^k$. Man zeige, daß G einen Fixpunkt $\neq 0$ hat (d.h. es gibt $x \in V$, $x \neq 0$, mit $Ax = x$ für alle $A \in G$).

103. Es sei U eine Untergruppe von $G = S_4$ mit $|U| = 3$. Die Anzahl der zu U isomorphen Untergruppen ist $|G : N_G(U)|$ (Beweis!). Stimmt dies auch für $|U| = 2$?

104. Eine Gruppe G der Ordnung 55 operiere auf einer Menge X mit 18 Elementen. Man zeige, daß G auf X wenigstens 2 Fixpunkte hat.

105. In einer nichtabelschen Gruppe der Ordnung p^3 (p Primzahl) hat das Zentrum die Ordnung p.

106. Die endliche Gruppe G operiere auf der endlichen Menge X. Für $g \in G$ sei $\chi(g) = |\{x \in X \,;\, g \cdot x = x\}|$ die Anzahl der Fixpunkte von g und k sei die Anzahl der verschiedenen Bahnen. Man zeige:

a) $|G_x| = |G_y|$ für alle $x, y \in G \cdot z$, $z \in X$.

b) $|\{(g,x) \in G \times X \,;\, g \cdot x = x\}| = \sum_{g \in G} \chi(g)$.

c) $\sum_{g \in G} \chi(g) = \sum_{x \in X} |G_x| = |G| k$.

107. Die endliche Gruppe G operiere auf der endlichen Menge X. $Y \subseteq X$ enthalte ein Vertretersystem der Bahnen (d.h. $Y \cap G \cdot x \neq \emptyset$ für alle $x \in X$). $L_Y(x) := \{g \in G \,;\, g \cdot x \in Y\}$ und $l_Y(x) := |L_Y(x)|$. Man zeige:

a) $l_Y(x) \neq 0$ für alle $x \in X$.

b) $\quad l_Y(x) = |G_x| \; |G\cdot x \cap Y|$.

c) $\quad |Y| = \frac{1}{|G|} \sum_{x\in X} l_Y(x)$.

d) $\quad |X| = |G| \sum_{x\in Y} \frac{1}{l_Y(x)}$.

108. Man bestimme die Sylow-Untergruppen von $\mathbf{Z}_{4900}$, S_3 , S_4 .

109. Es sei G eine endliche p-Gruppe und $N \neq \{e\}$ ein Normalteiler von G . Man zeige $Z(G) \cap N \neq \{e\}$; falls $|N| = p$, gilt sogar $N \subseteq Z(G)$, falls $|Z(G)| = p$ ist $Z(G) \subseteq N$.

110. Es sei G eine endliche Gruppe und P eine p-Sylow-Gruppe von G . Man zeige: p teilt nicht $|N(P):P|$.

☆**111.** G sei eine endliche Gruppe und p^k (p Primzahl) ein Teiler von $|G|$. Man zeige: Für die Anzahl $s_{p,k}$ der Untergruppen von G der Ordnung p^k gilt (in *Verallgemeinerung des 3. Sylow-Satzes*)

$$s_{p,k} \equiv 1 \pmod p .$$

☆**112.** In einer Gruppe G werden Normalteiler Z_i rekursiv folgendermaßen definiert: $Z_1 = Z(G)$ ist das Zentrum von G . Das Zentrum $Z(G/Z_i)$ ist Normalteiler von G/Z_i , also gibt es einen Normalteiler Z_{i+1} von G mit $Z(G/Z_i) = Z_{i+1}/Z_i$ (vgl. 1.8.18) . Man zeige:

a) Für alle $g \in G$ und $u \in Z_{i+1}$ gilt $u^{-1}g^{-1}ug \in Z_i$.

b) Ist G endliche p-Gruppe, so gibt es $k \in \mathbf{N}$ mit $Z_k = G$.

c) Ist G nicht-abelsch und $|G| = p^3$, so ist $Z_2 = G$.

d) Berechne die Z_i für die Quaternionengruppe.

☆**113.** Man beweise, daß eine endliche p-Gruppe die Normalisatorbedingung erfüllt (d.h. für jede echte Untergruppe U von G gilt $U \neq N(U) = \{g\in G \; ; \; gU = Ug\}$).

114. Man zeige, daß in einer endlichen p-Gruppe G jede Untergruppe U mit Index $|G:U| = p$ ein Normalteiler ist.

☼**115.** Es sei G eine endliche Gruppe, H ein Normalteiler von G, p eine Primzahl. Man beweise:

a) $U \subseteq H$ ist genau dann p-Sylow-Gruppe von H, wenn es eine p-Sylow-Gruppe P von G gibt mit $U = P \cap H$.

b) $L \subseteq G/H$ ist genau dann p-Sylow-Gruppe von G/H, wenn es eine p-Sylow-Gruppe P von G gibt mit $L = PH/H$.

☼**116.** Es sei G eine endliche Gruppe, H ein Normalteiler von G und P eine p-Sylow-Gruppe von H. Man zeige:

a) $$G = H\,N(P) .$$

b) Es gibt eine p-Sylow-Gruppe von G im Normalisator $N(P)$.

117. Die Untergruppe U der endlichen Gruppe G enthalte den Normalisator $N(P)$ einer p-Sylow-Gruppe P von G. Man zeige:

$$|G:U| \equiv 1 \pmod p .$$

118. Man bestimme alle p-Sylow-Gruppen der Gruppe

$$G = \{e,c,c^2,a,b,ab,ca,cb,cab,c^2a,c^2b,c^2ab\}$$

mit $a^2 = b^2 = c^3 = e$ und $ab = ba$, $ac = cb$, $bc = cab$.

119. Es sei G die von $A = \begin{pmatrix} 0 & i \\ i & 0 \end{pmatrix}$ und $B = \begin{pmatrix} \beta & 0 \\ 0 & \beta^2 \end{pmatrix}$ ($i^2 = -1$ und $\beta = \exp(2\pi i/3)$) erzeugte Untergruppe von $Gl(2,\mathbb{C})$. Man gebe eine Darstellung von G in der Form von Aufg. 118 an und bestimme die p-Sylow-Gruppen von G.

120. Es sei G eine Gruppe der Ordnung 12. Man bestimme die möglichen Anzahlen s_2, s_3 der 2- bzw. 3-Sylow-Gruppen von G. Zeige, daß $s_2 = 3$ und $s_3 = 4$ nicht vorkommen kann, und daß im Fall $s_2 = s_3 = 1$ die Gruppe G abelsch ist.

121. Man bestimme bis auf Isomorphie alle Gruppen der Ordnungen 8, 12, 21 und 27.

122. Man zeige, daß jede Gruppe der Ordnung 40 (bzw. 48 oder 56) nicht einfach ist, d.h. einen nicht-trivialen Normalteiler besitzt.

123. Man zeige, daß die Gruppe G nicht einfach ist, falls

a) $|G| = p^k m$, p prim, $(p,m)=1$, $p>m$. b) $|G| = p^2 q$, p,q prim.

☆**124.** Die kleinste nicht-abelsche einfache Gruppe hat die Ordnung 60.

125. Es sei G eine einfache Gruppe der Ordnung 60, s_p die Anzahl der p-Sylow-Gruppen von G. Man zeige:

a) $s_5 = 6$, $s_3 = 10$, $s_2 \in \{5,15\}$.

b) G enthält eine Untergruppe U vom Index $|G:U| = 5$.

126. G sei endliche Untergruppe von $SO_3(\mathbf{R})$ (vgl. Aufg. 24). Die Menge $\Phi = \{\langle a\rangle \,;\, a \in G\}$ ist durch $\subseteq$ halbgeordnet (vgl. 3.3.8). Man zeige:

a) Zwei verschiedene maximale Elemente aus Φ haben nur das Einselement gemein.

b) Ist $U \in \Phi$ maximal, so ist $|N(U):U| \leq 2$.

c) G hat höchstens 3 Klassen konjugierter maximaler $U \in \Phi$.

127. Man bestimme die Anzahl nicht-isomorpher abelscher Gruppen der Ordnung q^n (q Primzahl) für $q = 1,2,\ldots,7$; $q = 16200$; $q = 1000$.

128. Sei $G_i \cong \mathbf{Z}_2$ für alle $i \geq 1$. Man zeige: $G = \bigoplus_{i \in \mathbf{N}} G_i$ ist nicht endlich erzeugt.

129. Es sei G eine endliche abelsche Gruppe, p Primzahl, $G_p = \{x \in G \,;\, \text{ord } x \text{ ist p-Potenz}\}$, $G_{p'} = \{x \in G \,;\, (\text{ord } x, p) = 1\}$. Man zeige: G_p, $G_{p'}$ sind Untergruppen und $G \cong G_p \times G_{p'}$.

130. Es sei G eine endliche abelsche Gruppe, $S \subseteq G$ eine Teilmenge, die alle Elemente maximaler Ordnung enthält, dann gilt $G = \langle S\rangle$.

☆**131.** Jede endliche abelsche Gruppe G ist direktes Produkt zyklischer Gruppen:

$$G \cong \mathbf{Z}_{d_1} \times \ldots \times \mathbf{Z}_{d_r} \quad \text{mit} \quad d_i \mid d_{i+1}, \; i=1,\ldots,r-1 .$$

132. Man beweise für beliebige $m,n \in \mathbf{Z}$ die Isomorphie

$$\mathbf{Z}_n \times \mathbf{Z}_m \cong \mathbf{Z}_d \times \mathbf{Z}_v, \quad d = \text{ggT}(m,n) \text{ und } v = \text{kgV}(m,n).$$

133. Es sei G eine Gruppe, in der für alle $x,y \in G$ und $n \in \mathbf{N}$ aus $x^n = y^n$ stets $x = y$ folgt. Man zeige:

a) In G folgt aus $x^{-m}yx^m = y$ stets $x^{-1}yx = y$.

b) Hat zusätzlich jeder Automorphismus von G endliche Ordnung, dann ist G abelsch und falls noch G endlich erzeugt ist, so gilt $G \cong \mathbf{Z}$.

D. Die symmetrische Gruppe

134. Man schreibe $\begin{pmatrix} 1 & 2 & 3 & 4 & 5 & 6 & 7 & 8 & 9 & 10 & 11 & 12 & 13 & 14 \\ 2 & 4 & 6 & 8 & 10 & 12 & 14 & 1 & 3 & 5 & 7 & 9 & 11 & 13 \end{pmatrix}$

a) als Produkt disjunkter Zykeln.

b) als Produkt von Transpositionen.

135.a) Man berechne die Produkte $(1,2)(3,4,5)$, $(3,5)(4,1,2,3)(5,4,1)$, $(1,3,2)(2,4,6,8)$, $(1,2)(4,5,6,3)(3,4)(5,6,7)$.

b) Man bestimme die Inversen von $(3,1,2)(4,6,5)$, $(1,3,2)(2,1,4,6)$, $(2,1)(2,3,4,1)$, $(1,6,5)(4,3,2,6,1)$. (Sämtliche in S_6.)

136. Man berechne die Konjugierten $\pi\sigma\pi^{-1}$ für

a) $\pi = (1,2)$, $\sigma = (2,3)(1,4)$.

b) $\pi = (2,3)(3,4)$, $\sigma = (1,2,3)$.

c) $\pi = (1,3)(2,4,1)$, $\sigma = (1,2,3,4,5)$.

137. Es seien $\alpha = (i_1,i_2,\ldots,i_k)$, $\beta = (j_1,j_2,\ldots,j_m)$ elementfremde Zykeln aus S_n.

a) Man bestimme die Ordnung von α , β und $\alpha\beta$.

b) Man berechne $\begin{pmatrix} 1 & 2 & 3 & 4 & 5 & 6 & 7 & 8 & 9 & 10 & 11 \\ 4 & 1 & 10 & 11 & 8 & 9 & 7 & 2 & 3 & 6 & 5 \end{pmatrix}^{1006}$.

138. Man gebe alle Elemente der S_4 in Zykelschreibweise an, stelle die Gruppentafel auf und bestimme alle Untergruppen , Sylow-Gruppen und Normalteiler .

139. Man bestimme die Sylow-Untergruppen von S_5 .

140. Man zeige: In S_n sind alle r-Zykeln zueinander konjugiert $(r \leq n)$.

141. Man zeige :

a) $S_n = \langle\{(1,i)\ ;\ 2 \leq i \leq n\}\rangle$.

b) $S_n = \langle(1,2),(1,2,\ldots,n)\rangle$.

c) $S_n = \langle(\pi(1),\pi(2)),(\pi(1),\ldots\pi(n))\rangle$ für alle $\pi \in S_n$.

142. Man zeige $A_n = \langle\{(1,2,i);3 \leq i \leq n\}\rangle$ $(n \geq 3)$.

143. Man zeige, daß jede endliche Gruppe isomorph ist zu einer Untergruppe einer einfachen Gruppe.

144. Man beweise, daß es zu jedem $a \in S_5$, $a \neq (1)$ ein $b \in S_5$ gibt mit $S_5 = \langle a,b\rangle$.

145. Man zeige, daß für beliebige $a \in V_4 \subset S_4$ und $b \in S_4$ stets $\langle a,b\rangle \neq S_4$.

☼**146.** Ein k-Tupel natürlicher Zahlen $(n_1,\ldots,n_k)$ heißt *Partition von* $n \in \mathbf{N}$, wenn $n_1 \leq n_2 \leq \ldots \leq n_k$ und $n_1 + n_2 + \ldots + n_k = n$ (vgl. 2.3) . Eine Permutation $\pi \in S_n$ heißt vom Typ $(n_1,\ldots,n_k)$, wobei $1 \leq n_1 \leq n_2 \leq \ldots \leq n_k$, wenn π als Produkt von k elementfremden n_i-Zykeln dargestellt wird, wobei die von π nicht bewegten Zahlen als 1-Zykeln auftreten.
(Z.B.: $(1,2,3) \in S_4$ ist wegen $(1,2,3) = (4)(1,2,3)$ vom Typ $(1,3)$.)
Man beweise:

a) $\pi,\sigma \in S_n$ sind genau dann vom gleichen Typ, wenn sie konjugiert sind.

b) Die Anzahl der Klassen konjugierter Elemente in S_n ist gleich $p(n)$, der Anzahl der Partitionen von n .

c) Bestimme die Anzahl der Klassen konjugierter Elemente von S_n für $n = 2,3,\ldots,8$.

☼**147.** $\pi \in S_n$ heißt *regulär* , wenn alle Zykeln in π gleiche Länge haben, d.h. π ist vom Typ $(k,k,\ldots,k)$ (vgl. Aufg. 146) . Man zeige:

a) $(1,2,\ldots,n)^k$ ist regulär für jedes $k \in \mathbf{N}$.

b) $(i_1,i_2,\ldots,i_n)^k$ ist regulär für jedes $k \in \mathbf{N}$.

c) Jede reguläre Permutation ist Potenz eines Zykels .

148. Man bestimme die Anzahl der verschiedenen r-Zykeln in S_n , $r = 1,2,\ldots,n$.

149. Man zeige: Für $\pi,\sigma \in S_n, \pi = (1,2,\ldots,n)$ gilt $\pi\sigma = \sigma\pi$ genau dann, wenn $\sigma \in \langle\pi\rangle$.

150. Im bekannten Puzzle (a) verschiebe man die (mit den Zahlen 1 bis 15 versehenen) Plättchen so, daß zum Schluß wieder das freie Feld rechts unten ist. Die Zahlen $1,\ldots,15$ erscheinen dann in anderer Reihenfolge (b) mit $\pi \in S_{15}$. Man zeige

a) $\pi \in A_{15}$. b) Jedes $\pi \in A_{15}$ kann so dargestellt werden.

(Die Plättchen sind in dem quadratischen Feld so verschiebbar, daß jeweils ein mit einer Seite ans leere Feld angrenzendes Plättchen in diese Leerstelle geschoben werden kann.)

(a)

1	2	3	4
5	6	7	8
9	10	11	12
13	14	15	

(b)

$\pi(1)$	$\pi(2)$	$\pi(3)$	$\pi(4)$
$\pi(5)$	$\pi(6)$	$\pi(7)$	$\pi(8)$
$\pi(9)$	$\pi(10)$	$\pi(11)$	$\pi(12)$
$\pi(13)$	$\pi(14)$	$\pi(15)$	

151. Es sei α ein Automorphismus von S_n , der jede Transposition auf eine Transposition abbildet. Man zeige, daß α ein innerer Automorphismus ist.

☆**152.** a) Man gebe in S_n die Elemente der Ordnung 2 an.

b) Zu jedem Element π der Ordnung 2 in S_n bestimme man die Klasse der zu π konjugierten Elemente und gebe die Mächtigkeit dieser Klasse an.

c) Man zeige, daß für $n \neq 6$ jeder Automorphismus von S_n ein innerer ist.

d) Man beschreibe äußere Automorphismen von S_6 .

153. Sei $G = \{f \in S(\mathbf{N})\ ;\ f(m) \neq m$ nur für endlich viele $m \in \mathbf{N}\}$.
Man zeige:

a) G ist Normalteiler in $S(\mathbf{N})$.

b) $G = \langle\{(1,i)\ ;\ i = 1,2,...\}\rangle$.

c) G ist nicht endlich erzeugt .

d) Es gibt $a,b \in S(\mathbf{N})$ mit $G \subsetneq \langle a,b\rangle$. (Vgl.Aufg.30.)

☆**154.** Man beweise, daß jede einfache Gruppe der Ordnung 60 isomorph ist zu A_5 (vgl.Aufg.125) .

E. Normalreihen, auflösbare Gruppen, freie Gruppen

155. Man gebe zu den beiden Normalreihen

$$\mathbf{Z} \supset 15\mathbf{Z} \supset 60\mathbf{Z} \supset \{0\} \quad , \quad \mathbf{Z} \supset 12\mathbf{Z} \supset \{0\}$$

äquivalente Verfeinerungen und die zugehörigen Faktorgruppen an.

156. Man gebe alle möglichen Kompositionsreihen von $\mathbf{Z}_{24}$ und von S_4 mit den zugehörigen Faktoren an.

157. a) Man gebe eine Kompositionsreihe an für $\mathbf{Z}_{p^k}$, p prim .

b) Man gebe eine Kompositionsreihe an für $\mathbf{Z}_n$, wenn n die Primfaktorisierung $n = p_1^{\alpha_1} \cdot \ldots \cdot p_r^{\alpha_r}$ hat .

c) Man leite aus dem Satz von Jordan - Hölder den Satz von der Eindeutigkeit der Primfaktorisierung natürlicher Zahlen ab.

158. Man zeige, daß jede abelsche Gruppe, die eine Kompositionsreihe besitzt, endlich ist.

159. Ist G eine endliche Gruppe und H eine Untergruppe von G , so teilen die Ordnungen der Kompositionsfaktoren von H die Ordnungen der Kompositionsfaktoren von G .

160. Für $x,y \in G$, G Gruppe , setzen wir $x^y := yxy^{-1}$.
Man beweise für die Kommutatoren $[a,b] = aba^{-1}b^{-1}$:

a) $[xy,z] = [y,z]^x[x,z]$.

b) $[x,yz] = [x,y][x,z]^y$.

c) $[x,y] = [y,x^{-1}]^x = [y^{-1},x]^y$.

d) $[[x,y], z^y][[y,z],x^z][[z,x],y^x] = e$.

161. Man bestimme die Auflösungsreihe (= abgeleitete Reihe)

$$G \supseteq K(G) \supseteq K_2(G) \supseteq \dots \supseteq K_n(G) = \{e\}$$

(vgl. 2.6) für

a) alle Gruppen der Ordnung 8 .

b) $G = S_4$, c) $G = D_n$.

162. Man zeige, daß $U = \{cx^2 \; ; \; c \in K(G) \; , \; x \in G\}$ ein Normalteiler in der Gruppe G ist. Hat G ungerade Ordnung, so gilt $G = U$.

163. Hat in einer endlichen Gruppe G der Kommutator $K(G)$ die Ordnung 2 , dann ist der Index $|G:K(G)|$ gerade.

164. In einer Gruppe G bezeichnet man

$$[x_1,\dots,x_n] := x_1 \dots x_n x_1^{-1} \dots x_n^{-1}$$

als erweiterten Kommutator (der Elemente $x_i \in G$). Man zeige

$$K(G) = \{[x_1,\dots,x_n] \; ; \; x_i \in G \; , \; n \in \mathbf{N}\} ,$$

d.h. $K(G)$ besteht aus der Menge aller erweiterten Kommutatoren.

165. In einer Gruppe G definieren wir zu $g \in G$ die Abbildung $P(g) : G \to G$ durch $P(g)x = gxg$. Man zeige, daß

$$U = \{x \in G \; ; \; P(x)P(g) = P(g)P(x)\}$$

eine Untergruppe von G ist.

166. Man zeige, daß in jeder Gruppe G zu jedem $i \in \mathbf{N}$

$$G_i = \{a \in G \; ; \; a^i \in K(G)\}$$

ein Normalteiler ist. Berechne G_2, G_3 für $G = S_4$.

167. Die Relation $R \subset G \times G$ ist definiert als

$$(x,y) \in R \Leftrightarrow \text{Es gibt } a \in G \text{ mit } axa \in K(G)y .$$

Man zeige, daß R eine verträgliche Äquivalenzrelation auf G ist und bestimme die Äquivalenzklasse $[e]$ des neutralen Elements (vgl. 1.2.13).

168. Für $x,y \in G$ mit $x^3 = (xy)^3 = (xy^{-1})^3 = e$ gilt $[[x,y],y] = e$.

169. Man zeige, daß Gruppen der folgenden Ordnungen auflösbar sind

a) pq , p,q Primzahlen .

b) p^2q , p,q Primzahlen .

c) p^rq , p,q Primzahlen mit $p > q$, $r \in \mathbf{N}$.

d) 100 .

(Vgl. mit dem Satz von Burnside, der hier aber nicht angewendet werden soll.)

170. Zu Untergruppen U,V einer Gruppe G definiert man

$$[U,V] := \langle\{[u,v] \; ; \; u \in U , v \in V\}\rangle.$$

Man zeige:

a) Sind U,V Normalteiler, so ist auch $[U,V]$ Normalteiler (von G).

b) Eine Untergruppe $N \subseteq G$ ist genau dann Normalteiler, wenn $[G,N] \subseteq N$.

c) Für Untergruppen $U,V \subseteq G$ und einen Normalteiler $N \subseteq G$ gilt

$$[UN,VN] \subseteq [U,V]N .$$

d) Für Normalteiler $A,B,C \subseteq G$ gilt

$$[[A,B],C] \subseteq [[C,A],B][[B,C],A] .$$

☆**171.** Zu $n \in \mathbf{N}$ werden die Untergruppen $K^n(G)$ der Gruppe G rekursiv definiert durch (vgl. Aufg. 170)

$$K^0(G) := G \quad , \quad K^{n+1}(G) := [G,K^n(G)] \ .$$

Man zeige:

a) $K^n(G)$ ist Normalteiler von G mit $K^{n+1}(G) \subseteq K^n(G)$, $n \in \mathbf{N}$.

b) $[K^i(G),K^j(G)] \subseteq K^{i+j+1}(G)$.

c) $K_n(G) \subseteq K^{2^n-1}(G)$ (Def. von $K_n(G)$ vgl. 2.6).

d) Gibt es ein $m \in \mathbf{N}$ mit $K^m(G) = \{e\}$, dann ist G auflösbar.

172. Man zeige $K^m(S_n) = A_n$ für $n \geq 3$ und $m \geq 1$.

173. Man zeige, daß es zu jeder endlichen p-Gruppe ein $m \in \mathbf{N}$ gibt mit $K^m(G) = \{e\}$.

☆**174.** Für eine endliche Gruppe G beweise man : Es gibt genau dann ein $m \in \mathbf{N}$ mit $K^m(G) = \{e\}$, wenn G isomorph ist zum direkten Produkt ihrer p-Sylow-Gruppen.

175. In einer Gruppe G mit $[[x,y],y] = e$ für alle $x,y \in G$ gilt $K^3(G) = \{e\}$.

176. In einer Gruppe G mit $g^3 = e$ für alle $g \in G$ gilt $K^3(G) = \{e\}$.

177. Es sei G eine endliche Gruppe, auf der $\operatorname{Aut} G$ transitiv operiert, d.h. zu $x,y \in G \setminus \{e\}$ gibt es $\varphi \in \operatorname{Aut} G$ mit $\varphi(x) = y$. Man zeige:

a) Es gibt eine Primzahl p mit $g^p = e$ für alle $g \in G$.

b) $K(G) = \{e\}$.

c) $G \cong \mathbf{Z}_p \times \ldots \times \mathbf{Z}_p$.

178. Man zeige: Für gleichmächtige Mengen X,Y gilt $F(X) \cong F(Y)$. ($F(X)$ ist die von der Menge X frei erzeugte Gruppe.)

179. Man zeige, daß die Gruppen $\mathbb{Z}\times\mathbb{Z}$, $(\mathbb{R}^*,\cdot)$, S_n , $\mathbb{Q}$ nicht frei sind.

180. Seien $u = xy$, $v = yx$ und $w_n = x^n y^n$ Elemente aus der von $\{x,y\}$ frei erzeugten Gruppe $F(x,y)$. Man zeige:

a) $\langle u,v\rangle \cong F(x,y)$.

b) $\langle\{w_i \,;\, i\in\mathbb{N}\}\rangle \cong F(\mathbb{N})$.

181. X sei eine Menge. Man zeige, daß es in der von X frei erzeugten Gruppe $(F(X),\iota)$ keine nicht-trivialen Gleichungen der Form

$$f_1^{n_1} \ldots f_m^{n_m} = e \;,\quad f_i \in \iota(X)\setminus\{e\} \;,\quad f_i \neq f_{i+1}^{-1},$$

gibt, indem man eine Abbildung α und eine Gruppe G suche, so daß für keinen Homomorphismus $\varphi : F(X) \longrightarrow G$ gilt $\varphi\iota = \alpha$.

182. $F(x_1,\ldots,x_n)$ sei die von $x_1,\ldots,x_n$ frei erzeugte Gruppe. Man zeige: Die Untergruppe

$$U := \langle x_1^{k_1},\ldots ,x_n^{k_n}\rangle \quad , \; k_i \neq 0 \;, \text{ wenigstens ein } k_j \neq \pm 1,$$

ist echt enthalten in $F(x_1,\ldots x_n)$ jedoch isomorph zu $F(x_1,\ldots,x_n)$.

183. Man zeige: Sind $G(X|S_1)$ bzw. $G(X|S_2)$ durch die Relationenmengen S_1 bzw. S_2 in der freien Gruppe $F(X)$ präsentiert, so ist $G(X|S_2)$ ein homomorphes Bild von $G(X|S_1)$, falls $S_1 \subseteq S_2$.

184. Man zeige, daß die Gruppe $G(x,y|x^2 = e,\; x^{-1}yxy = e)$ keine endliche Ordnung hat.

185. Man untersuche die Gruppe $G(a,b|a^4=b^4=e,\; a^2=b^2,\; aba=b)$ hinsichtlich Ordnung, Kommutativität, Untergruppen und Normalteiler. Läßt sich diese Gruppe auch durch drei Relationen in $F(a,b)$ darstellen.

(*Zwei weitere Aufgaben zur Gruppentheorie (über transitive Permutationsgruppen) sind in Kapitel III die Aufgaben 140 und 149 .*)

II. Ringe

A. Grundbegriffe

1. R sei ein Ring, $x,y \in R$. Man zeige: Die binomische Formel

$$(x+y)^n = x^n + \sum_{i=1}^{n-1} \binom{n}{i} x^{n-i} y^i + y^n$$

gilt genau dann für alle $n \in \mathbf{N}$, wenn $xy = yx$.

2.a) Man beweise für beliebige $x,y,z \in \mathbf{R}$, $n \in \mathbf{N}$ die Identität von N. H. ABEL

$$(x+y)^n = x^n + y \sum_{k=1}^{n} \binom{n}{k} (x+kz)^{n-k} (y-kz)^{k-1} .$$

b) Man bestimme die Anzahl A_m der Möglichkeiten, m Städte durch m-1 Straßen kreuzungsfrei so zu verbinden, daß man von jeder Stadt in jede andere gelangen kann ($m > 1$).
(Man stelle zunächst eine Rekursionsformel auf !)

3. Es sei R ein Ring mit 1, in dem $x^3 = x$ gilt für alle $x \in R$. Man zeige, daß $6x = 0$ für alle $x \in R$, und daß R kommutativ ist.

4. R sei ein Ring mit 1 und $f : R \longrightarrow S$ ein Ringhomomorphismus. Man zeige, daß f(1) Einselement von f(S) ist, aber nicht notwendig Einselement von S.

5. Es sei $n \in \mathbf{Z}$ und m ein Teiler von n in $\mathbf{Z}$. Man zeige, daß $n\mathbf{Z}$ ein Ideal von $m\mathbf{Z}$ ist. Wieviel Elemente hat der Restklassenring $m\mathbf{Z}/n\mathbf{Z}$?

6. Man bestimme alle Ideale in $\mathbf{Z}/n\mathbf{Z} = \mathbf{Z}_n$.

7. Es sei p eine Primzahl und $k \in \mathbf{N}$. Man bestimme alle Elemente $\bar{c} \in \mathbf{Z}_{p^k}$ mit $\bar{c}^2 = \bar{c}$.

8. Man bestimme alle Endomorphismen des Ringes $\mathbf{Z}/p^k\mathbf{Z} = \mathbf{Z}_{p^k}$ (p Primzahl, $k \in \mathbf{N}$).

9. Seien $m,n \in \mathbf{Z}$, $d = ggT(m,n)$, $v = kgV(m,n)$. Man zeige:

a) $$m\mathbf{Z} + n\mathbf{Z} = d\mathbf{Z} .$$

b) $$m\mathbf{Z} \cap n\mathbf{Z} = v\mathbf{Z} .$$

10. Man bestimme ein erzeugendes Element des von der Menge $\{m^5 - m ; m \in \mathbf{Z}\}$ erzeugten Ideals in $\mathbf{Z}$.

11. Es sei R ein Ring. Zu $x \in R$ definieren wir auf R eine weitere Multiplikation $\underset{x}{\cdot} : R \times R \longrightarrow R$ durch $a \underset{x}{\cdot} b = axb$. Man zeige:

a) $R_x = (R,+,\underset{x}{\cdot})$ (das ist R zusammen mit der vorhandenen Addition $+$ und der neuen Multiplikation $\underset{x}{\cdot}$) ist ein Ring.

b) $K_x = \{y \in R ; xyx = 0\}$ ist ein Ideal von R_x .

c) Gibt es ein $y \in R$ mit $x = xyx$, dann hat R_x/K_x ein Einselement.

d) Man definiere in xRx eine geeignete Multiplikation $\circ$, so daß $(xRx,+,\circ)$ isomorph ist zu R_x/K_x .

12. Es sei $R = (R,+,\cdot)$ ein Ring mit 1. In R erklärt man zwei neue Vernüpfungen $\oplus$ und $\odot$ durch $x \oplus y = x + y + 1$, $x \odot y = x + y + xy$. Man zeige, daß $(R,\oplus,\odot)$ ein zu $(R,+,\cdot)$ isomorpher Ring ist.

13. Es sei R ein Ring mit 1 und $R^{(2,2)}$ der Ring der 2×2 - Matrizen über R . Man bestimme das von $\begin{pmatrix}1 & 0\\ 0 & 0\end{pmatrix}$ und $\begin{pmatrix}0 & 1\\ 0 & 0\end{pmatrix}$ erzeugte Linksideal (Rechtsideal) .

14. Es sei R ein Ring mit 1 und $R^{(n,n)}$ der Ring der $n\times n$ - Matrizen über R . Man zeige, daß es zu jedem Ideal $B \subseteq R^{(n,n)}$ ein Ideal $A \subseteq R$ gibt mit $B = A^{(n,n)}$ (= Menge der $n\times n$ - Matrizen mit Koeffizienten aus A). Man gebe alle Ideale des Ringes $(\mathbf{Z}/12\mathbf{Z})^{(n,n)}$ an .

☆**15.** Ein Ring heißt *nilpotent* , wenn es ein $n \in \mathbf{N}$ gibt, so daß jedes Produkt von n Elementen des Ringes gleich Null ist.

Man zeige:

a) Jeder Unterring und jedes homomorphe Bild eines nilpotenten Ringes ist nilpotent.

b) Sind für ein Ideal A des Ringes R die Ringe A und R/A nilpotent, so ist auch R nilpotent.

c) Für zwei nilpotente Ideale A,B von R ist auch $A+B$ nilpotent.

16. Man zeige, daß es genau einen Homomorphismus $f : \mathbb{Z}_n \to \mathbb{Z}_m$ mit $f(\bar{1}) = \bar{1}$ gibt, wenn m Teiler von n ist.

17. a) Berechne $Q_n = \{x^2 ; x \in \mathbb{Z}_n\}$ für $n = 3,5,9,15,17$.

b) Man stelle in $\mathbb{Z}_{17}$ jedes Element als Summe von 2 Quadraten dar.

18. Man bestimme die Anzahl der Quadrate in $\mathbb{Z}_p$ (p Primzahl), d.h. die Mächtigkeit von $Q_p = \{x^2 ; x \in \mathbb{Z}_p\}$, und zeige ferner, daß Q_p für $p \neq 2$ keine Untergruppe von $(\mathbb{Z}_p,+)$ ist.
Für $u,v \in \mathbb{Z}_p \setminus Q_p$ zeige man $uv \in Q_p$.

19. Man stelle -1 in $\mathbb{Z}_p$ (für $p = 3,5,7,13$) als Summe von Quadraten dar.

☆**20.** Man zeige, daß in $\mathbb{Z}_p$ (p Primzahl) jedes Element als Summe von zwei Quadraten darstellbar ist.

21. Man zeige, daß $\mathbb{Z}_n$ genau dann keine nilpotenten Elemente $\neq 0$ hat, wenn n quadratfrei ist, d.h. ein Produkt verschiedener Primzahlen ist. (Definition von nilpotent siehe Aufg.15.)

☆**22.** Es sei R ein kommutativer Ring mit 1 . Man zeige:

a) Sind A und B Ideale in R mit $A \neq (0)$, $B \neq (0)$, $A \cap B = (0)$ und $R = A + B$, so sind A und B Ringe mit Einselement und es gilt $R \cong A \times B$.

b) Sind A und B Ideale in R , so gilt $A + B = R$ genau dann, wenn $(x + A) \cap (y + B) \neq \emptyset$ für alle $x,y \in R$.

c) Sind A und B Ideale in R mit $R = A + B$, so ist

$$R / A \cap B \quad \cong \quad (R/A) \times (R/B) \quad .$$

d) Sind $a_1,\dots,a_k$ ganze Zahlen und paarweise relativ prim, so existiert (mod $a_1 a_2 \dots a_k$) für jedes k-Tupel $c_1,\dots,c_k$ ganzer Zahlen genau ein $x \in \mathbf{Z}$, so daß

$$x \equiv c_i \pmod{a_i} \quad , \quad i = 1,2,\dots,k \; .$$

B. SCHIEFKÖRPER

23. Es sei R ein Ring mit 1 und $a,b \in R$ mit $ab + ba = 1$, $a^2 b + ba^2 = a$. Man zeige, daß a in R invertierbar ist mit Inversem $a^{-1} = 2b$.

24. Es sei R ein Ring mit 1 und $x,y \in R$ Rechtsinverse eines Elementes $u \in R$ (d.h. $ux = uy = 1$). Man zeige, daß auch $xu + y - 1$ ein Rechtsinverses von u ist und im Falle $x \neq y$ das Element u unendlich viele verschiedene Rechtsinverse besitzt.

25. Besitzt ein kommutativer Ring $R \neq (0)$ keine Ideale außer (0) und R , so ist R ein Körper oder mit einer Primzahl p $(R,+) \cong (\mathbf{Z}_p,+)$ und $R \cdot R = 0$.

26. Es sei $R \neq (0)$ ein Ring (ein Einselement wird nicht vorausgesetzt), in dem für alle $a,b \in R \setminus \{0\}$ die Gleichung $ax = b$ lösbar ist. Man zeige: R ist ein Schiefkörper.

27. Man gebe alle invertierbaren Elemente und dazu die Inversen an aus $\mathbf{Z}_n$ für $n = 4,5,6,7,8$.

28. Für die $n \times n$-Matrix

$$A = \begin{pmatrix} 0 & 1 & 0 & \dots & 0 \\ 0 & 0 & 1 & \dots & 0 \\ \vdots & \vdots & \vdots & \ddots & \vdots \\ 0 & 0 & 0 & \dots & 1 \\ 0 & 0 & 0 & \dots & 0 \end{pmatrix} \in \mathbf{R}^{(n,n)}$$

berechne man $(E - A)^{-1}$ (E Einheitsmatrix) .

29. Es sei R ein Ring mit 1. Man beweise:

a) $1 - x$ ist invertierbar mit Inversem $1 + y$ $\Leftrightarrow$ Es gibt $y \in R$ mit $y - x = xy = yx$.

b) $1 - xy$ invertierbar $\Leftrightarrow$ $1 - yx$ invertierbar.

c) $1 - xy$ invertierbar für alle $y \in R$ $\Leftrightarrow$ $1 - zxy$ invertierbar für alle $z, y \in R$.

d) $A = \{x \in R \,;\, 1 - xy$ ist invertierbar für alle $y \in R\}$ ist ein Ideal in R.

e) Alle $x \in R$ mit $xRx = 0$ liegen in A (A aus d)).

30. Man zeige, daß in $\mathbf{Z}_n$ jedes Element $\neq 0$ entweder ein Nullteiler oder eine Einheit ist.

31. Es sei V ein endlichdimensionaler Vektorraum über einem Körper K. $R = \mathrm{End}_K V$ der Ring der K-linearen Abbildungen von V in sich. Für $f \in R$ zeige man:

a) f linksinvertierbar $\Leftrightarrow$ f invertierbar $\Leftrightarrow$ f rechtsinvertierbar.

b) In R ist jedes Element $\neq 0$ entweder invertierbar oder ein Nullteiler.

32. Es sei $\mathbb{H}$ der Schiefkörper der reellen Quaternionen (vgl. 3.2.5). Für $x, y \in \mathbb{H}$ wählen wir die Darstellung

$$x = \xi_0 + \xi_1 i + \xi_2 j + \xi_3 k \quad , \quad y = \eta_0 + \eta_1 i + \eta_2 j + \eta_3 k \,.$$

a) Man berechne die Koeffizienten von i, j, k in xy.

b) Man gebe zu $x \neq 0$ das Inverse an.

c) Man zeige, daß in $\mathbb{H}$ die Gleichung $x^2 + 1 = 0$ unendlich viele Lösungen hat.

33. $R \neq (0)$ sei ein kommutativer Ring ohne Nullteiler, in dem jeder echte Unterring nur endlich viele Elemente besitzt. Man zeige, daß R ein Körper ist.

34. Es sei $R \neq (0)$ ein kommutativer Ring ohne Nullteiler mit nur endlich vielen Idealen. Man zeige: R ist ein Körper.

35. Es sei $R \neq (0)$ ein Ring, in dem $x^2 = x$ gilt für alle $x \in R$. Man zeige:

a) R ist kommutativ und $2x = 0$ für alle $x \in R$.

b) Hat R keine Nullteiler, so gilt $R \cong \mathbf{Z}_2$.

36. Es sei p eine Primzahl, $k \in \mathbf{Z}_p$. Man zeige: Die Menge

$$M_k = \left\{ \begin{pmatrix} a & kb \\ -b & a \end{pmatrix} ; \quad a,b \in \mathbf{Z}_p \right\}$$

ist zusammen mit der üblichen Matrizenaddition und -multiplikation genau dann ein Körper, wenn $-k$ kein Quadrat in $\mathbf{Z}_p$ ist.

37. In einem kommutativen Körper K der Charakteristik $p \neq 0$ gilt

$$(x + y)^{p^k} = x^{p^k} + y^{p^k}$$

für alle $x,y \in K$ und $k \in \mathbf{N}$.

38. Es sei K ein Schiefkörper, $a,b \in K \setminus \{0\}$ mit $a \neq b^{-1}$. Man beweise die HUA - Identität

$$aba = a - (a^{-1} + (b^{-1} - a)^{-1})^{-1} .$$

39. Es sei K ein (kommutativer) Körper mit $\mathrm{Char}\, K \neq 2$. $G \neq \{0\}$ sei eine Untergruppe von $(K,+)$, für die $H = \{g^{-1} ; 0 \neq g \in G\} \cup \{0\}$ ebenfalls eine additive Untergruppe von K ist. Man beweise:

a) Für jedes Element $z \in G$, $z \neq 0$, ist $Gz^{-1} = \{xz^{-1} ; x \in G\}$ ein Unterkörper von K.

b) Zu jedem Unterkörper K' von K gibt es eine Untergruppe G' von $(K,+)$ mit obiger Eigenschaft und es gilt $K' = G'z^{-1}$ mit $0 \neq z \in G'$.

C. Primideale, maximale Ideale

40. Eine Folge rationaler Zahlen $(x_n)_n$ heißt *Cauchy-Folge*, wenn es zu jedem $\varepsilon > 0$ ein $n_o \in \mathbf{N}$ gibt mit

$$m,n \geq n_o \Rightarrow |x_n - x_m| < \varepsilon .$$

Es sei R die Menge der Cauchy-Folgen aus $\mathbf{Q}$ mit der üblichen Addition und Multiplikation von Folgen

$$(x_n)+(y_n) = (x_n+y_n) \; ; \; (x_n)\cdot(y_n) = (x_n y_n) .$$

(Bekanntlich ist $(R,+,\cdot)$ ein kommutativer Ring mit Einselement (e_n), $e_n=1$ für alle $n \in \mathbf{N}$.)
Man zeige, daß N, die Menge der Nullfolgen ein maximales Ideal in R ist.

41. Man zeige, daß die nicht-trivialen Ideale von $\mathbf{Z}_{15}$ maximal sind.

42. Man bestimme sämtliche maximalen Ideale in $\mathbf{Z}_n$ und berechne deren Durchschnitt.

43. Es sei R ein kommutativer Ring mit 1. Zu einem Ideal A von R sei $r(A) = \{x \in R \; ; \text{ Zu } x \text{ gibt es } n \in \mathbf{N} \text{ mit } x^n \in A\}$.
Man zeige:

a) $r(A)$ ist ein Ideal mit $A \subseteq r(A)$.

b) $r(r(A)) = r(A)$.

c) A maximal $\Rightarrow A = r(A)$.

d) $r(A)$ maximal $\Rightarrow (ab \in A, \; b \notin r(A) \Rightarrow a \in A)$.

44. Es seien R ein kommutativer Ring mit 1, $A,B \subseteq R$ maximale Ideale von R mit $A \neq B$. Man zeige:

a) $A + B = R$.

b) $A \cap B = AB$.

c) $R / AB \cong R/A \times R/B$.

45. R sei ein kommutativer Ring mit 1 . Man zeige:

a) Zu jeder Nichteinheit $a \in R$ gibt es ein maximales Ideal A von R mit $a \in A$.

b) $x \in R$ liegt genau dann in jedem maximalen Ideal von R , wenn $1 - xy$ invertierbar ist für jedes $y \in R$.

46. Man zeige, daß für jede Primzahl p und jedes $k \in \mathbf{N}$ der Ring $\mathbf{Z}_{p^k}$ lokal ist (d.h. er hat genau ein maximales Ideal).

47. Es sei P ein Primideal eines kommutativen Ringes R . Man zeige:

a) Falls $a_1 a_2 \ldots a_n \in P$ $(a_i \in R)$, dann gibt es j $(1 \leq j \leq n)$ mit $a_j \in P$.

b) Falls es zu $a \in R$ ein n gibt mit $a^n \in P$, so gilt schon $a \in P$.

48. Es sei $R \neq \{0\}$ ein kommutativer Ring mit 1 , in dem jedes Ideal $A \neq R$ ein Primideal ist. Man zeige: R ist Körper.

49. Man zeige, daß ein Primideal P eines kommutativen Ringes R (mit 1) mit endlichem Faktorring R/P ein maximales Ideal ist.

50. Man bestimme alle Primideale von $\mathbf{Z}_n$.

51. Sei R ein kommutativer Ring mit 1 , $x,y \in R$ und $0 \neq x$ kein Nullteiler. Ferner sei Rx ein Primideal mit $Rx \subseteq Ry \neq R$. Man zeige, daß $Rx = Ry$.

52. Es sei $R \neq (0)$ ein kommutativer Ring mit 1 , zu dem es ein $n \in \mathbf{N}$, $n > 1$, gibt, so daß $x^n = x$ für alle $x \in R$. Man zeige, daß jedes Primideal in R maximal ist.

53. R sei ein kommutativer Ring mit 1 . In jedem homomorphen Bild sei jedes Element $\neq 0$ entweder Nullteiler oder Einheit. Man zeige, daß jedes Primideal in R maximal ist.

54. Es sei R ein kommutativer Ring mit 1 , $A \subseteq R$ ein Ideal, $a \in A$ und $I_a = \{r \in R \ ; \ ra = 0\}$. Man zeige:

a) I_a ist ein Ideal in R .

b) Jedes bzgl. der Inklusion $\subseteq$ maximale Element aus der Menge $M = \{I_a ; a \in A , a \neq 0\}$ ist ein Primideal.

☆**55**. Es sei R ein kommutativer Ring mit 1 und N die Menge der nicht endlich erzeugten Ideale in R . Man zeige:

a) Jedes bzgl. der Inklusion $\subseteq$ maximale Element aus N ist ein Primideal.

b) R ist genau dann noethersch, wenn jedes Primideal endlich erzeugt ist.

56. Man zeige: Ist R ein noetherscher Ring und $f : R \to R$ ein Epimorphismus, dann ist f ein Automorphismus.

57. Sei K ein Körper und $\beta : K \to \mathbb{R}$ eine Abbildung mit

(i) $\beta(x) \geq 0$ und $\beta(x) = 0 \Leftrightarrow x = 0$,

(ii) $\beta(xy) = \beta(x)\beta(y)$ für alle $x,y \in K$,

(iii) $\beta(x+y) \leq \max\{\beta(x),\beta(y)\}$ für alle $x,y \in K$.

Man zeige:

a) $R = \{x \in K ; \beta(x) \leq 1\}$ ist ein Integritätsring mit 1 .

b) $A = \{x \in K ; \beta(x) < 1\}$ ist das einzige maximale Ideal in R .

58. Es sei R ein unendlicher Integritätsring mit 1 , der nur endlich viele Einheiten hat. Man zeige, daß R unendlich viele verschiedene maximale Ideale besitzt.

59. R sei ein kommutativer Ring, $H \subseteq R$ eine nicht-leere multiplikativ abgeschlossene Teilmenge (d.h. $H \cdot H \subseteq H$) und $A \subseteq R$ ein Ideal mit $A \cap H = \emptyset$. Man zeige: Es gibt ein Primideal P von R mit $A \subseteq P$ und $P \cap H = \emptyset$.

60. R sei ein kommutativer Ring, N die Menge aller nilpotenten Elemente aus R . Man zeige:

a) N ist ein Ideal in R und in R/N ist nur die Null nilpotent.

b) Falls $a \in N$, dann gibt es ein Primideal P von R mit $a \in P$.

c) Es ist N der Durchschnitt aller Primideale von R .

61. R sei ein kommutativer Ring, $A,B \subseteq R$ Ideale und $P \subseteq R$ ein Primideal. Man zeige: Aus $AB \subseteq P$ folgt $A \subseteq P$ oder $B \subseteq P$.

62. Sei R ein Integritätsring mit 1 , in dem es zu je zwei Idealen $A,B \subseteq R$ mit $A \subseteq B$ ein Ideal C gibt mit $A = BC$. Man zeige, daß jedes Primideal $P \neq (0)$ in R ein maximales Ideal ist.

☆63. Es sei R ein kommutativer Ring mit 1 . Man zeige, daß jedes Ideal in R ein Hauptideal ist, genau dann, wenn jedes Primideal von R ein Hauptideal ist.

D. Teilbarkeit in Integritätsringen

In diesem Abschnitt sei stets R ein Integritätsring mit 1 .

64. Man zeige, daß $x \in R$ genau dann ein echter Teiler von $y \in R$ ist, wenn $(y) \subsetneq (x)$.

65. Man zeige nur mit der Definition $a \sim b \Leftrightarrow$ *Es gibt eine Einheit* $\varepsilon \in R^*$ *mit* $a = \varepsilon b$, daß $\sim$ eine Äquivalenzrelation beschreibt. Bestimme die Äquivalenzklasse von $x \in R$ mit $x^2 = x$.

66.a) Ist $p \in R$ ein Primelement und teilt p ein Produkt $a_1 \dots a_n$, dann teilt p wenigstens einen Faktor (d.h. es gibt i $(1 \le i \le n)$ mit $p | a_i$).

b) Für den ggT in R gilt

$$(a_1,a_2,\dots,a_n) \sim ((a_1,a_2,\dots,a_{n-1}),a_n) .$$

67. Ein Element $v \in R$ heißt *kleinstes gemeinsames Vielfaches (kgV) der Elemente* $x,y \in R$ (wir schreiben dafür $v = [x,y]$), wenn x und y Teiler von v sind (d.h. v Vielfaches von x und y) und wenn für $z \in R$ aus $x|z$ und $y|z$ stets $v|z$ folgt. Man zeige:

a) $v = [x,y]$ ist bis auf Einheiten eindeutig bestimmt.

b) Ist R ein Hauptidealring, so gilt $(x) \cap (y) = ([x,y])$ (insbesondere existiert stets ein kgV) und $(x,y)[x,y] \sim xy$.

c) Für zwei natürliche Zahlen n,m gilt mit der Eulerschen φ-Funktion:

$$\varphi(n)\cdot\varphi(m) = \varphi((n,m))\cdot\varphi([n,m])$$

$$\varphi(nm)\cdot\varphi((n,m)) = \varphi(n)\cdot\varphi(m)\cdot(n,m) .$$

68. Zu je zwei Elementen $x,y \in R$ existiere ein ggT (x,y) . Man zeige, daß es dann auch ein kgV von x,y in R gibt. (Definition nach Aufg. 67.)

69. Zu je zwei Elementen $x,y \in R$ existiere ein kgV $[x,y]$ (Definition nach Aufg. 67). Man zeige, daß x und y in R einen ggT besitzen.

70. Für einen Integritätsring R sind äquivalent :

(a) R ist Hauptidealring ,

(b) Es gibt eine Abbildung $\beta : R\setminus\{0\} \longrightarrow \mathbf{N}$ mit der Eigenschaft: Für alle $x,y \in R\setminus\{0\}$ mit $y \nmid x$ gibt es Elemente $m,n \in R$, so daß $mx+ny \neq 0$ und $\beta(mx+ny) < \beta(y)$.

71. x,y,z seien Elemente des Hauptidealringes R mit $(x,y) = 1$, $(x,z) = 1$. Man zeige $(x,yz) = 1$.

☼**72.** In R (Integritätsring mit 1) sei jede Nichteinheit $\neq 0$ als endliches Produkt von unzerlegbaren Elementen darstellbar. Man zeige: R ist genau dann ein ZPE-Ring, wenn der Durchschnitt zweier Hauptideale von R wieder ein Hauptideal ist.

☼**73.** Für einen Ring R sind äquivalent:

(a) R ist ein Hauptidealring

(b) R ist ein ZPE-Ring und jedes von zwei Elementen erzeugte Ideal ist ein Hauptideal.

(Beweis!)

☆**74.** Man beweise: Ein Integritätsring R mit 1 ist genau dann ein ZPE-Ring, wenn jedes Primideal P von R mit $P \neq (0)$ ein Primelement enthält.

75. Es sei R ein ZPE-Ring, für den die Menge $R^* \cup \{0\}$ ein Unterring ist und $R \neq R^* \cup \{0\}$ gilt. Man zeige: R enthält unendlich viele nichtassoziierte Primelemente.

76. R sei ein ZPE-Ring . Man zeige:

a) Jedes Element $x \neq 0$ aus R ist nur in endlich vielen verschiedenen Hauptidealen enthalten.

b) Jede aufsteigende Kette von Hauptidealen in R wird stationär.

77. Es sei T der Unterring von $\mathbf{Z}^{(2,2)}$:

$$T = \left\{ \begin{pmatrix} m & m \\ m & m \end{pmatrix} ; \ m \in \mathbf{Z} \right\} .$$

a) Man bestimme die Einheiten, Nullteiler, Primelemente und irreduziblen Elemente von T .

b) Man zeige: Jedes Ideal in T ist ein Hauptideal.

c) Man zeige: Ist $\begin{pmatrix} m & m \\ m & m \end{pmatrix}$ reduzibel in T , dann ist es nur dann (bis auf die Reihenfolge der Faktoren) eindeutig als Produkt von irreduziblen Elementen darstellbar, wenn $m = -2$.

d) Man gebe zwei verschiedene isomorphe Darstellungen von T in der Menge $\mathbf{Z}$.

78. Sei $C(\mathbf{R}) = \{f \ ; \ f : \mathbf{R} \to \mathbf{R} \text{ stetig}\}$ und mit $x \in \mathbf{R}$ $M_x = \{f \in C(\mathbf{R}) \ ; \ f(x) = 0\}$. Die Verknüpfungen in $C(\mathbf{R})$ lauten

$$(f+g)(y) = f(y)+g(y) \ , \ (f \cdot g)(y) = f(y) \cdot g(y) \ , \ y \in \mathbf{R} \ .$$

a) Man suche die Eins, die Einheiten und die Nullteiler in $C(\mathbf{R})$.

b) Man zeige, daß M_x für jedes $x \in \mathbf{R}$ ein maximales Ideal in $C(\mathbf{R})$ ist. Gibt es noch andere maximale Ideale in $C(\mathbf{R})$?

c) Man zeige, daß $C(\mathbf{R})$ nicht noethersch ist.

d) Man zeige, daß $C(\mathbf{R})$ keine irreduziblen und keine Primelemente enthält. (Die entsprechenden Definitionen sind sinngemäß auf Ringe mit Nullteilern auszudehnen.)

79. Es sei G der Ring der ganzen Funktionen einer komplexen Veränderlichen z (d.h. $f \in G \Leftrightarrow f : \mathbf{C} \to \mathbf{C}$ holomorph) . Man zeige:

a) G ist ein Integritätsring mit 1 .

b) Die Menge der invertierbaren Elemente in G ist

$$G^* = \{f \in G \text{ ; Es gibt } h \in G \text{ mit } f(z) = \exp(h(z))\} .$$

c) Für $f \in G$ gilt: f Primelement $\Leftrightarrow$ f irreduzibel $\Leftrightarrow$ Es gibt $c \in \mathbf{C}$ und $g \in G^*$ mit $f(z) = (z-c)g(z)$. G ist kein ZPE-Ring.

d) Jedes endlich erzeugte Ideal in G ist ein Hauptideal.

80. Man bestimme in $\mathbf{Z}$ den ggT (m,n) für

$$m = 1256 \text{ , } 4794 \text{ ; } n = 14372 \text{ , } 324394$$

und schreibe (m,n) in der Form $km + ln$ mit $k,l \in \mathbf{Z}$.

81. In $\mathbf{Z}[i]$ bestimme man $(2-i,2+i)$ und $(5+3i,13+8i)$.

82. Im Ring $R = \mathbf{Z}[\sqrt{n}]$ (n quadratfrei) ist die Normabbildung $N : R \to \mathbf{Z}$ definiert durch $N(u+v\sqrt{n}) := u^2 - nv^2$. Man zeige:

a) $N(xy) = N(x)N(y)$ für alle $x,y \in R$.

b) $x \in R^* \Leftrightarrow N(x) = \pm 1$.

c) $N(x)$ Primelement in $\mathbf{Z}$ $\Rightarrow$ x unzerlegbar in R .

83. Man bestimme die Einheiten in $\mathbf{Z}[\sqrt{-n}]$ ($n \in \mathbf{N}$ quadratfrei) .

84. Man zeige, daß $\mathbf{Z}[\sqrt{3}]$ unendlich viele Einheiten hat .

85. Man bestimme alle Teiler von 6 in $\mathbf{Z}[\sqrt{-6}]$ und 21 in $\mathbf{Z}[\sqrt{-5}]$.

86. Man zerlege in $\mathbf{Z}[\sqrt{-1}]$ die Zahlen 2, 3, 5 in Primfaktoren .

87. Man zeige, daß $2, 3, 4+\sqrt{10}, 4-\sqrt{10}$ im Ring $\mathbf{Z}[\sqrt{10}]$ irreduzibel sind, jedoch keine Primelemente.

88. Es sei R ein euklidischer Ring mit Gradfunktion $\delta : R\setminus\{0\}\to\mathbf{N}_0$ aber R kein Körper. Man zeige, daß es ein festes Element $u\in R$ gibt und zu jedem $x\in R$ ein $y\in R^*\setminus\{0\}$ mit $u|x-y$.

☆**89.** Für den Ring (der sog. *ganzen Zahlen* in $\mathbf{Q}[\sqrt{-19}]$)

$$R_{19} = \left\{ a + b\,\frac{1+\sqrt{-19}}{2} \;;\; a,b\in\mathbf{Z}\right\}$$

zeige man:

a) R_{19} ist nicht euklidisch .

b) R_{19} ist ein Hauptidealring .

☆**90.** Man zeige, daß folgende Aussagen äquivalent sind:

(a) R ist ein euklidischer Ring ,

(b) Es gibt eine Kette $R\setminus\{0\} = P_0 \supseteq P_1 \supseteq \dots$ mit

(i) $P_{i+1} \supseteq \{b\in R \;;\; \text{es gibt } a\in R \text{ mit } a+Rb \subseteq P_i\}$,

(ii) $\bigcap_i P_i = \emptyset$, $(i=0,1,2,\dots)$.

E. Polynomringe

Mit Ausnahme von Aufg. 119 sei in diesem Abschnitt R stets ein kommutativer Ring mit $1 \neq 0$.

91. Man zeige: Der Ring der formalen Potenzreihen $R[[\tau]]$ ist genau dann ein Integritätsring, wenn R Integritätsring ist.

92. Man zeige, daß eine formale Potenzreihe $f = \sum_{i\geq 0} a_i\tau^i \in R[[\tau]]$ genau dann invertierbar ist, wenn $a_0\in R$ invertierbar ist. Ist a_0 irreduzibel in R , so ist f irreduzibel in $R[[\tau]]$.

93. Man bestimme in $R[[\tau]]$ das Inverse von

a) $1-\tau$. b) $(1-\tau)^2$. c) $1-\tau^2$. d) $1-5\tau+6\tau^2$.

e) $1 - \tau f$, für beliebiges $f \in R[[\tau]]$.

94. Man zeige, daß $\tau^2 + 3\tau + 2$ im Ring der formalen Potenzreihen $\mathbf{Z}[[\tau]]$ irreduzibel ist, jedoch reduzibel im Polynomring $\mathbf{Z}[\tau]$.

95. Es seien a,b,c positive reelle Zahlen, $c \le \frac{a}{2}$, $b \le (\frac{a}{2})^2$.
In $\mathbf{R}[[\tau]]$ sei $(1-c\tau)(1-a\tau+b\tau^2)^{-1} = \sum_{i\ge 0} a_i\tau^i$.
Man zeige $a_i > 0$ für alle $i \ge 0$.

96. Zu einer formalen Potenzreihe $f = \sum_{i\ge 0} a_i\tau^i \in R[[\tau]]$ definiert man $o(f) := \text{Min}\{i \; ; \; a_i \neq 0\}$, $o(0) := \infty$. (Gelegentlich wird $o(f)$ als *Untergrad von* f bezeichnet.)
Man zeige: Für alle $f,g \in R[[\tau]]$ gilt

a) $o(f-g) \ge \text{Min}\{o(f),o(f)\}$.

b) $o(f\cdot g) \ge o(f) + o(g)$; hierin steht das Gleichheitszeichen falls R ein Integritätsring ist.

97. Für einen Körper K bestimme man alle Ideale im Ring der formalen Potenzreihen $K[[\tau]]$. Ferner bestimme man diejenigen Ideale A im Ring $\tau K[[\tau]]$, für die $aA \subseteq A$ gilt für alle $a \in K$.

☆**98.** Man zeige: Ist R ein Hauptidealring, dann enthält jedes Primideal von $R[[\tau]]$ ein Primelement und $R[[\tau]]$ ist ein ZPE-Ring.

☆**99.** Man zeige: Ist R noethersch, so ist auch $R[[\tau]]$ noethersch.

100. Es sei $f \in \mathbf{Z}[\tau]$. Man zeige: Für beliebige $a,b \in \mathbf{Z}$ ist $a-b$ ein Teiler von $f(a)-f(b)$ in $\mathbf{Z}$.

101. Ein Polynom $f \in \mathbf{Z}[\tau]$ mit Grad $f = 2k+1$ habe an $2k+1$ verschiedenen Stellen den Wert 1. Man zeige, daß f irreduzibel ist.

102. Sei $f \in \mathbf{Q}[\tau]$, $f = a_n\tau^n + \ldots + a_1\tau + a_o$ mit $a_i \in \mathbf{Z}$. Man zeige: Ist $x = a/b$, $a,b \in \mathbf{Z}$, $(a,b) = 1$, Wurzel von f, dann ist b ein Teiler von a_n und a ein Teiler von a_o .

103. Das Polynom $f = a_n\tau^n + \ldots a_1\tau + a_o \in R[\tau]$ ist genau dann eine Einheit, wenn a_o in R eine Einheit ist und a_i $(1 \leq i \leq n)$ nilpotent.

104. Es sei $f \in R[\tau]$ ein Nullteiler. Man zeige, daß es bereits $c \in R\setminus\{0\}$ gibt mit $cf = 0$.

105. Sei R ein kommutativer Ring mit 1 .

a) Welche der folgenden Eigenschaften implizieren einander, welche nicht ?

(i) Es gibt einen Nichtnullteiler $a_o \in R$ mit $na_o \neq 0$ für alle $n \in \mathbf{N}$,

(ii) Es gibt ein $a_o \in R$, so daß für alle $n \in \mathbf{N}$ na_o ein Nichtnullteiler ist und $na_o \neq 0$,

(iii) Für alle $a \in R\setminus\{0\}$ und alle $n \in \mathbf{N}$ ist $na \neq 0$.

b) Man zeige: Aus (ii) folgt für jedes $f \in R[\tau]$: Ist für alle $r \in R$ stets $f(r) = 0$, so ist $f = 0$.

c) Man zeige: $R = \mathbf{Z} \times \mathbf{Z}_2$ erfüllt (i) und trotzdem verschwindet das Polynom

$$f = (0,1)\tau^2 + (0,1)\tau$$

auf ganz R .

106. Es sei K ein Körper mit unendlich vielen Elementen. Man zeige, daß es kein Polynom f , $f \neq 0$, $f \neq 1$, aus $K[\tau]$ gibt mit $f(a)f(b) = f(a+b)$ für alle $a,b \in K$.

107. Durch

$$p_o(\tau) = 1 \; ; \; p_{n+1}(\tau) = \frac{1}{n+1}(\tau-n)p_n(\tau) \; , \; n \in \mathbf{N}_o \; ,$$

wird rekursiv eine Folge von Polynomen aus $\mathbf{C}[\tau]$ definiert. Man beweise:

a) $p_{n+1}(\tau+1) = p_n(\tau) + p_{n+1}(\tau)$.

b) Für jede ganze Zahl $a \in \mathbf{Z}$ und jedes $n \in \mathbf{N}_o$ ist $p_n(a) \in \mathbf{Z}$.

c) Jedes Polynom $f \in \mathbf{C}[\tau]$ mit $f(\mathbf{Z}) \subseteq \mathbf{Z}$ besitzt eine eindeutige Darstellung

$$f(\tau) = \textstyle\sum_{i\geq 0} a_i p_i(\tau) \quad , \quad a_i \in \mathbf{Z} \text{ und } a_i=0 \text{ für fast alle } i.$$

108. Man forme $(1+\tau)^{n+m}$ auf zwei verschiedene Weisen um und zeige folgende Identität für Binomialkoeffizienten:

$$\binom{m+n}{k} = \sum_{i=0}^{k} \binom{m}{i}\binom{n}{k-i} .$$

☆**109.** Es sei K ein Körper, $f,g \in K[\tau]$ mit Grad $f \geq 1$, Grad $g \geq 1$. Man zeige: Es gibt eindeutig bestimmte Polynome $f_1,\ldots,f_r$ mit $f_i = 0$ oder Grad $f_i <$ Grad g und

$$f = f_o + f_1 g + \ldots + f_r g^r .$$

110. Für natürliche Zahlen a, m, n bestimme man in $\mathbf{Z}[\tau]$ den größten gemeinsamen Teiler von

$$f_n = \tau^{a^n-1} - 1 \quad \text{und} \quad f_m = \tau^{a^m-1} - 1 .$$

111. Man bestimme zu $n \in \mathbf{N}$ in $\mathbf{Q}[\tau]$ den ggT von

$$f = n\tau^{n+1} - (n+1)\tau^n + 1$$

und

$$g = \tau^n - n\tau + n - 1 .$$

112. Man zeige, daß in $\mathbf{Q}[\tau]$ für jedes $n \in \mathbf{N}$ $(n \geq 2)$ die Polynome

$$p = n\tau^{n-1} + (n-1)\tau^{n-2} + \ldots + 2\tau + 1$$

und

$$q = \tau^{n-2} + 2\tau^{n-3} + \ldots + (n-2)\tau + (n-1)$$

teilerfremd sind.

113. Mit 4.1.17 gelingt ein eleganter Beweis von 3.7.3 :
Ist p eine Primzahl der Form $p = 4m+1$ und $R = \mathbf{Z}[i]$ der Ring der ganzen Gaußschen Zahlen, so ist zu zeigen:

a) $\bar{x}^p = \bar{x}$ für alle $\bar{x} \in R/pR$.

b) pR ist kein maximales Ideal in R .

c) Es gibt $a,b \in \mathbf{Z}$ mit $p = a^2 + b^2$.

114. Es sei p eine Primzahl in $\mathbf{Z}$ und n_p das Produkt aller Primzahlen q in $\mathbf{Z}$, für die $q-1$ Teiler von $p-1$ ist. Man beweise: Das von der Menge $\{m^p - m \; ; \; m \in \mathbf{Z}\}$ erzeugte Ideal ist (n_p).

☆**115.** Es sei K ein Körper, $D : K[\tau] \to K[\tau]$ definiert durch

$$D\left(\sum_{i=0}^{n} a_i \tau^i\right) = \sum_{i=1}^{n} i a_{i-1} \tau^{i-1} .$$

Man zeige:

a) $D(fg) = (Df)g + (Dg)f$ für alle $f,g \in K$.

b) Im Falle $\operatorname{Char} K = 0$ gilt für jedes $f = \sum_{i=0}^{n} a_i \tau^i$ und jedes $a \in K$

$$f(\tau) = f(a) + \sum_{i=1}^{n} \frac{(D^i f)(a)}{i!} (\tau - a)^i .$$

c) Ist $d : K[\tau] \to K[\tau]$ eine K-lineare Abbildung mit

$$d(fg) = (df)g + (dg)f \quad \text{für alle} \quad f,g \in K[\tau] ,$$

dann gibt es $a \in K[\tau]$ mit $df = aDf$ für alle $f \in K[\tau]$.

116. Für welche $k \in \mathbf{Z}$ ist $f_k(\tau) = \tau^5 - k\tau + 1$ über $\mathbf{Q}$ irreduzibel?

117. Man zeige, daß folgende Polynome irreduzibel sind:

a) $\tau^2 + \tau + 1 \in \mathbf{Z}_2[\tau]$.

b) $\tau^2 + 1 \in \mathbf{Z}_7[\tau]$.

c) $\tau^3 - 9 \in \mathbf{Z}_{11}[\tau]$.

118. Sei A ein Ideal in R und A' das von A in $R[\tau]$ erzeugte Ideal. Man zeige:

a) $A' = A[\tau]$, $A' \cap R = A$.

b) $R[\tau]/A' \cong (R/A)[\tau]$.

c) A' Primideal $\Leftrightarrow$ A Primideal .

119. R sei ein kommutativer Ring ($1 \in R$ wird nicht vorausgesetzt), für den $R[\tau]$ noethersch ist. Man zeige, daß R ein Einselement enthält.

120. Welche der Ideale (τ_1,τ_2) , $(\tau_1,\tau_2,2)$, $(\tau_1+\tau_2)$, $(\tau_1\tau_2)$, (τ_1) , $(\tau_1+\tau_2^2,\tau_2+\tau_1^2)$ sind Primideale bzw. maximale Ideale in

a) $\mathbf{Z}[\tau_1,\tau_2]$? b) $\mathbf{Q}[\tau_1,\tau_2]$?

121. Für beliebige Elemente $a_1,\ldots,a_n \in R$ ist $(\tau_1-a_1,\ldots,\tau_n-a_n)$ ein Primideal in $R[\tau_1,\ldots,\tau_n]$. (Beweis!)

122. Man zeige in $\mathbf{Z}_2[\tau_1,\tau_2,\tau_3]$:

a) $\tau_1^2 + \tau_2^2 + \tau_3^2$ ist reduzibel .

b) $\tau_1\tau_2 + \tau_2\tau_3 + \tau_3\tau_1$ ist irreduzibel .

123. a) Man zerlege $f = \tau^4 - \tau^3 + \tau^2 - \tau$ über $\mathbf{Z}_3$ in irreduzible Faktoren.

b) Man bestimme alle maximalen Ideale in $\mathbf{Z}_3[\tau]/(\tau^4-\tau^3+\tau^2-\tau)$.

124. Man zeige in $\mathbf{Q}[\tau]$ die Irreduzibilität folgender Polynome

a) $\tau^3 - 2$. b) $\tau^2 + 5\tau + 1$. c) $\tau^3 + 39\tau^2 - 4\tau + 8$.

d) $3\tau^3 - 5\tau^2 + 128\tau + 17$. e) $\tau^6 + \tau^3 + 1$.

f) $\tau^5 - 2\tau^4 + 6\tau + 10$.

125. Man bestimme in $\mathbf{Z}[\tau]$ die Primfaktorisierung von

a) $\tau^9 - 1$.

b) $\tau^4 + 11\tau^3 + 34\tau^2 + 46\tau + 232$.

c) $\tau^7 + 21\tau^5 + 35\tau^2 + 34\tau - 8$.

d) $18\tau^9 + 3\tau^8 - 15\tau^7 + 66\tau^6 + 12\tau^5 - 60\tau^4 + 48\tau^3 + 12\tau^2 - 60\tau - 24$.

e) $\tau^5 + \tau^3 - 2\tau^2 - 2$.

☆**126.** Sei R Unterring eines kommutativen Ringes R', $x_1,\dots,x_n \in R'$ und

$$f = a_n \prod_{i=1}^{n} (\tau - x_i) = \sum_{i=0}^{n} a_i \tau^i \in R[\tau] \ , \ a_n \neq 0 \ .$$

Man zeige:

$$p^2 = \prod_{i<j} (x_i - x_j)^2$$

ist ein Element aus R und es gilt

$$p^2 = \det \begin{pmatrix} s_0 & s_1 & \dots & s_{n-1} \\ s_1 & s_2 & \dots & s_n \\ . & . & \dots & . \\ . & . & \dots & . \\ s_{n-1} & s_n & \dots & s_{2n-2} \end{pmatrix}$$

mit

$$s_i = \sum_{k=1}^{n} x_k^{\,i} \ , \ i = 0,1,2,\dots,2n-2 \ .$$

☆**127.** Sei R Unterring eines ZPE-Ringes R', sowie $x_1,\dots,x_n$, $y_1,\dots,y_m \in R'$ $(n \geq 1, m \geq 1)$ und

$$f = a_0 \prod_{i=1}^{n} (\tau - x_i) = \sum_{i=0}^{n} a_i \tau^{n-i} \in R[\tau],$$

$$g = b_0 \prod_{i=1}^{m} (\tau - y_i) = \sum_{i=0}^{m} b_i \tau^{m-i} \in R[\tau]$$

mit $a_0 \neq 0$, $b_0 \neq 0$. Als *Resultante von f und g* bezeichnet man

$$R(f,g) = a_0^m b_0^n \prod_{j=1}^{m} \prod_{k=1}^{n} (x_k - y_j) \ .$$

Man zeige:

a) $R(f,g) = 0 \Leftrightarrow f$ und g haben gemeinsame Nullstellen .

b) $R(f,g) \in R$, insbesondere ist $R(f,g)$ gleich der folgenden $(n+m)$-reihigen Determinante

$$R(f,g) := \det \left(\begin{array}{cccccccc} a_o & a_1 & a_2 & \cdots & a_n & & & \\ & a_o & a_1 & \cdots & a_{n-1} & a_n & & 0 \\ & & a_o & \cdots & a_{n-2} & a_{n-1} & a_n & \\ & 0 & & \ddots & & & & \ddots \\ & & & & a_o & a_1 & a_2 & \cdots & a_n \\ b_o & b_1 & \cdots & b_m & & & & 0 \\ & b_o & \cdots & b_{m-1} & b_m & & & \\ & & \ddots & & & \ddots & & \\ & 0 & & & & b_o & b_1 & \cdots & b_m \end{array} \right) \begin{array}{l} \left.\vphantom{\begin{array}{c}a\\a\\a\\a\\a\end{array}}\right\} m \text{ Zeilen} \\ \left.\vphantom{\begin{array}{c}b\\b\\b\\b\end{array}}\right\} n \text{ Zeilen} \end{array} .$$

128. Man berechne die Resultante von

$$f = \tau^3 + 2\tau^2 + 3\tau + 5 \quad \text{und} \quad g = 6\tau^2 + 8\tau + 9$$

über $\mathbf{Z}$ (vgl. Aufg. 127) .

129. Man gebe eine notwendige und hinreichende Bedingung für die Koeffizienten der Polynome

$$f = \tau^3 + a_1\tau^2 + a_2\tau + a_3 \quad , \quad g = \tau^3 + b_1\tau^2 + b_2\tau + b_3$$

über einem Körper K , so daß f und g

a) genau eine , b) genau zwei

gemeinsame Nullstellen in einem geeigneten Oberkörper von K besitzen.

☆130. Als *Diskriminante* $D(f)$ eines Polynoms

$$f = a_o \prod_{i=1}^{n} (\tau - x_i) = \sum_{i=0}^{n} a_i \tau^{n-i} \in R[\tau] \quad (n > 1) ,$$

definiert man

$$D(f) = a_o^{2n-2} \prod_{i<j} (x_i - x_j)^2 .$$

a) Man gebe eine Determinantendarstellung für $D(f)$ aus den Koeffizienten a_i , $0 \le i \le n$.

b) Man berechne $D(f)$ für $n = 2,3$ und $n = 4$ mit $a_1 = 0$.

III. Körper

A. Primkörper , Körpererweiterungen

1. Man zeige, daß jeder nicht-triviale Homomorphismus von einem Schiefkörper in einen Ring injektiv ist.

2. Es sei K ein Körper der Charakteristik p (p Primzahl) und $a \neq 0$ ein beliebiges Element aus K . Man zeige: Für $m,n \in \mathbf{Z}$ gilt $ma = na$ genau dann, wenn $m \equiv n \pmod p$.

3. Es sei R ein Integritätsring mit 1 , in dem es zu jedem $a \in R$ ein $n \in \mathbf{Z}$ gibt mit $na = 0$. Man zeige, daß es eine Primzahl p gibt mit $pa = 0$ für alle $a \in R$.

4. Es sei p eine Primzahl und K ein Körper mit p^n Elementen. Man zeige: $\operatorname{Char} K = p$.

5. Es sei K ein Körper mit p^n Elementen (p Primzahl), $\sigma : K \to K$, $\sigma(x) = x^p$, der Frobenius-Automorphismus. Man bestimme die Ordnung von σ (in der Gruppe aller bijektiven Abbildungen von K).

6. Man bestimme bis auf Isomorphie alle Körper mit 3 bzw. 4 Elementen.

7. Es sei f ein Polynom dritten Grades aus $\mathbf{Q}[\tau]$ bzw. $\mathbf{R}[\tau]$ Unter welchen Bedingungen ist $\mathbf{Q}[\tau]/(f)$ bzw. $\mathbf{R}[\tau]/(f)$ ein Körper?

8. Es sei $\sigma : K \to K$ ein Automorphismus des Körpers K .und $F = \{x \in K \,;\, \sigma(x) = x\}$. Man zeige, daß F ein Unterkörper von K ist, der den Primkörper $P(K)$ enthält.

9. Es sei K ein Körper der Charakteristik Null und $f \in K[\tau]$ mit $f(a+1) = f(a)f(1)$ für alle $a \in K$. Man zeige: $f = 0$ oder $f = 1$.

10. Man bestimme alle Unterringe des Körpers $\mathbf{Q}$, die 1 als Einselement haben.

11. Es sei V ein Vektorraum über dem Körper L und K ein Unterkörper von L. Man zeige: V ist in natürlicher Weise Vektorraum über K; für die Dimensionen gilt

$$\mathrm{Dim}_K\, V = [L:K]\, \mathrm{Dim}_L\, V$$

12. Es sei $M:K$ eine Körpererweiterung und mit einem $n \in \mathbf{N}$ gilt $[L:K] \leq n$ für jeden Zwischenkörper L ($K \subseteq L \subseteq M$), $L \neq M$. Man zeige: $[M:K] < \infty$.

13. Man zeige: $\mathbf{Q}(\sqrt{2},\sqrt{3}) = \{a + b\sqrt{2} + c\sqrt{3} + d\sqrt{6}\ ;\ a,b,c,d \in \mathbf{Q}\}$. Welchen Grad hat $\mathbf{Q}(\sqrt{2},\sqrt{3})$ über $\mathbf{Q}$? Man gebe zu jedem Element $w = a + b\sqrt{2} + c\sqrt{3} + d\sqrt{6} \in \mathbf{Q}(\sqrt{2},\sqrt{3})$, $w \neq 0$, das Inverse w^{-1} als Linearkombination von 1, $\sqrt{2}$, $\sqrt{3}$, $\sqrt{6}$ an. Man zeige ferner, daß $\sqrt{2} + \sqrt{3}$ ein primitives Element von $\mathbf{Q}(\sqrt{2},\sqrt{3})$ ist.

14. Es sei $[L:K]$ eine Körpererweiterung und $u,v \in L$ algebraisch über K mit $[K(u):K] = m$, $[K(v):K] = n$. Sind m und n teilerfremd, so gilt $[K(u,v):K] = mn$. (Beweis!)

15. Es sei K ein Körper, $m,n \in \mathbf{N}$ mit $(m,n) = 1$ und

$$f(\tau) = \tau^{mn} - a \in K[\tau]\ ,$$

sowie L ein Oberkörper von K, der eine Wurzel x von f enthält. Man zeige:

a) Sind $\tau^m - a$ und $\tau^n - a$ über K irreduzibel, dann gilt $[K(x):K] = mn$.

b) $\tau^n - a$ und $\tau^m - a$ sind über K genau dann irreduzibel, wenn $\tau^{mn} - a$ über K irreduzibel ist.

16. Ist der Grad $[L:K]$ einer Körpererweiterung eine Primzahl, dann ist jedes $a \in L\setminus K$ ein primitives Element.

17. Es sei $L:K$ eine Körpererweiterung und $A \subseteq L$. Man zeige:

a) Zu $x \in K(a)$ gibt es endlich viele $a_1,\ldots,a_n \in A$ und Polynome $f,g \in K[\tau_1,\ldots,\tau_n]$ mit

$$x = \frac{f(a_1,\ldots,a_n)}{g(a_1,\ldots,a_n)}\ .$$

b) $K(A)$ ist Vereinigung aller $K(B)$ mit endlichen B, $B \subseteq A$.

18. $K(x)$ sei eine einfache transzendente Erweiterung des Körpers K. Man zeige: Jedes Element aus $K(x) \setminus K$ ist transzendent über K.

19. Es sei $L:K$ eine Körpererweiterung und $a \in L$ transzendent über K. Man zeige: Für jedes $n \geq 1$ ist a^n transzendent über K und $K(a^n) \subsetneqq K(a)$.

20. Es sei $L:K$ eine Körpererweiterung, $u, v \in L$ und v transzendent über K, jedoch v algebraisch über $K(u)$. Man zeige: u ist algebraisch über $K(v)$.

21. Man bestimme das Minimalpolynom über $\mathbb{Q}$ der Zahlen

$$\sqrt{2 + \sqrt[3]{2}} \quad ; \quad \sqrt{3} + \sqrt[5]{3} \quad ; \quad \sqrt[3]{2} + \sqrt{-1} \cdot \sqrt[5]{2} \ .$$

22. Es seien p, q Primzahlen, $p \neq q$, $L = \mathbb{Q}(\sqrt{p}, \sqrt[3]{q})$. Man zeige:

$$L = \mathbb{Q}(\sqrt{p} \cdot \sqrt[3]{q}) \quad \text{und} \quad [L:\mathbb{Q}] = 6$$

und gebe das Minimalpolynom von $\sqrt{p} \cdot \sqrt[3]{q}$ über $\mathbb{Q}$ an.

23. Es sei $L:K$ eine Körpererweiterung. Man beweise:

a) $0 \neq a \in L$ algebraisch über $K \Leftrightarrow a^{-1} \in K[a]$.

b) $L:K$ algebraisch $\Leftrightarrow$ Jeder Unterring R von L mit $K \subseteq R$ ist Körper.

c) $L:K$ algebraisch $\Leftrightarrow$ $L = K(A)$ mit einer Teilmenge $A \subseteq L$, in der jedes Element algebraisch ist über K.

24. Es sei $a \in \mathbb{C}$ eine Wurzel von

$$f = \tau^5 - 2\tau^4 + 6\tau + 10 \in \mathbb{Q}[\tau] \ .$$

Man bestimme $[\mathbb{Q}(a):\mathbb{Q}]$ und zu jedem $r \in \mathbb{Q}$ das Minimalpolynom von $a+r$ über $\mathbb{Q}$.

25. In $\mathbb{Q}(\sqrt[5]{3})$ schreibe man folgenden Bruch als Linearkombination

von $1 , \sqrt[5]{3} , \ldots , (\sqrt[5]{3})^4$:

$$\frac{1 + 6(\sqrt[5]{3})^3 + 4(\sqrt[5]{3})^6}{4 + 2\sqrt[5]{3} - (\sqrt[5]{3})^2} .$$

26. Es sei $a \in \mathbf{C}$ Wurzel des Polynoms

$$h(\tau) = \tau^3 - 6\tau^2 + 9\tau + 3 \in [\tau] .$$

Man zeige, daß $1 , a , a^2$ Basis ist von $\mathbf{Q}(a)$ über $\mathbf{Q}$ und schreibe die Elemente a^5 , $3a^4-2a^3+1$, $(a+2)^{-1}$ als Linearkombination von $1 , a , a^2$.

27. Man zeige, daß für jedes $a \in \mathbf{Q}$ die reellen Zahlen $\cos(a\pi)$ und $\sin(a\pi)$ über $\mathbf{Q}$ algebraisch sind.

28. Es sei $a_n \in \mathbf{C}$ eine Wurzel des Polynoms $\tau^n - 2 \in \mathbf{Q}[\tau]$ und sei $L = \mathbf{Q}(\{a_n ; n \in \mathbf{N}\})$. Man zeige: $L:\mathbf{Q}$ ist algebraisch und $[L:\mathbf{Q}] = \infty$.

29. Es sei $K(a):K$ eine einfache algebraische Erweiterung von ungeradem Grad. Man zeige: $K(a^2) = K(a)$.

30. Es seien a Wurzel von $\tau^3 - 2\tau + 1 \in \mathbf{Q}[\tau]$ und b Wurzel von $2\tau^3 + \tau^2 - 1 \in \mathbf{Q}[\tau]$. Man gebe in $\mathbf{Q}[\tau]$ ein Polynom $h \neq 0$ an mit $h(a+b) = 0$.

☼**31.** Eine Zahl $a \in \mathbf{C}$ heißt *ganz algebraisch über* $\mathbf{Z}$, wenn a Wurzel eines Polynoms aus $\mathbf{Z}[\tau]$ ist mit höchstem Koeffizienten 1 , d.h. $f(a) = 0$ mit

$$f = \tau^n + a_{n-1}\tau^{n-1} + \ldots + a_1\tau + a_o , \quad a_i \in \mathbf{Z} .$$

Es sei $A = \{a \in \mathbf{C} ; a \text{ ist ganz algebraisch über } \mathbf{Z}\}$.
Man zeige:

a) Ist $z \in \mathbf{C}$ algebraisch über $\mathbf{Z}$, dann gibt es $n \in \mathbf{Z}$ mit $nz \in A$.

b) $A \cap \mathbf{Q} = \mathbf{Z}$.

c) $a \in A , m \in \mathbf{Z} \Leftrightarrow a+m , ma \in A$.

d) $a \in A \Leftrightarrow \mathbf{Z}[a]$ ist endlich erzeugter $\mathbf{Z}$-Modul .

e) A ist ein Ring .

f) $\exp(\frac{2\pi i}{360}) \in A$, $2\cos(\frac{2\pi}{360}) \in A$ aber $\cos(\frac{2\pi}{360}) \notin A$.

☆**32.** Es sei $L = K(x)$ eine einfache transzendente Erweiterung von K , $u = g(x)/h(x) \in L \setminus K$ mit $g,h \in K[\tau]$ und $(g,h) = 1$. Man zeige:

a) u ist transzendent über K .

b) x ist algebraisch über $K(u)$ mit Minimalpolynom $f(\tau) = g(\tau) - u\,h(\tau) \in K(u)[\tau]$. $[K(x):K(u)] = \text{Grad}\, u := \text{Max}\,\{\text{Grad}\, g, \text{Grad}\, h\}$.

c) Jeder Zwischenkörper M , $K \subsetneq M \subseteq L$, ist einfach transzendent über K.

d) $K(x) = K(u) \Leftrightarrow u = \frac{ax+b}{cx+d}$ mit $a,b,c,d \in K$, $ad-bc \neq 0$.

e) Für jeden Automorphismus $\sigma : K(x) \longrightarrow K(x)$ mit $\sigma(k) = k$ für alle $k \in K$ gilt $\sigma(x) = \frac{ax+b}{cx+d}$ mit $a,b,c,d \in K$, $ad-bc \neq 0$.

33. Es sei $L:K$ eine endliche Körpererweiterung. Man zeige für die rationalen Funktionenkörper

$$[L(\tau):K(\tau)] = [L:K] .$$

34. Man zeige, daß $a = 2\cos(\frac{2\pi}{7})$ Wurzel des Polynoms

$$\tau^3 + \tau^2 - 2\tau - 1 \in \mathbf{Q}[\tau]$$

ist und folgere daraus, daß das reguläre 7-Eck nicht mit Zirkel und Lineal konstruierbar ist.

35. Man beweise, daß alle Winkel $\alpha = \frac{2\pi}{n}$ mit $3 \nmid n$ mit Zirkel und Lineal in drei gleiche Teile teilbar sind.

36. In der Zeichenebene seien kartesische (ξ,η)-Koordinaten vorgegeben und die Parabel $T = \{(\xi,\xi^2+\xi) \; ; \; \xi \in \mathbf{R}\}$. Zulässige Konstruktionen seien Konstruktionen mit Zirkel und Lineal und das Schneiden konstruierbarer Kreise und Geraden mit T .

a) Man zeige: Ist $\sqrt[m]{2}$ mit diesen Mitteln konstruierbar, so gilt $m = 2^r 3^s$ mit $r,s \in \mathbf{N}$.

b) Man konstruiere mit diesen Mitteln eine Strecke der Länge $\sqrt[3]{2}$.

37. Man beweise: Hat das Polynom $f = a\tau^3 + b\tau^2 + c\tau + d \in \mathbf{Q}[\tau]$ eine (mit Zirkel und Lineal) konstruierbare Wurzel, so hat es sogar eine rationale Wurzel.

B. Zerfällungskörper, endliche Körper

38. Es seien $f \in K[\tau]$ ein Polynom vom Grad n mit Wurzeln $a_1,\dots,a_n$. Man zeige, daß $K(a_1,\dots,a_{n-1})$ der Zerfällungskörper von f über K ist.

39. Es seien $a,b \in \mathbf{Q}$ und $f = \tau^2 + a$, $g = \tau^2 + b$ irreduzibel über $\mathbf{Q}$. Für welche a,b sind die Zerfällungskörper von f und g isomorph, wann sind sie (in $\mathbf{C}$) gleich?

40. Man suche eine notwendige und hinreichende Bedingung für a,b in $\mathbf{Q}$, so daß $[L:\mathbf{Q}] = 3$ ist für den Zerfällungskörper L des (über $\mathbf{Q}$) irreduziblen Polynoms $f = \tau^3 + a\tau + b$.

41. Man bestimme den Grad $[L:\mathbf{Q}]$ der Zerfällungskörpers L über $\mathbf{Q}$ der folgenden Polynome:

a) $\tau^4 + 1$. b) $\tau^6 + 1$.

c) $\tau^4 - 2\tau^2 + 2$. d) $\tau^5 - 1$.

42. Die Nullstellen des irreduziblen Polynoms $\tau^3 + \tau + 1 \in \mathbf{Q}[\tau]$ seien $x_1,x_2,x_3 \in \mathbf{C}$. Man zeige, daß $\mathbf{Q}(x_2/x_1)$ Zerfällungskörper des Polynoms ist und bestimme die Minimalpolynome von x_2/x_1 über $\mathbf{Q}$ und über $\mathbf{Q}(x_1)$.

43. Man gebe Wurzeln a_1,a_2,a_3 des Polynoms $\tau^4 - 2 \in \mathbf{Q}[\tau]$ an, so daß $\mathbf{Q}(a_1,a_2)$ nicht isomorph ist zu $\mathbf{Q}(a_1,a_3)$.

44. Es seien $a_1,a_2,a_3 \in \mathbf{C}$ die Wurzeln von $\tau^3 - 2 \in \mathbf{Q}[\tau]$. Man zeige, daß die Körper $\mathbf{Q}(a_i) \subset \mathbf{C}$ $(i=1,2,3)$ paarweise verschieden sind.

45. Man zeige, daß je zwei irreduzible Polynome vom Grad 2 über dem

Körper $\mathbb{Z}_p$ (p Primzahl) isomorphe Zerfällungskörper besitzen.

46. Man bestimme den Zerfällungskörper von $\tau^6 + 1$ über $\mathbb{Z}_2$.

47. L:K sei Zerfällungskörper des Polynoms $f \in K[\tau]$, Grad $f = n$. Man zeige, daß $[L:K]$ ein Teiler von $n!$ ist.

48. Man untersuche die folgenden Polynome $f \in \mathbb{Q}[\tau]$ auf mehrfache Wurzeln.

a) $\tau^5 + 5\tau + 5$. b) $\tau^5 + 6\tau^3 + 3\tau + 4$.

c) $\tau^4 - 5\tau^3 + 6\tau^2 + 4\tau - 8$.

49. Es sei K ein Körper mit $\text{Char } K = p \neq 0$ und $f \in K[\tau]$ irreduzibel. Man zeige, daß die Wurzeln von f alle die gleiche Vielfachheit haben.

50. Es sei K ein Körper mit $\text{Char } K = 0$ und $f \in K[\tau] \setminus K$. Man zeige, daß $g = \frac{f}{\text{ggT}(f,f')}$ dieselben Wurzeln wie f besitzt, jedoch alle mit der Vielfachheit 1 .

51. Man gebe alle erzeugenden Elemente der multiplikativen Gruppe der Körper $\mathbb{Z}_7$, $\mathbb{Z}_{17}$, $\mathbb{Z}_{41}$ an.

52. Man gebe die Struktur der additiven Gruppe des Körpers $GF(p^n)$ an (im Sinne des Hauptsatzes für endliche abelsche Gruppen) .

53. Man zeige, daß in jedem endlichen Körper $K \neq \mathbb{Z}_2$ die Summe aller Elemente das Nullelement ist.

54. Es sei K ein endlicher Körper mit $q = p^n$ Elementen und $\sigma : K \to K$ eine beliebige Abbildung. Man gebe ein Polynom $f \in K[\tau]$ an mit $f(a) = \sigma(a)$ für alle $a \in K$.

55. Es sei $p > 2$ eine Primzahl. Man zeige, daß es über $\mathbb{Z}_p$ genau $p(p-1)/2$ normierte irreduzible quadratische Polynome gibt.

☼**56.** Es sei p eine Primzahl und $f \in \mathbb{Z}_p[\tau]$ irreduzibel. Man zeige: f teilt $\tau^{p^n} - \tau$ genau dann, wenn Grad f ein Teiler von n ist.

☆**57.** Es sei p eine Primzahl und $I(d,p)$ die Menge der irreduziblen normierten Polynome aus $\mathbf{Z}_p[\tau]$ vom Grad d.

a) Man zeige:
$$\tau^{p^n} - \tau = \prod_{d|n} \Big(\prod_{f \in I(d,p)} f(\tau) \Big)$$

b) Bestimme $|I(k,p)|$ für $k = 1,2,3$.

c) Mit der Möbius'schen Umkehrformel bestimme man $|I(k,p)|$ für beliebiges $k \in \mathbf{N}$.

58. Das Polynom $\tau^p - \tau + a \in \mathbf{Z}_p[\tau]$ ist für jedes $a \neq 0$ irreduzibel über $\mathbf{Z}_p$. (Beweis!)

59. Es seien K ein endlicher Körper und x,y von Null verschiedene Elemente aus K. Man zeige: Es gibt $a,b \in K$ mit $1+xa^2+yb^2 = 0$ und folgere daraus, daß in K jedes Element darstellbar ist als Summe von zwei Quadraten.

60. Man zeige, daß das Polynom $\tau^{2^n} + \tau + 1$ über $\mathbf{Z}_2$ für $n = 2$ irreduzibel und für $n > 2$ reduzibel ist.

61. Man beweise: Das Polynom $\tau^4 - 10\tau^2 + 1$ ist über $\mathbf{Q}$ irreduzibel, aber reduzibel über jedem endlichen Körper.

62. Es sei K ein Körper, der eine Nullstelle des Polynoms
$$f = \tau^4 + \tau^3 + \tau^2 + \tau + 1$$
enthält.

a) Man zeige, daß es $x \in K$ gibt mit $x^2 = 5$.

b) Ist p eine Primzahl mit $p \equiv 1 \pmod 5$, dann ist 5 ein Quadrat in $\mathbf{Z}_p$.

63. Im Ring der Gauß'schen Zahlen $\mathbf{Z}[i]$, $i=\sqrt{-1}$, sei a ein Primelement. Man zeige, daß $\mathbf{Z}[i^3]/(a)$ ein endlicher Körper mit $|a|^2$ Elementen ist. ($|x+iy|^2 = x^2+y^2$, $x,y \in \mathbf{Z}$.)

C. KREISTEILUNG

In diesem Abschnitt bezeichne $\Phi_n(\tau)$ *das* n*-te Kreisteilungspolynom* .

☆**64.** Man beweise:

a) Für jede ungerade ganze Zahl $n > 1$ gilt $\Phi_{2n}(\tau) = \Phi_n(-\tau)$.

b) Ist p Primzahl, die m teilt, dann gilt $\Phi_{pm}(\tau) = \Phi_m(\tau^p)$.

c) Ist p Primzahl, so gilt

$$\Phi_{p^k}(\tau) = \tau^{(p-1)p^{k-1}} + \tau^{(p-2)p^{k-1}} + \ldots + \tau^{p^{k-1}} + 1 .$$

d) Für Primzahlen $p_1,\ldots,p_r$ und natürliche Zahlen $k_1,\ldots,k_r$ gilt

$$\Phi_{p_1^{k_1}\cdots p_r^{k_r}}(\tau) = \Phi_{p_1p_2\cdots p_r}(\tau^{p_1^{k_1-1}\cdots p_r^{k_r-1}}) .$$

e) Für jede Primzahl p und $n \in \mathbf{N}$ mit $(p,n) = 1$ gilt

$$\Phi_{pn}(\tau) = \frac{\Phi_n(\tau^p)}{\Phi_n(\tau)} .$$

f) Für alle $n \in \mathbf{N}$ mit $n > 1$ gilt

$$\Phi_n(\tau^{-1}) = \Phi_n(\tau)\tau^{-\varphi(n)} . \quad (\ \varphi \text{ Eulersche Funkt. })$$

65. Man berechne $\Phi_n(\tau)$ für $10 \le n \le 30$.

66. Man zerlege

a) Φ_3 über $\mathbf{Z}_7$, $\mathbf{Z}_{13}$, $\mathbf{Z}_{19}$.

b) Φ_4 über $\mathbf{Z}_5$, $\mathbf{Z}_{13}$, $\mathbf{Z}_{17}$.

c) Φ_5 , Φ_{12} über $\mathbf{Z}_{11}$.

d) Wie lauten die Minimalpolynome der primitiven siebten Einheitswurzeln über $\mathbf{Z}_2$?

67.a) Es $\zeta \neq 1$ eine n-te Einheitswurzel. Man zeige

$$1 + \zeta + \zeta^2 + \ldots + \zeta^{n-1} = 0 .$$

b) $\zeta_1, \ldots, \zeta_n$ seien die n-ten Einheitswurzeln. Man zeige

$$\zeta_1^k + \ldots + \zeta_n^k = 0 \text{ für alle } k , 1 \leq k \leq n-1 .$$

☆68. Es sei ζ primitive k-te Einheitswurzel, $\mathbf{Q}(\zeta)$ der k-te Kreisteilungskörper. Man zeige: Φ_l zerfällt über $\mathbf{Q}(\zeta)$ in $\varphi(d)$ irreduzible Faktoren gleichen Grades. ($d = ggT(l,k)$, φ Eulersche Funktion.)

69. Im n-ten Kreisteilungskörper über $\mathbf{Q}$ bildet die Menge der primitiven n-ten Einheitswurzeln $\{\zeta_1, \ldots, \zeta_{\varphi(n)}\}$ genau dann eine $\mathbf{Q}$-Basis, wenn n quadratfrei ist.

☆70. Man zeige: Für jede primitive n-te Einheitswurzel ζ_n und jede primitive m-te Einheitswurzel ζ_m über $\mathbf{Q}$ mit $(n,m) = 1$ gilt $\mathbf{Q}(\zeta_m) \cap \mathbf{Q}(\zeta_n) = \mathbf{Q}$.

71. Es sei ζ eine primitive n-te Einheitswurzel in einem Körper K und $m \in \mathbf{Z}$ mit $(n,m) = d > 0$. Man zeige, daß es in K genau n/d m-te Potenzen von n-ten Einheitswurzeln gibt, nämlich $\zeta^d, \zeta^{2d}, \ldots \zeta^n$, und daß jedes dieser Elemente m-te Potenz von wenigstens d verschiedenen Elementen von K ist.

☆72. Es sei K ein Körper mit q Elementen, $n \in \mathbf{N}$ mit $(q,n) = 1$ und L Zerfällungskörper von $\tau^n - 1$ über K . Man zeige:

a) $[L:K] = \text{Min}\,\{m \in \mathbf{N} ; n \text{ teilt } q^m - 1\}$.

b) $\Phi_n(\tau)$ ist in $K[\tau]$ genau dann irreduzibel, wenn $\bar{q}$ erzeugendes Element der primen Restklassengruppe $\mathbf{Z}_n^*$ ist.

c) Φ_{12} ist über jedem Körper der Charakteristik $\neq 0$ reduzibel.

73. Man bestimme den Zerfällungskörper L von $\tau^9 - 1$ über $K = \mathbf{Q}, \mathbf{Z}_2 , \mathbf{Z}_3$ und gebe jeweils $[L:K]$ an .

74. Mit $n > 2$ und einer primitiven n-ten Einheitswurzel ζ über $\mathbf{Q}$

gilt stets

$$[\mathbf{Q}(\zeta+\zeta^{-1}):\mathbf{Q}] = \tfrac{1}{2}\varphi(n) .$$

75. Für welche n ($1 \le n \le 100$) ist ein regelmäßiges n-Eck (mit Zirkel und Lineal) konstruierbar ?

76. Man zeige:

a) Aus einem konstruierten regelmäßigen n-Eck kann man ein regelmäßiges 2n-Eck konstruieren.

b) Aus je einem regelmäßigen n_1-Eck und n_2-Eck mit $(n_1,n_2) = 1$ kann man ein regelmäßiges n_1n_2-Eck konstruieren.

77. Es sei p eine Fermatsche Primzahl und a das Produkt aller Fermatschen Primzahlen q , $q \le p$. Man zeige: Das von der Menge $\{m^p - m \; ; \; m \in \mathbf{Z}\}$ erzeugte Ideal in $\mathbf{Z}$ wird erzeugt von 2a .

78. Man zeige, daß 641 die Fermatzahl $F_5 = 2^{2^5} + 1$ teilt .

D. Normale und separable Erweiterungen

79. Es sei K ein Körper, $L = K(A)$ eine Körpererweiterung und jedes Element $a \in A$ sei algebraisch vom Grad 2 über K . Man zeige, daß L:K normal ist.

80. Man zeige, daß $\mathbf{Q}(i\sqrt{5}):\mathbf{Q}$ und $\mathbf{Q}((1+i)\sqrt[4]{5}):\mathbf{Q}(i\sqrt{5})$ normal sind, jedoch $\mathbf{Q}((1+i)\sqrt[4]{5}):\mathbf{Q}$ keine normale Erweiterung ist.

81. Man zeige für einen endlichen Körper K :

a) Ist f ein über K irreduzibles Polynom vom Grad n, so gilt für den Zerfällungskörper L von f : $[L:K] = n$.

b) Das Polynom $f = \tau^3 + a\tau + b$ ist nur dann irreduzibel über K, wenn $-4a^3 - 27b^2$ ein Quadrat in K ist.

☆**82.** Es sei K ein Körper der Charakteristik p ($\neq 0$), L:K eine Erweiterung und $a \in L$ algebraisch über K . Man zeige:

Folgende Aussagen sind äquivalent:

(a) a ist separabel über K ,

(b) $K(a) = K(a^p)$,

(c) $u_1,\dots,u_r \in K(a)$ linear unabhängig über K $\Rightarrow$
$u_1^p,\dots,u_r^p \in K(a)$ linear unabhängig über K ,

(d) $K(a):K$ ist eine separable Erweiterung .

83. Es sei $L:K$ eine Körpererweiterung mit $\operatorname{Char} K = p \neq 0$ und $a \in L$ algebraisch. Man zeige, daß es eine ganze Zahl $e \in \mathbf{N}$ gibt, so daß a^{p^e} separabel über K ist.

84. Ist $L:K$ eine endliche Körpererweiterung und $\operatorname{Char} K$ kein Teiler von $[L:K]$, dann ist $L:K$ separabel . (Beweis!)

☆**85.** $L:K$ sei eine algebraische Erweiterung mit $\operatorname{Char} K = p \neq 0$.
Man zeige:

a) Für $a_1,\dots,a_n$ ist $M = K(a_1,\dots,a_n)$ genau dann separabel über K , wenn gilt:
$$M = K(a_1{}^p,\dots,a_n{}^p) .$$

b) Ist M ein Zwischenkörper von $L:K$ und sind $L:M$ und $M:K$ separabel, so ist auch $L:K$ separabel.

c) Ist M ein Zwischenkörper von $L:K$ und ist $L:K$ separabel, so ist auch $L:M$ und $M:K$ separabel.

86. Es seien K ein Körper der Charakteristik p $(\neq 0)$, $a \in K$ und
$$f = \tau^p - \tau - a \in K[\tau] .$$

Man zeige:

a) f ist separabel .

b) Hat f eine Wurzel in K , so zerfällt f über K bereits ganz in Linearfaktoren .

c) Es ist f genau dann irreduzibel über K , wenn es in K keine Wurzel hat.

87. Es sei K ein Körper der Charakteristik p ($\neq 0$). Man zeige:

a) Das Polynom $\tau^p - a \in K[\tau]$ ist genau dann irreduzibel, wenn es in K keine Wurzel hat.

b) Für jede Wurzel u von $\tau^p - a$ gilt $K(u) \neq K(u^p)$ genau dann, wenn $[K(u):K] = p$.

88. Es sei K ein Körper der Charakteristik p ($\neq 0$) und $a \in K \setminus K^p$ (d.h. a ist nicht p-te Potenz eines Elements aus K). Man zeige, daß für jedes $n \in \mathbf{N}$ das Polynom $\tau^{p^n} - a$ über K irreduzibel ist.

89. Es sei $L:K$ eine Körpererweiterung, $L_s(K) = \{a \in L\ ;\ a$ separabel über $K\}$. Man zeige:

a) $L_s(K)$ ist ein Zwischenkörper von $L:K$.

b) $L_s(L_s(K)) = L_s(K)$.

c) $L:K$ normal $\Rightarrow$ $L_s(K):K$ normal.

90. Es seien $a,b \in \mathbf{Q}$ beide von Null verschieden und $a \neq b$. Man bestimme ein primitives Element von $\mathbf{Q}(\sqrt{a},\sqrt{b})$.

91. Man bestimme ein primitives Element des Zerfällungskörpers L des Polynoms $\tau^3 - 2$ über $\mathbf{Q}$.

92. Es sei $L:K$ eine Körpererweiterung mit $\operatorname{Char} K = p \neq 0$, $u,v \in L$ mit $u^p, v^p \in K$ und $[K(u,v):K] = p^2$. Man zeige, daß $K(u,v)$ kein primitives Element besitzt.

93. Es sei $L:K$ eine Körpererweiterung mit $\operatorname{Char} K = p \neq 0$, $u,v \in L\setminus\{0\}$, u separabel über K und $v^{p^e} \in K$ für ein $e \in \mathbf{N}$. Man zeige: $K(u,v) = K(u+v) = K(uv)$.

☆94. Es sei K ein Körper der Charakteristik p ($\neq 0$) und $L:K$ *rein inseparabel*, d.h. für jedes $a \in L$ gibt es ein $n \in \mathbf{N}$, so daß $a^{p^n} \in K$. Man zeige: $L:K$ ist normal und jeder Automorphismus σ von L mit $\sigma(k) = k$ für alle $k \in K$ ist die Identität.

95. Es sei K ein Körper der Charakteristik p ($\neq 0$) und $L = K(a_1,\ldots,a_n)$ mit $a_i^{p^{e_i}} \in K$. Man zeige: Ist $L:K$ eine einfache Erweiterung, dann ist bereits ein a_i primitives Element (d.h. es gibt i, $1 \leq i \leq n$, mit $L = K(a_i)$).

96. a) Jede algebraische Erweiterung L eines vollkommenen Körpers K ist vollkommen. (Beweis!)

b) Ist $L:K$ separabel und L vollkommen, so ist auch K vollkommen. (Beweis!)

☆**97.** Es sei K ein Körper der Charakteristik p ($\neq 0$) und $K^p := \{x^p ; x \in K\}$. Man zeige:

a) K^p ist ein Unterkörper von K.

b) Es gibt einen Oberkörper $K^{1/p}$ von K, so daß $(K^{1/p})^p = K$.

c) $K \cap K^p \cap (K^p)^p \cap \ldots$ ist vollkommener Körper und umfaßt alle vollkommenen Unterkörper von K.

E. GALOISTHEORIE

98. Es sei $L:K$ eine Körpererweiterung und $a_1,\ldots,a_n$ eine Basis von $L:K$. Ferner sei $A_1,\ldots,A_n$ Basis des L-Vektorraumes $\mathrm{Hom}_K(L,L)$ (vgl. 7.1.(3)). Man zeige, daß die $n\times n$-Matrix $(A_i(a_j))$ $(1 \leq i,j \leq n)$ invertierbar ist.

99. Man bestimme die Galois-Gruppe $G(L:\mathbf{Q})$ für

a) $L = \mathbf{Q}(\sqrt[3]{2})$.

b) $L = \mathbf{Q}(\zeta)$ mit $\zeta = \exp(\frac{2\pi i}{5})$. Dazu alle Untergruppen U von $G(L:\mathbf{Q})$ und die zugehörigen Fixkörper $F(L,U) = \{x \in L ; \sigma(x) = x$ für alle $\sigma \in U\}$.

c) $L = \mathbf{Q}(\zeta)$ mit $\zeta = \exp(\frac{2\pi i}{11})$. Dazu alle Untergruppen U und die zugehörigen Fixkörper $F(L,U)$.

100. Es sei $a \in \mathbf{Q}$ Wurzel des Polynoms $f = \tau^3 - 3\tau + 1 \in \mathbf{Q}[\tau]$. Man zeige:

a) $f(\tau)$ teilt $f(\tau^2-2)$.

b) $\mathbf{Q}(a):\mathbf{Q}$ ist normale Erweiterung .

c) Man bestimme die Galois-Gruppe $G(\mathbf{Q}(a):\mathbf{Q})$.

101. Es sei K ein Körper der Charakteristik p ($\neq 0$) , $a \in K$ und b Wurzel von $\tau^p - a \in K[\tau]$. Man bestimme die Galois-Gruppe von $K(b):K$.

102. Man bestimme alle Automorphismen von $\mathbf{Q}(\sqrt{2},\sqrt{3})$.

103. Es sei L Zerfällungskörper des irreduziblen Polynoms

$$f = \tau^4 - 2a\tau^2 + c$$

über $\mathbf{Q}$ und $M = \mathbf{Q}(\sqrt{a^2-c})$. Man zeige:

a) $[L:\mathbf{Q}] = 4 \Rightarrow \sqrt{c} \in M$.

b) $\sqrt{c} \in \mathbf{Q} \Rightarrow G(L:\mathbf{Q}) \cong \mathbf{Z}_2 \times \mathbf{Z}_2$.

c) $\sqrt{c} \in M$ und $\sqrt{c} \notin \mathbf{Q} \Rightarrow G(L:\mathbf{Q}) \cong \mathbf{Z}_4$.

d) Man bestimme $G(\mathbf{Q}(\sqrt{2},\sqrt{3}):\mathbf{Q})$.

104. Man be-timme den Zerfällungskörper L und die Galois-Gruppe $G(L:K)$ für $\tau^8 - 3$ über $K = \mathbf{Z}_5$ bzw. $K = \mathbf{Q}$.

105. Es sei K ein Körper mit p^n Elementen (p Primzahl) und L eine endliche Erweiterung von K , $[L:K] = m$. Man zeige, daß $G(L:K) \cong \mathbf{Z}_m$.

106. Zu $L = \mathbf{Q}(i,\sqrt[4]{2})$ bestimme man $G(L:\mathbf{Q})$, sämtliche Untergruppen U davon und die zugehörigen Fixkörper $F(L,U)$.

107. Es sei t transzendent über $\mathbf{Z}_2$ und $f(\tau) = \tau^2 + t$.

a) Man zeige, daß f über $\mathbf{Z}_2(t)$ irreduzibel ist.

b) Es sei L der Zerfällungskörper von f über $\mathbf{Z}_2(t)$. Man bestimme die Galois-Gruppe $G(L:\mathbf{Z}_2(t))$. Ist $L:\mathbf{Z}_2(t)$ galoisch?

☆**108**. Es sei K ein Körper mit q Elementen und $K(\tau)$ der Körper der rationalen Funktionen in τ über K. Ferner sei G die Gruppe der Automorphismen von $K(\tau)$, die aus den Abbildungen

$$f(\tau) \longmapsto f\left(\frac{a\tau+b}{c\tau+d}\right) \quad , \quad a,b,c,d \in K \ , \ ac-bd \neq 0,$$

besteht (vgl. Aufg. 32).

a) Man zeige: $|G| = q^3 - q$.

b) Bestimme $F(K(\tau),U_i) = \{f \in K(\tau) \ ; \ \sigma(f) = f \text{ für alle } \sigma \in U_i\}$ für folgende Untergruppen: $U_0 = G$,

$$U_1 = \{\sigma \in G \ ; \ \sigma(\tau) = a\tau + b \ , \ a,b \in K \ , \ a \neq 0\} \ ,$$

$$U_2 = \{\sigma \in G \ ; \ \sigma(\tau) = \tau + b \ , \ b \in K\} \ .$$

☆**109**. Es sei K ein Körper mit unendlich vielen Elementen und $L = K(\tau)$ eine einfache transzendente Erweiterung. Man zeige: $L:K$ ist eine Galois-Erweiterung und die Galois-Gruppe besteht aus allen Abbildungen

$$f(\tau) \longmapsto f\left(\frac{a\tau+b}{c\tau+d}\right) \quad , \quad a,b,c,d \in K \ , \ ac-bd \neq 0 \ .$$

110. Es seien M und N beliebige Mengen, $R \subseteq M \times N$ eine Relation. Zu $A \subseteq M$, $B \subseteq N$ sei

$$F_N(A) := \{n \in N \ ; \ (a,n) \in R \text{ für alle } a \in A\} \ ,$$

$$F_M(B) := \{m \in M \ ; \ (m,b) \in R \text{ für alle } b \in B\} \ .$$

Man zeige:

a) $A \subseteq F_M(F_N(A))$ und $B \subseteq F_N(F_M(B))$ für alle $A \subseteq M$, $B \subseteq N$.

b) $F_N(F_M(F_N(A))) = F_N(A)$ und $F_M(F_N(F_M(B))) = F_M(B)$.

c) Es gibt eine bijektive Abbildung (sog. *Dualitätsprinzip*)

$$\delta : \mathfrak{M} = \{F_N(A) \ ; \ A \subseteq M\} \longrightarrow \mathfrak{N} = \{F_M(B) \ ; \ B \subseteq N\}$$

mit

$$m \subseteq m' \Leftrightarrow \delta(m) \supseteq \delta(m') \quad \text{für alle } m,m' \in \mathfrak{M} \ .$$

Man bestimme $F_N(A)$, $F_M(B)$, $\mathcal{M}$ und $\mathcal{N}$ in folgenden Beispielen:

d) $M = \mathbf{R}^n$; $N = \{E \subseteq \mathbf{R}^n$; E Ebene$\}$ und $(x,E) \in R \Leftrightarrow x \in E$.

e) $M = N = \mathbf{Q}$; $(x,y) \in R \Leftrightarrow x \leq y$.

f) M beliebige Menge, N Potenzmenge von M , $(m,n) \in R \Leftrightarrow m \in n$.

In welchen dieser Fälle gilt stets $F_M(F_N(A)) = A$ bzw. $F_N(F_M(B)) = B$?

☆**111.** Es sei $L:K$ eine endliche Galois-Erweiterung mit Zwischenkörpern M_1, M_2 und Galois-Gruppen $G = G(L:K)$; $G_i = G(L:M_i)$, $i = 1,2$. Man zeige:

a) $$G(L:M_1 \cap M_2) = \langle G_1 \cup G_2 \rangle = G_1 \circ G_2 \ .$$

b) $$G(L:M_1 \circ M_2) = G_1 \cap G_2 \ ,$$

wobei $G_1 \circ G_2$ die kleinste Untergruppe von G bezeichnet, die $G_1 \cup G_2$ enthält, und $M_1 \circ M_2 = M_1(M_2) = M_2(M_1) = K(M_1 \cup M_2)$.

☆**112.** Es seien M, M' Zwischenkörper der endlichen Erweiterung $L:K$ und es sei $M:K$ galoisch. Man zeige: $MM':M'$ und $M:(M \cap M')$ sind galoisch und für die Galois-Gruppen gilt $G(MM':M) = G(M:(M \cap M'))$.

☆**113.** Es seien L_1, L_2 Zwischenkörper der endlichen Erweiterung $L:K$ und $L_1:K$, $L_2:K$ galoisch mit Galois-Gruppen $G_i = G(L_i:K)$. Man zeige:

a) $L_1L_2 = K(L_1 \cup L_2)$ ist Galois-Erweiterung von K .

b) Die Abbildung $\beta : G(L_1L_2:K) \longrightarrow G_1 \times G_2$ mit $\beta(\sigma) = (\sigma|_{L_1}, \sigma|_{L_2})$ ist injektiv.

c) Im Falle $L_1 \cap L_2 = K$ ist $G(L_1L_2:K) = G_1 \times G_2$.

114. Es sei $L:K$ eine endliche Galois-Erweiterung mit Galois-Gruppe G ; a sei primitives Element, d.h. $L = K(a)$. Zu einer Untergruppe U von G sei

$$f(\tau) = \prod_{\sigma \in U} (\tau - \sigma(a)) = \sum_{i=0}^{r} \beta_i \tau^i \ .$$

Man zeige: $F(L,U) = K(\beta_0, \beta_1, \ldots, \beta_r)$.

115. Es sei $L:K$ eine Körpererweiterung mit Zwischenkörper M. Die Erweiterungen $L:M$ und $M:K$ seien galoisch. Falls jedes $\sigma \in G(M:K)$ zu einem Automorphismus von L fortgesetzt werden kann, dann ist auch $L:K$ galoisch.

116. Man bestimme die Galois-Gruppe und alle Zwischenkörper von $\mathbf{Q}(\sqrt{2},\sqrt{3},\sqrt{5}):\mathbf{Q}$.

☆**117.** Es sei K ein Körper der Charakteristik $p\ (\neq 0)$, $L:K$ eine Galois-Erweiterung mit zyklischer Galois-Gruppe der Ordnung p $G(L:K) = \langle\sigma\rangle$. Man zeige:

a) Die Abbildung $s : L \longrightarrow L$, $s(a) = a - \sigma(a)$, $a \in L$, ist nilpotent (d.h. es gibt $k \in \mathbf{N}$ mit $s^k = 0$).

b) Man gebe ein Element b im Kern s^2 an mit $s(b) \neq 0$.

c) $c := b(\sigma(b)-b)^{-1}$ ist Wurzel eines Polynoms $\tau^p - \tau - d \in K[\tau]$.

118. Es sei $L:K$ eine endliche Galois-Erweiterung mit $[L:K] = n$, $G(L:K) = \{\sigma_1,\dots,\sigma_n\}$. Man zeige: $a_1,\dots,a_n \in L$ ist genau dann eine Basis von $L:K$, wenn die Matrix $(\sigma_i(a_j))$, $1 \leq i,j \leq n$, invertierbar ist.

119. Es sei L ein Körper, U Untergruppe der Automorphismengruppe von L und $K = F(L,U)$ der Fixkörper von U in L. Man zeige: $x \in L$ ist über K genau dann algebraisch, wenn die Bahn $U\cdot x = \{\sigma(x)\ ;\ \sigma \in U\}$ endlich ist.

120. Man bestimme alle Zwischenkörper von $\mathbf{Q}(\zeta):\mathbf{Q}$ für $\zeta = \exp(\frac{2\pi i}{p})$ und $p = 5, 7, 11$.

☆**121.** Es sei $p > 3$ eine Primzahl und g ein Primitivrest modulo p (d.h. $\langle\bar{g}\rangle = \mathbf{Z}_p^*$), ferner ζ eine primitive p-te Einheitswurzel über $\mathbf{Q}$ (z.B. $\zeta = \exp(\frac{2\pi i}{p})$) und σ der Automorphismus von $\mathbf{Q}(\zeta)$ mit $\sigma(\zeta) = \zeta^g$. Man zeige:

a) Die Gauß'schen Summen

$$\gamma = \zeta + \zeta^{g^2} + \zeta^{g^4} + \dots + \zeta^{g^{p-3}}$$

$$\gamma' = \zeta^{g} + \zeta^{g^3} + \zeta^{g^5} + \dots + \zeta^{g^{p-2}}$$

sind Nullstellen eines quadratischen Polynoms q .

b) Es gilt

$$q(\tau) = \begin{cases} \tau^2 + \tau + \frac{1+p}{4} , & \text{falls } 4 \mid (p+1) \\ \tau^2 + \tau + \frac{1-p}{4} , & \text{falls } 4 \mid (p-1) \end{cases} .$$

122. Sind $p_1,\ldots,p_r$ verschiedene ungerade Primzahlen und ζ eine primitive $(8p_1p_2\ldots p_r)$-te Einheitswurzel, so liegt der Zerfällungskörper von

$$f(\tau) = (\tau^2+1)(\tau^2-2)(\tau^2-p_1) \ldots (\tau^2-p_r)$$

in $\mathbf{Q}(\zeta)$.

123. Man bestimme die Galois-Gruppe von $f = \tau^3 - 10$ über $\mathbf{Q}$ und über $\mathbf{Q}(i\sqrt{3})$.

124. Man bestimme die Galois-Gruppe von $f = \tau^4 - 5$ über

a) $\mathbf{Q}$; b) $\mathbf{Q}(\sqrt{5})$; c) $\mathbf{Q}(\sqrt{-5})$; d) $\mathbf{Q}(i)$.

125. Man bestimme die Galois-Gruppe von $f = \tau^n - t$ über $\mathbf{C}(t)$, wobei t transzendent über $\mathbf{C}$.

☆**126.** Es seien K ein Körper, $f_1,\ldots,f_r \in K[\tau]$ Polynome ohne mehrfache Nullstellen, $G(f_i,K)$, $G(f,K)$ die Galois-Gruppen von f_i , $i=1,\ldots,r$, bzw. $f = f_1f_2\ldots f_r$. Man zeige:

a) Es gibt einen injektiven Gruppenhomomorphismus

$$\beta : G \longrightarrow G_1 \times G_2 \times \ldots \times G_r .$$

b) Falls $L_i \cap L_j = K$ für $i \neq j$, so ist $G \cong G_1 \times G_2 \times \ldots \times G_r$. (L_i ist Zerfällungskörper von f_i über K .)

127. Man bestimme die Galois-Gruppe $G(f,\mathbf{Q})$ für

a) $f = (\tau^2-5)(\tau^2-20)$; b) $f = (\tau^2-2)(\tau^2-5)(\tau^3-\tau+1)$.

128. Man gebe irreduzible Polynome $f_1, f_2 \in \mathbf{Q}[\tau]$ an, die nur reelle Wurzeln haben, und für die gilt $G(f_1,\mathbf{Q}) = A_3$, $G(f_2,\mathbf{Q}) = S_3$.

129. Es sei $f \in \mathbf{Q}[\tau]$ ein irreduzibles Polynom mit abelscher Galois-Gruppe $G(f,\mathbf{Q})$. Man zeige: $|G(f,\mathbf{Q})| = \text{Grad } f$.

130. Es sei K ein Körper, $f \in K[\tau]$ ein irreduzibles und separables Polynom mit den Wurzeln $x_1,\ldots,x_n$ in einem Zerfällungskörper L von f über K . Seien ferner $[L:K] = m$, $L = K(c_1)$ und $\{c_1,\ldots,c_m\}$ die Wurzeln des Minimalpolynoms von c_1 über K . Wir schreiben $x_i \in K(c_1)$ in der Form $x_i = P_i(c_1)$ mit $P_i \in K[\tau]$ $(1 \le i \le n)$. Man zeige:

a) $\sigma_k : x_i \longmapsto P_i(c_k)$, $i=1,\ldots,n$, ist eine Permutation der Wurzeln von f $(1 \le k \le m)$.

b) $G(f,K) = \{\sigma_1,\sigma_2,\ldots,\sigma_m\}$.

☆**131.** Eine Permutation $\pi \in S_n$ heißt *1-affin* , wenn sie (als Permutation von $\mathbf{Z}_n$) dargestellt werden kann in der Form

$$\pi : \mathbf{Z}_n \longrightarrow \mathbf{Z}_n , \quad \pi(x) = ax+b , \quad a \in \mathbf{Z}_n^*, \ b \in \mathbf{Z}_n .$$

Eine Untergruppe von S_n heißt *1-affin* , wenn sie nur 1-affine Permutationen enthält. $H_n := \{\pi \in S_n \ ; \ \pi \text{ ist 1-affin}\}$ ist eine 1-affine Untergruppe von S_n mit $|H_n| = n\varphi(n)$. Man beweise:

a) Die Galois-Gruppe eines irreduziblen Polynoms $f \in \mathbf{Q}[\tau]$ mit Grad $f = 3$ ist 1-affin .

b) Die Galois-Gruppe des irreduziblen Polynoms $g = \tau^p - a$ über $\mathbf{Q}$ (p Primzahl, $a \in \mathbf{Q}$) ist 1-affin .

c) Es sei $f \in \mathbf{Q}[\tau]$ irreduzibel und Grad $f = p$ (p Primzahl). Sind $x_1,\ldots,x_p \in \mathbf{C}$ die (paarweise verschiedenen) Wurzeln von f , so gilt

$$\mathbf{Q}(x_1,\ldots,x_p) = \mathbf{Q}(x_i,x_j) \text{ für alle } i,j \ (1 \le i < j \le p)$$

$$\Longleftrightarrow \quad G(f,\mathbf{Q}) \text{ ist 1-affin} .$$

132. Es sei $L:\mathbf{Q}$ eine Körpererweiterung und $a \in L$ eine Wurzel des Polynoms $f(\tau) = \tau^2 - \tau + 1 \in \mathbf{Q}[\tau]$, $G = \{a^n \ ; \ n \in \mathbf{N}\}$. Man zeige:

a) G ist eine zyklische Gruppe der Ordnung 6 .

b) Die Galois-Gruppe des Polynoms $\tau^6 - 5$ über $\mathbf{Q}(a)$ ist isomorph zu einer Untergruppe von G .

133. Man zeige, daß jedes Polynom $f \in \mathbf{R}[\tau]$, $f \neq \tau^n$, der Form

$$f(\tau) = \tau^n + a_{n-2}\tau^{n-2} + a_{n-3}\tau^{n-3} + \ldots + a_1\tau + a_o$$

mit $a_{n-2} \geq 0$ wenigstens eine nicht-reelle Wurzel hat.

☆**134.** Es sei

$$f(\tau) = a_n\tau^n + a_{n-1}\tau^{n-1} + \ldots + a_1\tau + a_o \quad \in \mathbf{R}[\tau]$$

mit $n \in \mathbf{N}$, $a_n > 0$, $a_o \neq 0$; außerdem bezeichne $R(\alpha,\beta)$ bzw. $R'(\alpha,\beta)$ die Anzahl der reellen Nullstellen von f bzw. f' im Intervall $\{x \in \mathbf{R} \ ; \ \alpha \leq x \leq \beta\}$ $(\alpha \leq \beta \ , \ \alpha,\beta \in \mathbf{R})$ und $\mu_+(f)$ bzw. $\mu(f)$ die Anzahl der positiven bzw. aller reellen Nullstellen von f (entsprechend der Vielfachheit gezählt) und $\delta(f)$ die Anzahl der Vorzeichenwechsel in der Folge $(a_o,a_1, \ldots ,a_n)$. Man zeige:

a) $R'(\alpha,\beta) \geq R(\alpha,\beta) - 1$ (*Satz von ROLLE*) .

b) $\mu_+(f) \leq \delta(f)$ (*Vorzeichenregel von DESCARTES*) .

c) $\mu(f) \leq \delta(f) + \delta(g)$, falls $g(\tau) = f(-\tau)$.

135. Man zeige, daß für jedes $k \in \mathbf{N}$, $k \geq 3$, das Polynom

$$f(\tau) = \tau^5 - k\tau + 1$$

eine zu S_5 isomorphe Galois-Gruppe $G(f,\mathbf{Q})$ hat.

136. Man zeige, daß für hinreichend großes $n \in \mathbf{N}$ und gegebener Primzahl p das Polynom f nicht durch Radikale gelöst werden kann, falls

$$f(\tau) = (\tau - np^2)(\tau + np^2)(\tau^2 + n^2p^4) + p \ .$$

Grundkörper ist $\mathbf{Q}$.

137. Man gebe sämtliche Unterkörper des Zerfällungskörpers von

$$\tau^{15} - 1 \in \mathbb{Q}[\tau]$$

als Radikalerweiterungen von $\mathbb{Q}$ an .

138. Es sei L Zerfällungskörper von $\tau^7 - 1$ über $\mathbb{Q}$. Man gebe den Unterkörper von L an, der keine Radikalerweiterung von $\mathbb{Q}$ ist. (*Casus irreducibilis*)

139. Man zeige: Liegt eine Wurzel eines über $\mathbb{Q}$ irreduziblen Polynoms f in einer Radikalerweiterung von $\mathbb{Q}$, so liegt auch jede andere Wurzel in einer Radikalerweiterung.

☼**140.** Es sei G eine transitive Untergruppe der Permutationsgruppe S_n (p Primzahl). Man zeige:

a) Jeder nicht-triviale Normalteiler von G ist transitiv.

b) G auflösbar $\Leftrightarrow$ G 1-affin (vgl. Aufg. 131) .

☼**141.** Es sei $f \in \mathbb{Q}[\tau]$ irreduzibel und $\text{Grad}\, f = p$ (p Primzahl). Sind $x_1,\dots,x_p \in \mathbb{C}$ die Wurzeln von f , dann gilt

$$\mathbb{Q}(x_1,\dots,x_p) = \mathbb{Q}(x_i,x_j) \quad \text{für alle } i,j\ (1 \le i < j \le p)$$

$$\Leftrightarrow \quad G(f,\mathbb{Q}) \text{ ist auflösbar .}$$

☼**142.** Man zeige: Hat ein über $\mathbb{Q}$ irreduzibles Polynom f mit $\text{Grad}\, f = p$ (p Primzahl) wenigstens zwei, aber nicht lauter reelle Wurzeln, so ist f nicht durch Radikale auflösbar.

143. Man löse die folgenden Polynome über $\mathbb{Q}$ durch Radikale:

a) $\tau^3 - 7\tau + 5$.   b) $\tau^4 + 4\tau + 2$.

144. Es sei $K = \mathbb{Q}(\zeta)$, $\zeta = \exp(\frac{2\pi i}{3})$, $f := \tau^3 + a\tau^2 + b\tau + c \in \mathbb{Q}[\tau]$ mit den Wurzeln $x_1, x_2, x_3 \in \mathbb{C}$ und

$$\alpha = (x_1 + x_2\zeta + x_3\zeta^2)^3 .$$

Man zeige: $K(x_1,x_2)$ ist Radikalerweiterung von K , ein zugehöriger Körperturm ist

$$K \subseteq K(\alpha) \subseteq K(\sqrt[3]{\alpha}) \subseteq K(x_1,x_2) .$$

145. Man zeige, daß die folgenden Polynome über $\mathbb{Q}$ nicht durch Radikale über $\mathbb{Q}$ lösbar sind:

a) $\tau^5 - 4\tau + 2$. b) $\tau^5 - 4\tau^2 + 2$.

c) $\tau^6 - 6\tau^2 + 3$. d) $\tau^7 - 10\tau^5 + 15\tau + 5$.

146. Es sei t transzendent über $\mathbb{Z}_2$ und $K = \mathbb{Z}_2(t)$, sowie

$$f(\tau) = \tau^2 + \tau + t \in K[\tau] .$$

Man zeige:

a) f ist separabel und die Galois-Gruppe $G(f,K)$ ist auflösbar.

b) f ist über K nicht durch Radikale auflösbar.

☆**147.** Es sei K ein Körper und f ein separables normiertes Polynom über K mit den Wurzeln $x_1,\ldots,x_n$ in dem Zerfällungskörper $L = K(x_1,\ldots,x_n)$, d.h. über L ist

$$f(\tau) = (\tau - x_1)(\tau - x_2)\ldots(\tau - x_n) .$$

Weiterhin seien $t_1,\ldots,t_n$ transzendent über K (und damit auch algebraisch unabhängig über L). Es bezeichne $K' = K(t_1,\ldots,t_n)$, $L' = L(t_1,\ldots,t_n)$ und

$$z = x_1t_1 + x_2t_2 + \ldots + x_nt_n \in L'.$$

Für jedes $\sigma \in S_n$ sei $s_\sigma \in G(L':L)$ mit $s_\sigma : t_i \mapsto t_{\sigma(i)}$ $(1 \le i \le n)$ sowie $\tilde{s}_\sigma$ die Fortsetzung von s_σ auf $L'[\tau]$.

Man zeige:

a) Das Polynom aus $L'[\tau]$

$$F(\tau) := \prod_{\sigma\in S_n} (\tau - s_\sigma(z))$$

liegt bereits im Polynomring $K[\tau,t_1,\ldots,t_n]$.

b) Ist $F = F_1F_2\ldots F_k$ die irreduzible Faktorzerlegung von F in $K[\tau,t_1,\ldots,t_n]$ mit normierten Polynomen $F_i \in K[\tau,t_1,\ldots,t_n]$ $(1\le i\le k)$ und $F_1(z) = 0$, so gilt

$$G(f,K) \cong \{\sigma \in S_n \,;\, \tilde{s}_\sigma(F_1) = F_1\} .$$

☆**148**. Es sei p eine Primzahl , $\varphi : \mathbb{Z} \longrightarrow \mathbb{Z}_p$ der kanonische Epimorphismus mit seiner Fortsetzung $\tilde{\varphi}$ auf den Ring $\mathbb{Z}[\tau]$.
Man zeige:

Ist $f \in \mathbb{Z}[\tau]$ normiert und separabel, und ist das Bild $\tilde{\varphi}(f)$ separabel, so ist die Galois-Gruppe $G(\tilde{\varphi}(f), \mathbb{Z}_p)$ eine Untergruppe von $G(f, \mathbb{Q})$ (als Permutationsgruppe dargestellt) .

149. Enthält eine transitive Untergruppe U der Permutationsgruppe S_n $(n \in \mathbb{N})$ eine Transposition und einen Zyklus der Länge $n-1$, so ist $U = S_n$. (Beweis!)

☆**150**. Es seien $n \in \mathbb{N}$, $n \geq 2$, p_1, p_2, p_3 drei verschiedene Primzahlen und $f_1, f_2, f_3 \in \mathbb{Z}[\tau]$, je vom Grade n und normiert mit

(i) f_1 ist modulo p_1 irreduzibel ,

(ii) f_2 hat modulo p_2 einen irreduziblen Faktor vom Grade $n-1$,

(iii) f_3 hat modulo p_3 einen irreduziblem Faktor vom Grade 2 und die übrigen irreduziblen Faktoren haben ungeraden Grad.

Man zeige: Das normierte Polynom $f \in \mathbb{Z}[\tau]$ vom Grade n mit

$$f \equiv f_i \pmod{p_i} \quad , \; i=1,2,3 \; ,$$

hat als Galois-Gruppe über $\mathbb{Q}$ die volle Gruppe S_n .

151. Es seien $p \geq 3$ eine Primzahl , $n_3 < n_4 < \ldots < n_p$ gerade ganze Zahlen und $m \in 2\mathbb{N}$ mit

$$2m > n_3^2 + \ldots + n_p^2 \; .$$

Man zeige: Das Polynom

$$f(\tau) = (\tau^2+m)(\tau-n_3)\ldots(\tau-n_p) - 2$$

ist über $\mathbb{Q}$ irreduzibel und hat genau zwei nicht-reelle Wurzeln (folglich $G(f, \mathbb{Q}) = S_p$) .

* * * * *

ZWEITER TEIL. LÖSUNGEN

I. GRUPPEN

A. GRUPPEN, UNTERGRUPPEN, HOMOMORPHISMEN

1., 3.a) und 4.a) Muster: Es ist $S(X) \neq \emptyset$. Für $f,g \in S(X)$ ist auch $fg \in S(X)$. Die Komposition von Abbildungen ist assoziativ, d.h. $(fg)h = f(gh)$. Neutrales Element in $S(X)$ ist die Identität $Id : X \longrightarrow X$, $Id(x) = x$. Zu beliebigem $f \in S(X)$ ist die Umkehrabbildung $f^{-1} : X \longrightarrow X$ ($y = f^{-1}(x) \Leftrightarrow f(y) = x$) ebenfalls in $S(X)$, wegen $f^{-1}(f(x)) = x$ für alle $x \in X$ haben wir $f^{-1}f = Id$; also besitzt f in $S(X)$ ein Inverses.

3.b) Eine Matrix $A \in K^{(n,n)}$ ist bekanntlich genau dann invertierbar, wenn die Spaltenvektoren von A linear unabhängig sind, somit eine Basis des K^n bilden. Verschiedene Matrizen ergeben verschiedene Basen (und umgekehrt). $|Gl(n,K)|$ stimmt also überein mit der Anzahl der verschiedenen Basen des n-dimensionalen K-Vektorraumes K^n. Aus einer Menge mit $q = p^k$ Elementen können wir q^n verschiedene n-Tupel bilden, somit hat K^n genau q^n Elemente. In einer Basis $a_1,\dots,a_n$ des K^n können wir für a_1 jeden beliebigen der q^n-1 von Null verschiedenen Vektoren wählen, für a_2 jeden beliebigen Vektor, der nicht in Ka_1 liegt, für a_2 haben wir also q^n-q Wahlmöglichkeiten. Sind bereits $a_1,\dots,a_i$ $(i < n)$ linear unabhängige Vektoren ausgewählt, dann spannen diese Vektoren einen i-dimensionalen Unterraum U auf, der q^i Elemente enthält. Für a_{i+1} können wir nun jeden der q^n-q^i Vektoren aus $K^n \setminus U$ wählen. Insgesamt gibt es also $(q^n-1)(q^n-q)\dots(q^n-q^{n-1})$ verschiedene Basen des K^n , bzw.

$$|Gl(n,K)| = \prod_{i=0}^{n-1} (q^n-q^i) = q^{\frac{n(n-1)}{2}} \prod_{i=1}^{n-1} (q^i-1) .$$

4.b) $\begin{pmatrix}1&2&3&4&5&6\\2&3&4&5&6&1\end{pmatrix}$, $\begin{pmatrix}1&2&3&4&5&6\\2&3&4&5&6&1\end{pmatrix}$,

$\begin{pmatrix}1&2&3&4&5&6\\2&1&4&3&6&5\end{pmatrix}$, $\begin{pmatrix}1&2&3&4&5&6\\4&5&6&2&3&1\end{pmatrix}$.

Zu den Inversen ein Muster

$$\begin{pmatrix}1&2&3&4&5&6\\3&1&2&4&6&5\end{pmatrix}^{-1} = \begin{pmatrix}1&2&3&4&5&6\\2&3&1&4&6&5\end{pmatrix} .$$

5. Für $A = \begin{pmatrix}a&b\\-b&a\end{pmatrix}$ und $B = \begin{pmatrix}c&d\\-d&c\end{pmatrix}$ aus G gilt $AB = \begin{pmatrix}ac-bd, & ad+bc\\-ad-bc, & ac-bd\end{pmatrix}$ mit $(ac-bd)^2 + (ad+bc)^2 = (a^2+b^2)(c^2+d^2) \neq 0$, also $AB \in G$. Die Matrizenmultiplikation ist bekanntlich assoziativ; offensichtlich gilt $AB = BA$. Damit ist $(G,\cdot)$ bereits als kommutative Halbgruppe nachgewiesen. Offensichtlich ist $\begin{pmatrix}1&0\\0&1\end{pmatrix}$ neutrales Element dieser Halbgruppe, und man prüft sofort nach, daß

$$\frac{1}{a^2+b^2}\begin{pmatrix}a&-b\\b&a\end{pmatrix} \in G$$

das Inverse von A ist. Die Lösung der angegebenen Gleichung ist

$$\begin{pmatrix}x&y\\-y&x\end{pmatrix} = \frac{1}{250}\begin{pmatrix}24&7\\-7&24\end{pmatrix} \in G .$$

6. Beachte $(1+a)(1+b) = 1 + a\times b$. Damit ist wegen

$$1 + (a\times b)\times c = (1+a)(1+b)(1+c) = 1 + a\times(b\times c)$$

bereits die Assoziativität von $\times$ nachgewiesen. Offenbar ist 0 neutrales Element. Da $a\times b = 0$ genau dann gilt. wenn $(1+a)(1+b) = 1$, sehen wir, daß für $a \neq -1$ das Element $b = (1+a)^{-1}-1$ in G liegt und bzgl. $\times$ das zu a Inverse ist.

Aus $1 + 5\times x\times 6 = (1+5)(1+x)(1+6) = 18$ findet man $x = -\frac{4}{7}$.

7. Die Assoziativität der Verknüpfung ist offensichtlich. Die Abbildung $\varepsilon : X \longrightarrow G$, $\varepsilon(x) = e$ für alle $x \in X$ (e neutrales Element von G) ist neutrales Element in $Abb(X,G)$, und zu $f : X \longrightarrow G$ ist $g : X \longrightarrow G$, $g(x) = f(x)^{-1}$, das Inverse.

8. a) $(G,\odot)$ ist keine Gruppe. Gegenbeispiel $G = \mathbf{R}$ mit $a\odot b = b$ für alle $a,b \in \mathbf{R}$.

b) Sei $U = \{x\odot e \, ; \, x \in G\}$. Mit $x\odot e, y\odot e$ U ist $(x\odot e)\odot(y\odot e) = (x\odot e\odot y)\odot e \in U$, also ist $(U,\odot)$ eine Halbgruppe (das Assoziativgesetz gilt nach Voraussetzung). Nach α) gilt $e\odot e = e$, insbesondere $e \in U$, und $(x\odot e)\odot e = x\odot(e\odot e) = x\odot e$; d.h. e ist rechtsneutrales Element von U.

Zu beliebigem $x \in G$ gibt es nach Voraussetzung ein $y \in G$ mit $x \odot y = e$. Damit gilt $(x \odot e) \odot (y \odot e) = x \odot (e \odot y) \odot e = x \odot y \odot e = e \odot e = e$ (nach α)). Also hat $x \odot e \in U$ ein Rechtsinverses $y \odot e \in U$.

c) α) & β) $\Rightarrow \gamma$): Wähle zu a ein b mit $a \odot b = e$.
γ) $\Rightarrow \alpha$): Wähle ein $a \in G$; dazu gibt es $b \in G$ mit $a \odot b \odot x = x$ für alle $x \in G$. Das Element $e := a \odot b$ erfüllt α).
γ) $\Rightarrow \beta$): Zu $u \in G$ gibt es $v \in G$ mit $u \odot v \odot c = c$ für alle $c \in G$, insbesondere $u \odot (v \odot e) = e$.

9. In jeder Gruppe gelten offensichtlich α), β) und γ). Es bleibt nur zu zeigen, daß aus α), β) und γ) die Assoziativität von $\cdot$ folgt. In γ) setzen wir $y=e$ und erhalten mit α)

(*) $\quad (x \cdot b) \cdot a = x$ für alle $x \in G$ und alle $a,b \in G$, $a \cdot b = b \cdot a = e$.

Nun seien $x,y,z \in G$ beliebig; nach β) gibt es $\overline{y} \in G$ mit $\overline{y} \cdot y = y \cdot \overline{y} = e$ und es folgt

$$\begin{aligned}(x \cdot y) \cdot z &= [(x \cdot y) \cdot \overline{y}] \cdot [y \cdot z] && \text{nach } \gamma) \\ &= x \cdot (y \cdot z) && \text{mit } (*)\ .\end{aligned}$$

10. Sei $e = x/x$. Nach α) ist $e = e/e = y/y$ für beliebige $y \in G$. Wegen

$$e \cdot y = e/(e/y) = (y/y)/(e/y) \underset{(\gamma)}{=} y/e = y/(y/y) \underset{(\beta)}{=} y$$

ist e linksneutral. Wegen

$$(e/y) \cdot y \underset{(\alpha)}{=} (e/y)/(e/y) \underset{(\gamma)}{=} e/e = e$$

ist $\overline{y} := e/y$ Linksinverses von y.
Es muß noch das Assoziativgesetz für $\cdot$ nachgewiesen werden. Zunächst stellen wir fest:

(1) $\quad \overline{(\overline{y})} = \overline{(e/y)} = e/(e/y) = e \cdot y = y$,

(2) $\quad \overline{y/z} = e/(y/z) = (z/z)/(y/z) = z/y$,

(3) $\quad x \cdot \overline{y} = x/(e/\overline{y}) = x/(e/(e/y)) = x/e \cdot y = x/y$.

Nun seien $x,y,z \in G$ (beliebig); mit (1) schreiben wir $y = \overline{a}$, $z = \overline{b}$ und erhalten

$$\begin{aligned}(x \cdot y) \cdot z &= (x \cdot \overline{a}) \cdot \overline{b} \underset{(3)}{=} (x/a)/b \underset{(\gamma)}{=} [(x/a)/\overline{a}]/(b/\overline{a}) \\ &= [(x/a)/(e/a)]/(b/\overline{a}) = (x/e)/(b/\overline{a}) = (x/(x/x)/(b/\overline{a}) \\ &\underset{(\beta)}{=} x/(b/\overline{a}) \underset{(3)}{=} x \cdot \overline{(b/\overline{a})} \underset{(2)}{=} x \cdot (\overline{a}/b) \underset{(3)}{=} x \cdot (\overline{a} \cdot \overline{b}) = x \cdot (y \cdot z)\ .\end{aligned}$$

11. a) Zu ii): Für eine Primzahl p haben wir $\mathbf{Z}_p \setminus \{0\} = \mathbf{Z}_p^*$, somit liegt nach iii) eine Gruppe vor. Ist $n=dm$ mit $1 < d$, $m < n$, dann ist $\overline{d}$ nicht invertierbar; denn $\overline{cd} = 1$ impliziert $\overline{m} = \overline{cdm} = \overline{c}\overline{n} = \overline{cn} = \overline{n}$ bzw. n teilt m . Widerspruch!

Zu iii): Die angegebene Multiplikation von Restklassen ist wohldefiniert, offensichtlich assoziativ und besitzt $1 + n$ als neutrales Element (Einselement). Ist nun $\overline{k} \in \mathbf{Z}_n^*$, also $ggT(k,n) = 1$, dann gibt es $r,s \in \mathbf{Z}$ mit $rk + sn = 1$. Hiervon die Restklasse ist $\overline{1} = \overline{r}\overline{k}$, also ist $\overline{r}$ Inverses von $\overline{k}$.

b) Muster für $n = 9$. Beachte $\overline{9} = \overline{0}$ und $k = n9 + r \Leftrightarrow \overline{k} = \overline{r}$.

$(\mathbf{Z}_9,+)$:

+	$\overline{0}$	$\overline{1}$	$\overline{2}$	$\overline{3}$	$\overline{4}$	$\overline{5}$	$\overline{6}$	$\overline{7}$	$\overline{8}$
$\overline{0}$	$\overline{0}$	$\overline{1}$	$\overline{2}$	$\overline{3}$	$\overline{4}$	$\overline{5}$	$\overline{6}$	$\overline{7}$	$\overline{8}$
$\overline{1}$	$\overline{1}$	$\overline{2}$	$\overline{3}$	$\overline{4}$	$\overline{5}$	$\overline{6}$	$\overline{7}$	$\overline{8}$	$\overline{0}$
$\overline{2}$	$\overline{2}$	$\overline{3}$	$\overline{4}$	$\overline{5}$	$\overline{6}$	$\overline{7}$	$\overline{8}$	$\overline{0}$	$\overline{1}$
$\overline{3}$	$\overline{3}$	$\overline{4}$	$\overline{5}$	$\overline{6}$	$\overline{7}$	$\overline{8}$	$\overline{0}$	$\overline{1}$	$\overline{2}$
$\overline{4}$	$\overline{4}$	$\overline{5}$	$\overline{6}$	$\overline{7}$	$\overline{8}$	$\overline{0}$	$\overline{1}$	$\overline{2}$	$\overline{3}$
$\overline{5}$	$\overline{5}$	$\overline{6}$	$\overline{7}$	$\overline{8}$	$\overline{0}$	$\overline{1}$	$\overline{2}$	$\overline{3}$	$\overline{4}$
$\overline{6}$	$\overline{6}$	$\overline{7}$	$\overline{8}$	$\overline{0}$	$\overline{1}$	$\overline{2}$	$\overline{3}$	$\overline{4}$	$\overline{5}$
$\overline{7}$	$\overline{7}$	$\overline{8}$	$\overline{0}$	$\overline{1}$	$\overline{2}$	$\overline{3}$	$\overline{4}$	$\overline{5}$	$\overline{6}$
$\overline{8}$	$\overline{8}$	$\overline{0}$	$\overline{1}$	$\overline{2}$	$\overline{3}$	$\overline{4}$	$\overline{5}$	$\overline{6}$	$\overline{7}$

$(\mathbf{Z}_9^*,\cdot) = (\{\overline{1},\overline{2},\overline{4},\overline{5},\overline{7},\overline{8}\},\cdot)$:

$\cdot$	$\overline{1}$	$\overline{2}$	$\overline{4}$	$\overline{5}$	$\overline{7}$	$\overline{8}$
$\overline{1}$	$\overline{1}$	$\overline{2}$	$\overline{4}$	$\overline{5}$	$\overline{7}$	$\overline{8}$
$\overline{2}$	$\overline{2}$	$\overline{4}$	$\overline{8}$	$\overline{1}$	$\overline{5}$	$\overline{7}$
$\overline{4}$	$\overline{4}$	$\overline{8}$	$\overline{7}$	$\overline{2}$	$\overline{1}$	$\overline{5}$
$\overline{5}$	$\overline{5}$	$\overline{1}$	$\overline{2}$	$\overline{7}$	$\overline{8}$	$\overline{4}$
$\overline{7}$	$\overline{7}$	$\overline{5}$	$\overline{1}$	$\overline{8}$	$\overline{4}$	$\overline{2}$
$\overline{8}$	$\overline{8}$	$\overline{7}$	$\overline{5}$	$\overline{4}$	$\overline{2}$	$\overline{1}$

c) $\overline{x} = \overline{0}$ in $\mathbf{Z}_2$ ($= \overline{6}$ in $\mathbf{Z}_8$, $= \overline{7}$ in $\mathbf{Z}_{17}$).

d) $\overline{125}\cdot\overline{316} = \overline{2}\cdot\overline{1} = \overline{2}$ in $\mathbf{Z}_3$ ($= \overline{0}$ in $\mathbf{Z}_{10}$, $= \overline{12}$ in $\mathbf{Z}_{16}$).

12. Wir sehen sofort $I^2 = J^2 = K^2 = -E$, $JI = -IJ = K$, $KJ = -JK = I$, $IK = -KI = J$. Damit stellt man sofort die Multiplikationstafel auf. G ist also abgeschlossen unter dem üblichen Matrizenprodukt, damit ist auch die Assoziativität klar; E ist neutrales Element und zu jedem Element aus G gibt es ein Inverses, wie man sofort aus $-II = -JJ = -KK = E$ erkennt.

13. S_4 vgl. Aufg. 138 . S_3 ist isomorph zu $\{e,a,b,c,A,B\} \subset S_4$ in der Darstellung von Aufg. 138 .

14. Setze $a = a_2$, $b = a_3$. Aus den angegebenen Bedingungen sieht man, daß a^i , $0 \leq i < 6$, und $a^i b$, $0 \leq i < 6$, paarweise verschiedene

Elemente von G sind. Denn $a^i = a^k \Rightarrow a^{i-k} = e$, $0 \le i,k < 6$, geht n.Vor. nur für $i = k$; $a^i b = a^j b \Rightarrow a^i = a^j \Rightarrow i = j$ (wie zuvor). Der Fall $a^i = a^j b$ führt auf $b = a^{i-j}$ insbesondere $ab = ba$; aus der angegebenen Bedingung $ab = ba^{-1}$ folgt $a^2 = e$, also ein Widerspruch.

Damit haben wir $G = \{e,a,a^2,a^3,a^4,a^5,b,ab,a^2b,a^3b,a^4b,a^5b\}$ mit den Regeln $a^6 = e = b^2$ und $ab = ba^{-1} = ba^5$, $ba = a^{-1}b = a^5b$.

15. Es ist G disjunkte Vereinigung von $A = \{x \in G ; x = x^{-1}\}$ und $B = \{x \in G ; x \neq x^{-1}\}$. Da zu jedem $x \in G$ das Inverse x^{-1} eindeutig bestimmt ist, kann man B zerlegen in die disjunkte Vereinigung $B = \bigcup_{x \in B} \{x,x^{-1}\}$. Also ist $|B|$ gerade.

Wegen $|A| = |G| - |B|$ hat auch $|A|$ eine gerade Anzahl von Elementen. Weil $e \in A$, hat A wenigstens 2 Elemente; insbesondere gibt es wenigstens ein $a \in G$, $a \neq e$, $a = a^{-1}$, d.h. $a^2 = e$.

16. Seien $a,b \in G$, o.E. $a \neq e$, $b \neq e$ und $a \neq b$. Zu zeigen ist $ab = ba$. Wir haben bereits 3 Elemente von G, nämlich e,a,b . Wegen der Gültigkeit der Kürzungsregel ist dann sowohl ab als auch ba das noch fehlende vierte Element, also $ab = ba$.

17. Aus $aabb = abab$ folgt $ab = ba$ (mit den Kürzungsregeln).

18. Nach Voraussetzung gilt

(1) $$(ab)^k = a^k b^k ,$$

(2) $$(ab)^{k+1} = a^{k+1} b^{k+1} ,$$

(3) $$(ab)^{k+2} = a^{k+2} b^{k+2} .$$

Nun gilt

$$a^{k+1}b^{k+1} \underset{(2)}{=} (ab)^{k+1} = (ab)^k ab \underset{(1)}{=} a^k b^k ab ,$$

d.h.

(4) $$ab^k = b^k a .$$

Analog aus (3) und (2) erhalten wir

(5) $$ab^{k+1} = b^{k+1} a .$$

Also

$$ab = b^{-k}b^k ab \underset{(4)}{=} b^{-k}ab^{k+1} \underset{(5)}{=} ba .$$

19. Es gilt $ab = a(ba)a^{-1}$.

20. Nach Voraussetzung gelten

(1) $$xy^2x^{-1} = y^3 ,$$

(2) $$yx^2y^{-1} = x^3 .$$

Wir erhalten hieraus

(3) $$x^2y^8x^{-2} = x(xy^2x^{-1})^4x^{-1} \underset{(1)}{=} xy^{12}x^{-1} = (xy^2x^{-1})^6 \underset{(1)}{=} y^{18}$$

und

(4) $$x^3y^8x^{-3} = xy^{18}x^{-1} = (xy^2x^{-1})^9 \underset{(1)}{=} y^{27} .$$

Folglich

$$y^{19}x^2 \underset{(3)}{=} yx^2y^8 \underset{(2)}{=} x^3y^9 \underset{(4)}{=} y^{27}x^3y = y^{28}x^2 .$$

Durch Kürzen finden wir $y^9 = e$. (3) zeigt nun $y^8 = e$, woraus insgesamt $y = e$ folgt. Aus (2) hat man schließlich auch noch $x = e$.

21. Im Fall $p=2$ gilt $a^2 = e$ für alle $a \in G$, also ist G abelsch (Aufg. 17). Sind u und v konjugiert, dann gilt $u = v$, also $|G| = 1$ oder $|G| = 2$.

Nun sei $p \neq 2$ und $x \in G$, $x \neq e$. Es ist $x \neq x^2$ und $x^2 \neq e$ (denn $x^2 = e$ und $x^p = e$ implizieren $x = e$). Nach Voraussetzung gibt es $y \in G$ mit $yxy^{-1} = x^2$. Hieraus folgt mit $y^p = e$

$$x = y^pxy^{-p} = x^{2^p} \quad \text{(Beachte } yx^ny^{-1} = (yxy^{-1})^n = x^{2n}) .$$

Wegen $2^p \equiv 2 \pmod p$ und $x^p = e$ gilt damit $x = x^{2^p} = x^2$, also $x = e$. Das ist ein Widerspruch zu $x \neq e$, d.h. $G = \{e\}$.

22. $a^{-1} = a$ und $ab^2a = b^3$ zeigen $ab^3 = b^2a$ und $ab^2 = b^3a$. Hiermit folgt

$$b^9 = (a^{-1}b^2a)^3 = ab^6a = ab^3b^3a = b^2aab^2 = b^4 .$$

Kürzen ergibt $b^5 = e$.

23. Nach Voraussetzung gilt

(1) $x^{-1}yx = y^2$, (2) $y^{-1}zy = z^2$, (3) $z^{-1}xz = x^2$.

Aus (1) folgt $x^{-2}yx^2 = x^{-1}y^2x = (x^{-1}yx)^2 = y^4$. Hierin x^2 aus (3) eingetragen liefert mit (2) $x^{-1}(yz)x = (yz)^4$.
Die linke Seite davon berechnet sich zu

$$x^{-1}(yz)x = x^{-1}yxx^{-1}zx \underset{(1)}{=} y^2x^{-1}zx \underset{(3)}{=} y^2zx^{-1} .$$

Wir haben somit $x^{-1} = z^{-1}y^{-2}(yz)^4$. Unter Verwendung von $zy = yz^2$ (das ist (2)) erhalten wir daraus $x^{-1} = y^2z^{11}$.

Aus (1) folgt nun $y^2z^{11}yz^{-11}y^{-2} = y^2$ bzw.

(4) $$z^{11}yz^{-11} = y^2 .$$

Wieder wird (2) verwendet und wir erhalten aus (4) $y = z^{11}$, insbesondere $zy = yz$, woraus nach (2) $z = e$ folgt. (3) und (1) liefern schließlich $x = e$ und $y = e$.

24. a) Bezüglich einer Basis hat jede Drehung im $\mathbb{R}^3$ die Darstellung

$$f : x \longmapsto Ax , \ x \in \mathbb{R}^3 , \ \det A = 1 , \ A^T = A^{-1} .$$

Die Behauptung folgt aus $\det AB = \det A \cdot \det B$ und $(AB)^{-1} = B^{-1}A^{-1} = B^TA^T = (AB)^T$ (A^T = Transponierte von A).

b) D_n besteht aus n Drehungen um die Symmetrieachsen des Polygons (Drehwinkel 180°) und n Drehungen um den Mittelpunkt (Drehwinkel $\frac{m}{n}\,360^\circ$, $m=0,\ldots n-1$), d.h. $|D_n| = 2n$.

T besteht neben der Identität aus den 8 Drehungen um die Mittelpunkte der Seitenflächen (Drehwinkel $120^\circ, 240^\circ$) und den 3 Drehungen um die 3 Verbindungsgeraden der Mittelpunkte zueinander windschiefer Kanten (Drehwinkel 180°), d.h. $|T| = 12$.

25. Neben den trivialen Untergruppen besitzt

$\mathbb{Z}_{24}, \mathbb{Z}_{15}, \mathbb{Z}_{19}$ jeweils eine Untergruppe pro Teiler der Gruppenordnung,

$\mathbb{Z}_{15}^*, \mathbb{Z}_{16}^*$ jeweils drei Untergruppen der Ordnung 2 und 4,

$\mathbb{Z}_{17}^*$ jeweils eine Untergruppe der Ordnung 2, 4 bzw. 8,

D_5 fünf Untergruppen der Ordnung 2 und eine der Ordnung 5,

D_6 sieben der Ordnung 2, je eine der Ordnung 3 bzw. 6,

S_3 eine Untergruppe der Ordnung 3 und drei der Ordnung 2,

S_4 vgl. Aufg. 138, die Oktaedergruppe eine Untergruppe der Ordnung 2 und drei Untergruppen der Ordnung 4.

26. Es ist $U \neq \emptyset$ und mit $f,g \in U$ haben wir auch $(fg^{-1})(n) = f(g^{-1}(n)) = f(n) = n$, d.h. $fg^{-1} \in U$ und U ist Untergruppe von S_n. $f_k \in S_n$ definiert durch $f_k(k) = n$, $f_k(n) = k$ und $f_k(m) = m$ sonst (f_k vertauscht k mit n und läßt die übrigen Zahlen fest) und $f \in S_n$ mit $f(n) = k$ ergeben $f_k f \in U$, d.h. wegen $f_k^{-1} = f_k$ ist $f \in f_k U$. Somit gilt

$$S_n = \bigcup_{1 \le k \le n} f_k U \quad .$$

Die Nebenklassen sind disjunkt, damit gilt $|S_n : U| = n$.

27. Eine Richtung ist trivial. Hat G ein Element unendlicher Ordnung, so enthält G eine zu $\mathbf{Z}$ isomorphe Untergruppe und hat daher unendlich viele Untergruppen. Wenn es nur endlich viele Untergruppen in G gibt, dann hat also jedes Element von G eine endliche Ordnung. Mit $G = \bigcup_{a \in G} \langle a \rangle$ ist also G endlich.

28. $U \neq \emptyset$ und für $f,g \in U$ ist $f \in U_k$, $g \in U_j$. Falls $k \le j$, haben wir $f,g \in U_j$ (wegen $U_k \subseteq U_j$) somit $fg^{-1} \in U_j \subseteq U$; denn U ist Untergruppe von G.

29. a) Sei $U_1 \neq U_2$ Untergruppe und $U_1 \not\subseteq U_2$, dann gibt es $u \in U_1$ mit $u \notin U_2$ und für jedes $v \in U_2$ gilt $uv \in U_1 \cup U_2$, also $uv \in U_1$ oder $uv \in U_2$. Im Falle $uv \in U_2$ folgt $u \in U_2 v^{-1} \subseteq U_2$; das ist ein Widerspruch. Es geht also nur $uv \in U_1$ bzw. $v \in u^{-1}U_1 \subseteq U_1$, d.h. $U_2 \subseteq U_1$. Die andere Richtung ist trivial.

b) $U_1 \cup U_2 = G$ hieße nach a) $U_2 \subseteq U_1$ oder $U_1 \subseteq U_2$, d.h. $U_2 = G$ oder $U_1 = G$. Widerspruch!

30. Beweis mit Induktion nach n. Der Fall $n = 1$ ist bekannt (vgl. Satz 1.6.13 über zyklische Gruppen).

Sei $a_1,\dots,a_n$ Erzeugendensystem von G, U eine Untergruppe, $u \in G$. Dann gibt es $\beta_i \in \mathbf{Z}$ mit (additive Schreibweise)

(*) $$u = \beta_1 a_1 + \beta_2 a_2 + \dots + \beta_n a_n \quad .$$

Falls $\beta_1 = 0$ für alle $u \in U$, dann ist U Untergruppe von $\langle a_2,\dots,a_n \rangle$ und die Behauptung folgt aus der Induktionsvoraussetzung. Im andern Fall gibt es $u \in U$ mit $\beta_1 \neq 0$ und o.E. $\beta_1 > 0$. Unter den Elementen $v \in U$ mit $\beta_1 > 0$ sei u bereits so gewählt, daß

β_1 minimal ist. Ein beliebiges Element $x \in U$ schreiben wir in der Form $x = \sum_i \gamma_i a_i$ $(\gamma_i \in \mathbf{Z})$. Sei $\gamma_1 = q\beta_1 + r$ mit $0 \le r < \beta_1$, dann ist

$$x - qu = ra_1 + (\gamma_2 - q\beta_2)a_2 + \ldots + (\gamma_n - q\beta_n)a_n$$

ein Element aus U mit $0 \le r < \beta_1$. Das geht nach Wahl von β_1 nur für $r = 0$, d.h. $x - qu \in \langle a_2,\ldots,a_n\rangle$. Nach Induktionsvoraussetzung wird die Gruppe $U \cap \langle a_2,\ldots,a_n\rangle$ erzeugt von $b_2,\ldots,b_j$ mit $j \le n$. Wie zuvor gezeigt ist $x-qu$ in dieser Gruppe und es ist gezeigt, daß $U = \langle u,b_2,\ldots,b_j\rangle$.

32. Wir wählen wieder die additive Schreibweise. Es ist $U \neq \emptyset$, da $0 \in U$. Zu $a,b \in U$ gibt es $m,n \in \mathbf{N}$ mit $ma = nb = 0$, dann gilt $(mn)(a-b) = n(ma) - m(nb) = 0$, folglich $a - b \in U$. Ist U endlich erzeugt

$$U = \langle a_1,\ldots,a_r\rangle = \{\sum_{i=1}^{r} \alpha_i a_i \,; \alpha_i \in \mathbf{Z}\} = \{\sum_{i=1}^{r} \alpha_i a_i \,;\, 1 \le \alpha_i \le \text{ord } a_i\}$$

dann sehen wir $|U| = \prod_i \text{ord } a_i$.

Für ein Gegenbeispiel zur ersten Aussage bei nicht-abelschen Gruppen vgl. Aufg. 40. Die Frage, ob eine endlich erzeugte Gruppe, deren Elemente sämtlich eine endliche Ordnung haben, selbst endlich ist, wurde bereits um 1900 von BURNSIDE gestellt und erst 1964 von den russischen Mathematikern GOLOD und ŠHAFAREVIČ negativ beantwortet. Mehr hierzu kann man in dem gut verständlichen Buch von HERSTEIN, "Topics on Ring Theory", Chicago 1964, nachlesen. (*Es ist also keine Schande, wenn man kein Gegenbeispiel gefunden hat !*)

33. $a^k = e \Leftrightarrow \varphi(a^k) = \varphi(a)^k = e$. Das zeigt a) und b). Wegen $a^k = e \Leftrightarrow (a^{-1})^k = (a^k)^{-1} = e$ haben wir auch sofort c). In Teil b) das Element b durch ba ersetzen, liefert d).

34. $aba^{-1} = b^2 \Rightarrow a^n b a^{-n} = b^{2^n}$ (einfache Induktion). Speziell $n = 5$ zeigt $b = b^{32}$ (wegen $a^5 = e$). Wir kürzen b und erhalten $b^{31} = e$. Damit ist ord b ein Teiler von 31, d.h. ord $b = 1$ (falls $b = e$) oder ord $b = 31$ (falls $b \neq e$).

35. Ist n kein Teiler von $|G|$, dann ist $A_n = \emptyset$. Wegen ord x = ord x^{-1} treten die Elemente in A_n paarweise auf, nämlich x und x^{-1} mit $x \neq x^{-1}$ $(n \ge 3)$. Somit ist $|A_n|$ gerade.

36. $U = \{n \in \mathbf{Z}\ ;\ a^n \in H\}$ ist eine von $\{0\}$ verschiedene Untergruppe in $\mathbf{Z}$ (ord $a \in U$) , die von der kleinsten positiven Zahl erzeugt wird, die in U enthalten ist (das ist $o(a,H)$). Folglich ist ord a ein Vielfaches von $o(a,H)$.

37. Betrachte die Kleinsche Vierergruppe.

38. Sei ord $a = n$, ord $b = m$, ord $ab = j$ und $(m,n) = 1$. Wegen $(ab)^{mn} = (a^n)^m (b^m)^n = e$ folgt $j \mid mn$. Aus $e = (ab)^{jn} = a^{jn} b^{jm} = b^{jn}$ ersehen wir $m \mid jn$. Wegen $(m,n) = 1$ folgt $m \mid j$. Ebenso zeigt man $n \mid j$. Wieder wegen $(m,n) = 1$ folgt $mn \mid j$. Insgesamt $j = mn$.

Zur Umkehrung: $m = dm'$ und $n = dn'$ zeigt $(ab)^{dm'n'} = a^{nm'} b^{mn'} = e$, insbesondere ist $j < mn$ falls $d > 1$.

39. Sei $b \in G$ mit ord $b = m$. Sei $a \in G$ beliebig mit ord $a = n$ und p ein Primfaktor von n ; $n = p^k s$ mit $(p,s) = 1$. Sei $m = p^j t$, $(p,t) = 1$; dann hat a^s die Ordnung p^k und b^{p^j} die Ordnung t . Nach Aufg. 38 hat nun $a^s b^{p^j}$ die Ordnung $p^k t$. Nach Voraussetzung ist dann $p^k t \leq m = p^j t$, d.h. $k \leq j$. Jeder Primfaktor von n kommt also in m mindestens so oft vor wie in n. Das bedeutet $n \mid m$. (Die Aussage gilt nicht für beliebige Gruppen, betrachte z.B. S_3 .)

40. $A \neq E \neq B$ und $A^2 = B^2 = E$ zeigt bereits die erste Behauptung. Wegen

$$(AB)^n = \begin{pmatrix} 1 & n \\ 0 & 1 \end{pmatrix}$$

gibt es kein $n \neq 0$ mit $(AB)^n = E$.

41. Ist G zyklisch, $G = \langle a \rangle$, dann definiert $m \longmapsto a^m$ einen Epimorphismus von $\mathbf{Z}$ auf G . Haben wir andererseits einen Epimorphismus, dann gilt nach dem Homomorphiesatz

$$G \cong \mathbf{Z}/\text{Kern}\ \varphi \cong \mathbf{Z}/n\mathbf{Z}$$

(mit $n\mathbf{Z} = \text{Kern}\ \varphi$), also ist G zyklisch.

42. Wegen 1.6.17 brauchen wir nur noch zu zeigen, daß G zyklisch ist, sofern zu jedem Teiler d von $n = |G|$ höchstens eine Untergruppe existiert :

Sei d (positiver) Teiler von n und $A_d = \{x \in G\ ;\ \mathrm{ord}\ x = d\}$. G ist disjunkte Vereinigung der A_d mit $d|n$. Insbesondere gilt $n = \sum_{d|n} |A_d|$. Sei $A_d \neq \emptyset$. Für $x,y \in A_d$ gilt $|\langle x\rangle| = |\langle y\rangle| = d$ und damit nach Voraussetzung $\langle x\rangle = \langle y\rangle$; d.h. die Elemente von A_d sind alle erzeugende Elemente von $\langle x\rangle$.

Aus Kor.2 zu 1.6.16 folgt $|A_d| = \varphi(d)$, falls $A_d \neq \emptyset$ und $|A_d| = 0$, falls $A_d = \emptyset$. Wegen 1.6.17 tritt die zweite Möglichkeit für $G = \mathbf{Z}_n$ nicht ein, d.h. es gilt die Beziehung

$$n = \sum_{d|n} \varphi(d) = \sum_{d|n} |A_d| .$$

Damit gilt $\varphi(d) = |A_d|$ für jeden Teiler d von n, insbesondere ist $A_n \neq \emptyset$ und enthält somit ein G erzeugendes Element.

(Bemerkung: *In Abzählformeln für endliche Gruppen speziell* $G = \mathbf{Z}_n$ *zu setzen, ist ein eleganter Trick ; man vergleiche Aufg. 111* .)

43. Erzeugendes Element ist jeweils $\overline{2}$ (mit der Ordnung 4, 20 bzw. 100).

44. Sei $m = \mathrm{Max}\,\{\mathrm{ord}\ a\ ;\ a \in G\}$. Nach Aufg. 39 gilt $a^m = e$ für alle $a \in G$, also $|G| \leq m$ (nach Voraussetzung). Da aber stets $m \leq |G|$ (sogar $m \,|\, |G|$) gilt, haben wir $m = |G|$ also ist G zyklisch.

45. G besteht aus allen endlichen Produkten $x^{m_1}y^{m_2}x^{m_3}y^{m_4}\dots$. Wegen $xy = (xy)^{-1} = y^{-1}x^{-1}$ können wir alle x-Potenzen und alle y-Potenzen zusammenfassen; d.h. $G = \{x^m y^n\ ;\ m,n \in \mathbf{N}\}$. Wegen $x^2 = e$ und $y^3 = e$ bleibt davon $G = \{e,x,y,y^2,xy,xy^2\}$ (mit paarweise verschiedenen Elementen). Durch $x^2 = y^3 = (xy)^2 = e$ ist auch die Multiplikation in G festgelegt.

In S_3 hat $\sigma = \begin{pmatrix}1&2&3\\2&1&3\end{pmatrix}$ die Ordnung 2, $\pi = \begin{pmatrix}1&2&3\\2&3&1\end{pmatrix}$ hat Ordnung 3 und $(\sigma\pi)^2 = \mathrm{Id}$.

Nun ist klar, daß $\Phi : G \longrightarrow S_3$, $\Phi(x) = \pi$, $\Phi(y) = \sigma$, $\Phi(xy) = \pi\sigma$, etc. ein Isomorphismus ist.

46. Unter $\varphi \in \mathrm{Aut}\ V$ bleibt e fest und a,b,c werden permutiert, d.h. $\mathrm{Aut}\ V \subseteq S(\{a,b,c\})$. Man verifiziert leicht, daß jede Permutation von $\{a,b,c\}$ ein Gruppenautomorphismus von V ist, somit $\mathrm{Aut}\ V \cong S_3$. Ähnlich zeigt man $\mathrm{Aut}\ S_3 \cong S_3$.

Aut $\mathbf{Z}_n = \mathbf{Z}_n^*$: Sei $\varphi \in \mathrm{Aut}\, \mathbf{Z}_n$, dann gilt $\varphi(\bar{k}) = \varphi(\bar{k}\cdot\bar{1}) = k\varphi(\bar{1})$. φ ist also vollständig bestimmt durch $\varphi(\bar{1})$. Da φ surjektiv ist, gibt es $\bar{j} \in \mathbf{Z}_n$ mit $\bar{1} = \varphi(\bar{j}) = j\varphi(\bar{1})$, d.h. $\varphi(\bar{1}) \in \mathbf{Z}_n^*$ (vgl.Aufg.11). Die Abbildung $\Phi : \mathrm{Aut}\, \mathbf{Z}_n \longrightarrow \mathbf{Z}_n^*$, $\Phi(\varphi) = \varphi(\bar{1})$ ist der gesuchte Isomorphismus:

$$\Phi(\psi\sigma) = \psi\sigma(\bar{1}) = \psi(\sigma(\bar{1})) = \psi(\bar{m}) = m\psi(\bar{1}) = \bar{m}\psi(\bar{1}) = \Phi(\sigma)\Phi(\psi) = \Phi(\psi)\Phi(\sigma).$$

Φ ist injektiv; denn $\varphi(\bar{1}) = \bar{1}$ bedeutet $\varphi = \mathrm{Id}$. Φ ist auch surjektiv; denn zu jedem $j \in \mathbf{Z}_n^*$ definiert $\bar{k} \longmapsto \bar{j}\cdot\bar{k}$ einen Automorphismus von $\mathbf{Z}_n$.

47. Kern f $= n\mathbf{Z}$.

48. Betrachte $k \longmapsto nk$. Für die zweite Beziehung brauchen wir nur zu zeigen, daß $(\mathbf{Q},+)$ nicht zyklisch ist. Sei $\frac{p}{q}$ mit $(p,q) = 1$ ein erzeugendes Element von $(\mathbf{Q},+)$, dann gibt es $m \in \mathbf{Z}$ mit $m\frac{p}{q} = 1$, also $m = \frac{q}{p} \in \mathbf{Z}$, was wegen $(q,p) = 1$ nur für $p = 1$ möglich ist. Offensichtlich ist aber die von $\frac{1}{q}$ erzeugte Untergruppe von $\mathbf{Q}$ verschieden. Das ist ein Widerspruch.

49. a) $x \in G$, $\varphi_x(y) := xyx^{-1}$. $\varphi_x \in \mathrm{Aut}\, G = \{\mathrm{Id}\} \Rightarrow y = xyx^{-1}$ bzw. $yx = xy$.

b) $(ab)^2 = a^2b^2 \Rightarrow$ G abelsch (vgl.Aufg.17) .

c) Nach Voraussetzung gilt $(ab)^{-1} = a^{-1}b^{-1}$, nach den Rechenregeln für das Inverse ist jedoch $(ab)^{-1} = b^{-1}a^{-1}$, somit $a^{-1}b^{-1} = b^{-1}a^{-1}$.

50. Für die bijektive Abbildung $\varphi_x : G \longrightarrow G$, $\varphi_x(y) = xy$ gilt $\varphi_x(u \odot v) = xuxv = \varphi_x(u)\varphi_x(v)$. Also ist φ_x ein Isomorphismus von $(G,\odot)$ auf $(G,\cdot)$. Damit ist auch $(G,\odot)$ Gruppe.
Explizit: x^{-1} ist neutrales Element in $(G,\odot)$, $x^{-1}a^{-1}x^{-1}$ ist bzgl. $\odot$ Inverses von $a \in G$.

51. Man betrachte $x + iy \longmapsto \begin{pmatrix} x & y \\ -y & x \end{pmatrix}$.

53. a) Man betrachte $f : G \longrightarrow G$, $f(y) = y^{-1}\varphi(y)$. f ist injektiv; denn sei $y^{-1}\varphi(y) = x^{-1}\varphi(x)$, einfache Umformungen zeigen dann $xy^{-1} = \varphi(x)\varphi(y)^{-1} = \varphi(xy^{-1})$, also $xy^{-1} = e$ (nach Vor.) bzw. $x = y$.

Folglich ist f bijektiv (vgl. 1.1.3) und zu $x \in G$ gibt es $y \in G$ mit $x = f(y) = y^{-1}\varphi(y)$.

b) Sei $x \in G$, $x = y^{-1}\varphi(y)$ (nach a)). Mit $\varphi^2 = \mathrm{Id}$ folgt

$$\varphi(x) = \varphi(y)^{-1}y = [y^{-1}\varphi(y)]^{-1} = x^{-1} .$$

Nach Aufg. 49 ist G abelsch.

54. Ist G nicht-abelsch, dann gibt es $x \in G$ mit $\varphi_x \neq \mathrm{Id}$, wobei $\varphi_x(y) = xyx^{-1}$; also $\{\mathrm{Id},\varphi_x\} \subseteq \mathrm{Aut}\, G$. In einer abelschen Gruppe ist $x \longmapsto x^{-1}$ ein von Id verschiedener Automorphismus, es sei denn $x^2 = e$ für alle $x \in G$. Wegen $|G| > 2$ enthält G in diesem Falle eine Kleinsche Vierergruppe $V = \{e,a,b,ab\}$ als Untergruppe. Im Falle $G = V$ hat G den nicht-trivialen Automorphismus $\varphi_o : a \longmapsto b$, $b \longmapsto a$, $ab \longmapsto ab$ (vgl. Aufg. 46).

Ist $G \not\subseteq V$, so gilt $G = V \cup g_1V \cup \ldots \cup g_nV$ mit geeigneten $g_i \in G \setminus V$ und $\varphi : G \longrightarrow G$ mit $\varphi(g_iv) = g_i\varphi_o(v)$ und $\varphi(v) = \varphi_o(v)$, $v \in V$, ist ein nicht-trivialer Automorphismus von G :

$$\varphi(g_iv\cdot g_jv') = \varphi(g_ig_j\cdot vv') ,$$
$$\varphi(g_iv)\varphi(g_jv') = g_ig_j\varphi_o(vv') .$$

B. Normalteiler, Faktorgruppen, direkte Produkte

55. In $\mathbf{Z}_{15}^*$: $\langle\bar 7\rangle = \{\bar 1,\bar 4,\bar 7,\overline{13}\}$ und $\mathbf{Z}_{15}^* = \langle\bar 7\rangle \cup \bar 2\langle\bar 7\rangle$.

57. Beachte $g^{|G|} = e$. Wegen $S_5 = 5! = 120$, $1202 = 10\cdot 120 + 2$ haben wir

$$\begin{pmatrix}1&2&3&4&5\\2&3&1&5&4\end{pmatrix}^{1202} = \begin{pmatrix}1&2&3&4&5\\2&3&1&5&4\end{pmatrix}^{2} = \begin{pmatrix}1&2&3&4&5\\3&1&2&4&5\end{pmatrix} .$$

Wegen $|\mathbf{Z}_{15}^*| = 8$ haben wir $\bar m^{350} = \bar m^{6}$ und $\bar m^{1000} = e$, $\bar m \in \mathbf{Z}_{15}^*$. Folglich $\bar 2^{1000} = \bar 1$ und $\bar 7^{350} = \bar 7^{6} = \bar 7^{2} = \bar 4$.

58. Nach Voraussetzung gibt es $k,l \in \mathbf{Z}$ mit $km + ln = 1$. Aus $a^{|G|} = e$ für alle $a \in G$ folgt $a = a^{km+ln} = (a^k)^m$. Die Selbstabbildung $x \longmapsto x^m$ von G ist somit surjektiv, damit auch injektiv.

59.a) $aba = b \Rightarrow ab = ba^{-1}$ und $ba = a^{-1}b \Rightarrow ab^2 = ba^{-1}b = b^2a$ $\Rightarrow$ (*) $ab^{2n} = b^{2n}a$. Sei $|G| = 2n+1$, wegen $e = b^{|G|} = b^{2n}b$ setzen wir $b^{2n} = b^{-1}$.

Aus (*) folgt dann $ab^{-1} = b^{-1}a$ bzw. $ba = ab$. Zusammen mit der Voraussetzung $aba = b$ folgt hieraus $a^2 = e$. Das zeigt $\operatorname{ord} a \leq 2$ und wegen $\operatorname{ord} a \mid |G| = 2n+1$ ist nur $\operatorname{ord} a = 1$ möglich, d.h. $a = e$.

b) $abcba = c \Rightarrow abcbab = cb \Rightarrow ab = e$ wegen a) .

60. Alle Elemente von Aut G lassen e fest und permutieren die übrigen $n-1$ Elemente; d.h. Aut G ist isomorph einer Untergruppe von S_{n-1} . Nach Lagrange folgt $|\operatorname{Aut} G| \mid (n-1)!$.

61. Sei $A = \{x \in G \; ; \; \sigma(x) = x^{-1}\}$, $|A| > \frac{3}{4}|G|$. Sei $g \in G$ (beliebig). Wegen $|A| = |gA| > \frac{3}{4}|G|$ enthält $A \cap gA$ mehr als $\frac{1}{2}|G|$ Elemente. Sei $z \in A \cap gA$, d.h. $z \in A$ und $z = gh$ mit einem $h \in A$, dann folgt, wenn wir $g \in A$ wählen,

$$\sigma(z) = z^{-1} = (gh)^{-1} = h^{-1}g^{-1}$$

bzw.

$$\sigma(z) = \sigma(g)\sigma(h) = g^{-1}h^{-1} \quad .$$

Wir bilden Inverse und sehen $z = gh = hg$, woraus sofort $gz = zg$ folgt. Das bedeutet

$$A \cap gA \subseteq N(g) = \{x \in G \; ; \; gx = xg\} \; .$$

Insbesondere gilt $\frac{1}{2}|G| < |A \cap gA| \leq |N(g)|$ für die Untergruppe $N(g)$. Da nach Lagrange $|N(g)|$ ein Teiler von $|G|$ ist, geht das nur für $N(g) = G$; d.h. $gh = hg$ für alle $h \in G$ und alle $g \in A$. Somit gilt

$$\sigma(xy^{-1}) = \sigma(x)\sigma(y^{-1}) = x^{-1}y = yx^{-1} = (xy^{-1})^{-1}$$

für alle $x,y \in A$, d.h. A ist selbst Untergruppe von G . Wegen $|A| > \frac{3}{4}|G|$ ist nach Lagrange $A = G$. Das ist die Behauptung.

62. Offensichtlich gilt $(m,m^n-1) = 1$, d.h. $\overline{m} \in \mathbf{Z}^*_{m^n-1}$. Trivialerweise gilt $m^n \equiv 1 \pmod{m^n-1}$, das bedeutet $\overline{m}^n = \overline{1}$ in $\mathbf{Z}^*_{m^n-1}$. Da für $0 \leq k < n$ wegen $0 \leq m^k-1 < m^n-1$ gilt $\overline{m}^k \neq \overline{1}$, zeigt das $\operatorname{ord} \overline{m} = n$. Nach Lagrange ist n ein Teiler der Gruppenordnung, $\varphi(m^n-1)$.

63. a) $U = \{g \in G\ ;\ g^2 = e\}$ ist Untergruppe von G und offensichtlich gilt $u = \prod_{g \in U} g$; denn die Faktoren mit $g \neq g^{-1}$ können im Produkt gekürzt werden. Im Fall $U = \{e,a\}$ haben wir $u = a$. Hat jedoch U mehr als 2 Elemente, sagen wir $e,a,b \in U$ (paarweise verschieden), dann ist $V = \{e,a,b,ab\}$ Untergruppe von U und wir zerlegen U in disjunkte Nebenklassen $U = c_oV \cup c_1V \cup \ldots \cup c_rV$ $(c_o=e)$. Für das Produkt aller Elemente von U finden wir damit

$$u = \prod_{g \in U} g = \prod_{i=0}^{r} (c_ie)(c_ia)(c_ib)(c_iab)$$

$$= \prod_{i=0}^{r} c_i^4a^2b^2 = e \quad (\text{weil } c_i^2 = a^2 = b^2 = e)\ .$$

b) Wende a) an auf $G = \mathbf{Z}_p^*$. Da $x^2 = 1$ in $\mathbf{Z}_p^*$ genau die Lösungen $x = \pm 1$ hat, gibt es in dieser Gruppe genau ein Element der Ordnung 2 (nämlich -1). Somit

$$\overline{1}\cdot\overline{2}\cdot \ldots \cdot\overline{(p-1)} = \overline{-1} \quad (\text{in } \mathbf{Z}_p)$$

bzw.

$$(p-1)! \equiv -1 \pmod p\ .$$

64. V und $\mathbf{Z}_n$ sind abelsch, also ist jede Untergruppe ein Normalteiler. In S_3 ist nur die Untergruppe der Ordnung 3 ein Normalteiler, in D_n nur die Untergruppe der Ordnung n und deren Untergruppen. Für S_4 siehe Aufg. 138.

65. Da es nur 2 Links- bzw. Rechtsnebenklassen gibt, gilt für alle $g \notin U$ die Zerlegung $G = U \cup gU = U \cup Ug$; folglich $gU = Ug$ für alle $g \notin U$. Für $g \in U$ gilt trivialerweise $gU = Ug$, somit ist U ein Normalteiler in G .

66. Als Durchschnitt von Untergruppen ist V ebenfalls Untergruppe. $aVa^{-1} = \bigcap_{x \in G} (ax)U(ax)^{-1} = V$ für alle $a \in G$; d.h. V ist Normalteiler. Ist N ein Normalteiler in U , so liegt er wegen $N = xNx^{-1} \subseteq xUx^{-1}$ (für alle $x \in G$) bereits in V .

67. a) Sei $N = \langle a \rangle = \{a^k\ ;\ k \in \mathbf{Z}\}$ und U eine Untergruppe von N (damit auch Untergruppe von G). Für $x \in G$, $y \in U$, $y = a^j$ folgt $xyx^{-1} = xa^jx^{-1} = (xax^{-1})^j = (a^r)^j = y^r \in U$, wobei $xax^{-1} = a^r \in N$.

b) $\mathbf{Z}_2 \subseteq V_4 \subseteq A_4$ (A_4 Tetraedergruppe von Aufg. 24) .

68. a) S_3 . b) Die Oktaedergruppe .

69. Mit U ist xUx^{-1} Untergruppe der Ordnung $|U| = n$. Somit $U = xUx^{-1}$ für alle $x \in G$.

70. Zu $n \in \mathbf{N}$ betrachten wir den Epimorphismus $h : G/N \longrightarrow \mathbf{Z}/n\mathbf{Z}$, $h(gN) = \overline{f(gN)}$. Als Normalteiler von G/N ist Kern h von der Form U/N mit einem Normalteiler U von G . Der Homomorphiesatz und der 2.Isomorphiesatz zeigen $\mathbf{Z}/n\mathbf{Z} \cong (G/N)/(U/N) \cong G/U$, folglich $n = |G/U| = |G:U|$.

71. a) $q(\frac{p}{q} + \mathbf{Z}) = p + \mathbf{Z} = \mathbf{Z}$.

b) Wegen $f(x+y) = f(x) + f(y)$ und $f(\frac{p}{nq} + \mathbf{Z}) = \frac{p}{q} + \mathbf{Z}$ ist f ein Epimorphismus.
Da $f(\frac{p}{q} + \mathbf{Z}) = \mathbf{Z}$ gleichbedeutend ist mit $n\frac{p}{q} \in \mathbf{Z}$, ersehen wir Kern $f = \{\frac{m}{n} + \mathbf{Z};\ m \in \mathbf{Z}\}$. Offenbar ist $\varphi : \mathbf{Z} \longrightarrow$ Kern f mit $\varphi(m) = \frac{m}{n} + \mathbf{Z}$ ein Epimorphismus mit Kern $\varphi = n\mathbf{Z}$, d.h. Kern $f \cong \mathbf{Z}/n\mathbf{Z}$.

c) Zu $n \in \mathbf{N}$ ist Kern f (aus b)) eine zyklische Untergruppe der Ordnung n. Ist U eine Untergruppe von $\mathbf{Q}/\mathbf{Z}$ der Ordnung n, dann gilt $nU = \{0\}$ (nach dem kleinen Fermatschen Satz), d.h. $U \subseteq$ Kern f. Wegen gleicher Ordnung hat man $U =$ Kern f .

72. a) $\varphi : \mathbf{Z}_n \longrightarrow \mathbf{Z}_n$, $\varphi(x) = mx$ hat als Kern $d\mathbf{Z}/n\mathbf{Z}$. Folglich

$$m\mathbf{Z}_n = \varphi(\mathbf{Z}_n) \cong (\mathbf{Z}/n\mathbf{Z})/(d\mathbf{Z}/n\mathbf{Z}) \cong \mathbf{Z}/d\mathbf{Z} .$$

b) $\psi : \mathbf{Z}_n \longrightarrow \mathbf{Z}_m$, $\psi(k+n\mathbf{Z}) = k + m\mathbf{Z}$ ist ein wohldefinierter Homomorphismus mit Kern $\psi = m\mathbf{Z}_n$.

73. a) Offensichtlich ist $Z(G)$ eine Untergruppe. Da für $z \in Z(G)$ und $x \in G$ (per Definition) $xzx^{-1} = z \in Z(G)$ gilt, ist das Zentrum auch Normalteiler in G .

b) $ba = b(ab)b^{-1} = ab$.

74. Aus der Maximalität von N folgt $G = NU = NV$. Der erste Isomorphiesatz zeigt nun

$$U \cong U/U \cap N \cong UN/N \cong G/N \cong VN/N \cong V/V \cap N \cong V .$$

75. Offenbar ist $e \in U$ und mit $x \in U$ auch $x^{-1} \in U$. Nun seien $x = g_1 \dots g_n g_n \dots g_1$ und $y = h_1 \dots h_m h_m \dots h_1$ Elemente aus U . Mit $z = g_n \dots g_1$ sehen wir, daß

$$xy = g_1 \dots g_n (zh_1 z^{-1}) \dots (zh_m z^{-1})(zh_m z^{-1}) \dots (zh_1 z^{-1}) g_n \dots g_1$$

ebenfalls in U liegt. Außerdem ist $aUa^{-1} = U$ für jedes $a \in G$ (U ist sogar invariant unter allen Automorphismen von G). $\bar{x}^2 = \bar{e}$ in G/U ist äquivalent mit $x^2 \in U$ für alle $x \in G$.

76.a) Die Behauptung folgt aus $x^n (y^n)^{-1} = x^n (y^{-1})^n = (xy^{-1})^n$ und $gx^n g^{-1} = (gxg^{-1})^n$.

b) $\varphi : G/G_{(n)} \longrightarrow G^{(n)}$, $\varphi(xG_{(n)}) = x^n$, ist eine wohldefinierte bijektive Abbildung; denn

$$xG_{(n)} = yG_{(n)} \Leftrightarrow xy^{-1} \in G_{(n)} \Leftrightarrow (xy^{-1})^n = e \Leftrightarrow x^n = y^n ,$$

da nach Voraussetzung $(xy^{-1})^n = x^n (y^{-1})^n$.

c) Es gilt

$$\begin{aligned} (xy)^{1-n} &= x^{1-n} y^{1-n} \Leftrightarrow y^{n-1} x^{n-1} = (xy)^{n-1} \\ \Leftrightarrow y^{n-1} x^{n-1} xy &= (xy)^n \Leftrightarrow y^n x^n y = y(xy)^n \\ \Leftrightarrow (yx)^n &= y(xy)^n y^{-1} = (y(xy)y^{-1})^n = (yx)^n . \end{aligned}$$

Und

$$\begin{aligned} x^{n-1} y^n &= x^{-1} x^n y^n = x^{-1} xy(xy)^{n-1} = y(xy)^{n-1} \\ &= yy^{n-1} x^{n-1} = y^n x^{n-1} . \end{aligned}$$

d) Mit $z \in U$ ist auch $z^{-1} \in U$, außerdem $e \in U$. Wegen

$$x^{n(n-1)} y^{n(n-1)} = (x^{n-1} y^{n-1})^n = (yx)^{n(n-1)}$$

(folgt mit der Voraussetzung aus c)) ist U eine Untergruppe von G (sogar Normalteiler), die wegen

$$(x^n)^{n-1} (y^{n-1})^n = y^{(n-1)n} x^{n(n-1)}$$

abelsch ist.

77.a) Vgl. 1.9.11 .
b),c) sind falsch, die rechten Seiten haben jeweils mindestens zwei Untergruppen der Ordnung 2 (vgl. 1.6.17 und Aufg. 80) .

78. $\mathrm{ord}(\bar{5},\bar{3}) = 6$. $\mathrm{ord}(\bar{a},\bar{b}) = \mathrm{kgV}(\mathrm{ord}\ \bar{a},\mathrm{ord}\ \bar{b})$.

79. Es gibt p^3-1 Elemente der Ordnung p , p^5-p^3 Elemente der Ordnung p^2 und p^6-p^5 Elemente der Ordnung p^3 . Denn in G treten nur die Ordnungen 1 , p , p^2 und p^3 auf und es gilt

$$\mathrm{ord}(\bar{a},\bar{b},\bar{c}) \le p \Leftrightarrow (\bar{a},\bar{b},\bar{c}) \in A := \{(k\overline{p^2},j\bar{p},r\bar{1}) \ ; \ 1 \le k,j,r \le p\} ,$$

$$\mathrm{ord}(\bar{a},\bar{b},\bar{c}) \le p^2 \Leftrightarrow (\bar{a},\bar{b},\bar{c}) \in B := \{(k\bar{p},j\bar{1},r\bar{1}) \ ; \ 1 \le k,j \le p^2, 1 \le r \le p\}.$$

Hierbei ist $|A| = p^3$, $|B| = p^5$ und $|G| = p^6$.

80. Da $U = U \times \{e\}$ Untergruppe von $\mathbf{Z}$ ist, haben wir $U \cong \mathbf{Z}_{p^r}$ (1.6.13 und Lagrange); ebenso $V \cong \mathbf{Z}_{p^s}$. Also $\mathbf{Z}_{p^k} \cong \mathbf{Z}_{p^r} \times \mathbf{Z}_{p^s}$. Falls r und s beide ≥ 1 , dann hat die rechte Seite zwei verschiedene Untergruppen der Ordnung p . Widerspruch zu 1.6.17 .

81. $z = |z|e^{i\varphi} \longmapsto (|z|,e^{i\varphi})$ ist ein Isomorphismus von $\mathbf{C}^*$ auf $\mathbf{R}_+^* \times K$.

82. a) Es gibt 7 verschiedene Elemente der Ordnung 2 , damit 7 verschiedene Untergruppen der Ordnung 2 . (Vgl. Aufg. 79.)

b) Jede Untergruppe von 4 Elementen ist isomorph zu V_4 und ist charakterisiert durch zwei Erzeugende $a,b \neq e$ $(a \neq b)$. Zwei Paare $\{a,b\}$, $\{c,d\}$ bestimmen dieselbe Untergruppe, wenn gilt 1. $(c = a$ und $d = b)$ oder 2. $(c = a$ und $d = ab)$ oder 3. $(c = b$ und $d = a)$ oder 4. $(c = b$ und $d = ab)$ oder 5. $(c = ab$ und $d = a)$ oder 6. $(c = ab$ und $d = b)$.

D.h. $\bigoplus_{i=1}^{r} \mathbf{Z}_2$ hat $\frac{1}{6}(2^r-1)(2^r-2)$ verschiedene Untergruppen der Ordnung vier . In diesem Falle also 7 .

83. Es gibt die trivialen Untergruppen $\{0\} \times U$, $\mathbf{Z}_2 \times U$ mit einer Untergruppe U von Z_m . Sei $V \subseteq \mathbf{Z}_2 \times \mathbf{Z}_m$ eine Untergruppe, die nicht von dem Typ $\{0\} \times U$ ist, dann gibt es $\bar{b} \in \mathbf{Z}_m$ mit $(\bar{1},\bar{b}) \in V$. Falls $\mathrm{ord}\ \bar{b}$ ungerade, dann ist $(\bar{1},0) \in V$, somit V vom Typ $\mathbf{Z}_2 \times U$. Sei also $\mathrm{ord}\ \bar{b}$ gerade und $(\bar{x},\bar{a}) \in V$ (beliebig). Zum $\mathrm{ggT}(\bar{a},\bar{b}) = \bar{c}$ gibt es $j,k \in \mathbf{Z}$ mit $ka + jb = c$, somit $(0,\bar{c}) \in V$ oder $(\bar{1},\bar{c}) \in V$. Der erste Fall führt auf $(\bar{1},0) \in V$, d.h. V vom Typ $\mathbf{Z}_2 \times U$. Im Falle $(\bar{1},\bar{c}) \in V$ ist o.E. $\mathrm{ord}\ \bar{c}$ gerade und wir sehen, daß als einzige weitere Typen von Untergruppen nur noch $<(\overline{1},\overline{c})>$ mit $\operatorname{ord} \overline{c}$ gerade vorkommen.

84. $G = \mathbb{Z}_p \times \mathbb{Z}_p \times \ldots \times \mathbb{Z}_p$ ist in natürlicher Weise Vektorraum über $\mathbb{Z}_p$ und jeder Endomorphismus der additiven Gruppe ist $\mathbb{Z}_p$ - linear. Folglich $\operatorname{Aut} G \cong \operatorname{Gl}(n,\mathbb{Z}_p)$.

85.a) Nach Lagrange ist $|U \cap V|$ Teiler von $|U|$ und von $|V|$, also $U \cap V = \{e\}$.

b) $uvu^{-1}v^{-1} = (uvu^{-1})v^{-1} \in VV = V$; $uvu^{-1}v^{-1} = u(vu^{-1}v^{-1}) \in UU = U$, folglich $uvu^{-1}v^{-1} \in U \cap V = \{e\}$, d.h. $uv = vu$.

c) Wegen a) und b) definiert $(u,v) \longmapsto uv$ einen Isomorphismus.

87. Falls $G = UN \cong U \times N$, dann definiert $(u,n) \longmapsto n$ einen Homomorphismus der angegebenen Art.
Sei nun $\beta : G \longrightarrow N$ mit $\beta_N : N \longrightarrow N$ ein Isomorphismus. $U = \operatorname{Kern} \beta$ ist Normalteiler mit $U \cap N = \{e\}$. Für $g \in G$ ist $\beta(g) \in N$, also gibt es $n \in N$ mit $\beta(n) = \beta(g)$ bzw. $gn^{-1} \in U$, d.h. $G = UN$.

88. $g \longmapsto (gN_1, gN_2)$ ist Homomorphismus mit $N_1 \cap N_2$ als Kern .

89. $\begin{pmatrix} 1 & & 0 & a_1 \\ & \ddots & & \vdots \\ & & \ddots & a_n \\ 0 & & & 1 \end{pmatrix} \longmapsto (a_1,a_2,\ldots,a_n)^T$ ist ein Isomorphismus .

C. STRUKTURSÄTZE

93.a) ist trivial.

b) Setze $\rho(a)(gH) := (ag)H$, dann ist $\rho : G \longrightarrow S(X)$, $g \longmapsto \rho(g)$ ein Homomorphismus. Folglich $\rho(G) = G/\operatorname{Kern} \rho$. Nach Lagrange ist $|\rho(G)|$ ein Teiler von $|S(X)| = |G:H|!$. Ist $\operatorname{Kern} \rho = \{e\}$, so gilt $|G| = |\rho(G)|$, das ist ein Widerspruch zur Voraussetzung. Also ist $\operatorname{Kern} \rho$ ein nicht-trivialer Normalteiler von G .

$\operatorname{Kern} \rho = \bigcap_{g \in G} gHg^{-1}$; denn es gilt :

$$a \in \text{Kern}\,\rho \Leftrightarrow \rho(a) = \text{Id} \Leftrightarrow agH = gH \Leftrightarrow g^{-1}ag \in H \Leftrightarrow a \in gHg^{-1}$$

(für alle $g \in G$) .

c) $|\rho(G)|\,|\,p!$ (vgl. c) , also sind die Primteiler von $|\rho(G)|$ alle $\leq p$. Wegen $\rho(G) = G/\text{Kern}\,\rho$ ist $|\rho(G)|$ auch Teiler von $|G|$; da p kleinster Primteiler von $|G|$ ist, hat also $|\rho(G)|$ nur Primteiler $\geq p$; d.h. $|\rho(G)| = p$, woraus $H = \text{Kern}\,\rho$ folgt.

d) $99 = 9 \cdot 11$, $|G:H| = 9$; die Behauptung folgt aus c) .

96. (Als Beispiel für **90**, **91**, **92**, **94** und **95**.) Für $s,t \in G$ und $(x,y) \in X$ gilt

$$(st)\cdot(x,y) = (stx, \tfrac{1}{st}y) = s\cdot(tx,\tfrac{1}{t}y) = s\cdot(t\cdot(x,y)) \ .$$

Der Orbit von (x,y) ist $[(x,y)] = \{(tx,\tfrac{1}{t}y) \ ; \ t \in \mathbf{R}^+\} = \{(x_1,x_2) \ ; \ x_1x_2 = xy \ , \ \text{sgn}\,x_1 = \text{sgn}\,x\}$ (ein Hyperbelast) .

Der Stabilisator von (x,y) ist $\{1\}$, falls $(x,y) \neq (0,0)$ und G , falls $(x,y) = (0,0)$. Der Nullpunkt ist also einziger Fixpunkt.

97. a) Es gilt

$$u \in G_{g\cdot x} \Leftrightarrow u\cdot(g\cdot x) = g\cdot x \Leftrightarrow g^{-1}ug\cdot x = x \Leftrightarrow u \in gG_xg^{-1} \ .$$

b) $y = g\cdot x \Rightarrow G_y = G_{g\cdot x} = gG_xg^{-1} \cong G_x$.

c) $G_x = G_y$ für alle $y \in G\cdot x \Leftrightarrow G_x = G_{g\cdot x}$ für alle $g \in G$
$\Leftrightarrow G_x = gG_xg^{-1}$ für alle $g \in G$.

98. $U \times V$ operiert vermöge $((u,v),g) \longmapsto ugv^{-1}$ auf G (vgl. 2.1.3). Nach der Orbitformel 2.1.5 gilt

$$|UgV| = \frac{|U|\cdot|V|}{|(U\times V)_g|}$$

mit

$$(U\times V)_g = \{(u,v) \in U\times V \ ; \ ugv^{-1} = g\} = \{(u,v) \in U\times V \ ; \ u = gvg^{-1}\} \ .$$

In $(u,v) \in (U\times V)_g$ ist somit die erste Komponente u beliebig aus $U \cap gVg^{-1}$ zu wählen, die zweite Komponente v durch u eindeutig bestimmt. Also $|(U\times V)_g| = |U \cap gVg^{-1}|$.

b) $g = e$ zeigt insbesondere $|UV| = \dfrac{|U|\,|V|}{|U\cap V|}$ und mit $g = u$,

$u \in U$ folgt wegen $Uu = U$: $|UV| = \dfrac{|U||V|}{|U \cap uVu^{-1}|}$. Diese beiden Gleichungen liefern die Behauptung.

99. V operiert auf $\{vUv^{-1} ; v \in V\}$ durch Konjugation $g \cdot vUv^{-1} = (gv)U(gv)^{-1}$, mit nur einer Bahn . Die Behauptung folgt aus 2.1.5 und Aufg. 97 .

100. Mit $N(U) = \{g \in G ; gU = Ug\}$ ist die Anzahl der verschiedenen Mengen gUg^{-1} , $g \in G$, gemäß Aufg. 99 (bzw. 2.1.8) gleich $|G:N(U)|$. Diese Mengen sind aber nicht disjunkt, sie alle enthalten e . Daher ist

$$\left| \bigcup_{g \in G} gUg^{-1} \right| < |G:N(U)| \cdot |U| \leq |G:N(U)| \cdot |N(U)| = |G| .$$

101. Die Gruppe $\langle f \rangle$ hat Ordnung p^k , sie operiert auf $X = G \setminus \{e\}$. Wegen $p \nmid |X|$ gibt der Fixpunktsatz 2.1.7 die Behauptung.

102. V hat p^n Elemente; G operiert auf $X = V \setminus \{0\}$. Wende nun den Fixpunktsatz 2.1.7 an .

103. S_4 besitzt 4 Untergruppen der Ordnung 3 , die alle zueinander konjugiert sind (vgl. Aufg. 138). Aus 2.1.9 folgt die Behauptung. Behauptung ist falsch für $|U| = 2$; denn $\begin{pmatrix} 1 & 2 & 3 & 4 \\ 2 & 1 & 3 & 4 \end{pmatrix}$ und $\begin{pmatrix} 1 & 2 & 3 & 4 \\ 2 & 1 & 4 & 3 \end{pmatrix}$ sind nicht konjugiert zueinander.

104. $|G| = 5 \cdot 11$ mit $5 \nmid 18$ und $11 \nmid 18$. Wir zerlegen X in disjunkte Bahnen $X = X_1 \cup X_2 \cup \ldots \cup X_k$ $(X_i = G \cdot x_i)$ woraus $|X| = \Sigma_i |X_i| = \Sigma_i |G:G_{x_i}|$ folgt (vgl. 2.1.6) .

Nach 2.1.5 ist die Länge einer Bahn 1 , 5 oder 11 . Jede Partition von 18 in diese Summanden enthält wenigstens zweimal den Summanden 1 ; d.h. es gibt wenigstens 2 Bahnen der Länge 1 (das sind die Fixpunkte) .

105. Für die Ordnung des Zentrums kommen nach 2.1.11 und dem Satz von Lagrange nur p und p^2 in Frage. Im Falle $|Z(G)| = p^2$ ist $|G/Z| = p$ also G/Z zyklisch, somit $G = aZ \cup a^2Z \cup \ldots \cup a^pZ$ eine Zerlegung von G in Nebenklassen nach Z . Zu $x, y \in G$ (beliebig) gibt es demnach $u, v \in Z$ mit $x = a^r u$, $y = a^s v$, woraus $xy = yx$ ersichtlich ist; d.h. G ist abelsch.

106. a) Für $x = g\cdot z$, $y = h\cdot z$ haben wir (vgl. Aufg. 97) $G_x = gG_zg^{-1}$, $G_y = hG_zh^{-1}$, insbesondere $|G_x| = |G_y| = |G_z|$.

b) In der Menge kommen $\chi(g)$ Paare vor mit erster Komponente g .

c) Zu festem $x \in X$ enthält die betrachtete Menge $|G_x|$ Paare mit zweiter Komponente x . Das zeigt

$$(*) \qquad \sum_{x\in X} |G_x| = \sum_{g\in G} \chi(g) .$$

Wir zerlegen nun X in disjunkte Bahnen $X = \bigcup_i G\cdot x_i$ und summieren in (*) bahnenweise. Mit a) und 2.1.5 folgt

$$\sum_{g\in G} \chi(g) = \sum_i \sum_{x\in G\cdot x} |G_x| = \sum_i |G\cdot x_i||G_x| = k|G|.$$

107. a) Y enthält aus jeder Bahn wenigstens ein Element; d.h. zu jedem $x \in X$ gibt es $g \in G$ mit $g\cdot x \in Y$.

b) Wegen $L_Y(x) = \bigcup_{y\in Y} L_y(x)$ (Vereinigung disjunkter Mengen) haben wir

$$l_Y(x) = \sum_{y\in Y} l_y(x) = \sum_{y\in Y\cap G\cdot x} l_y(x)$$

(die anderen Summanden verschwinden). Für $l_y(x) \neq 0$ gilt $l_y(x) = |G_x|$; denn offenbar ist $L_y(x) = hG_x$ mit $y = h\cdot x$. Insgesamt also die Behauptung

$$l_Y(x) = |Y \cap G\cdot x||G_x| .$$

c) Wir summieren bahnenweise ($X = \biguplus_{i=1}^{k} G\cdot x_i$):

$$\sum_{x\in X} l_Y(x) = \sum_{i=1}^{k} \sum_{x\in G\cdot x_i} |Y\cap G\cdot x||G_x| = \sum_{i=1}^{k} |Y\cap G\cdot x_i| \sum_{x\in G\cdot x_i} |G_x|$$

$$= |G| \sum_{i=1}^{k} |Y \cap G\cdot x_i| = |G|\cdot|Y| .$$

d)

$$\sum_{x\in Y} \frac{|G|}{l_Y(x)} = \sum_{x\in Y} \frac{|G\cdot x||G_x|}{|Y\cap G\cdot x||G_x|} = \sum_{x\in Y} \frac{|G\cdot x|}{|Y\cap G\cdot x|}$$

$$= \sum_{i=1}^{k} \sum_{x\in G\cdot x_i\cap Y} \frac{|G\cdot x|}{|Y\cap G\cdot x|} = \sum_{i=1}^{k} |G\cdot x_i| = |X|.$$

108. $4900 = 2^2\cdot 5^2\cdot 7^2$. Es gibt je eine 2- , 5- , 7-Sylow-Gruppe in $\mathbb{Z}_{4900}$: $P_2 = \langle \overline{7}^2\overline{5}^2 \rangle$, $P_5 = \langle \overline{2}^2\overline{7}^2 \rangle$, $P_7 = \langle \overline{2}^2\overline{5}^2 \rangle$.

Wegen $|S_3| = 2 \cdot 3$ gibt es 2- und 3-Sylow-Gruppen.

$P_3 = \langle \begin{pmatrix} 1 & 2 & 3 \\ 2 & 3 & 1 \end{pmatrix} \rangle$ ist einzige 3-Gruppe , $P_{21} = \langle \begin{pmatrix} 1 & 2 & 3 \\ 2 & 1 & 3 \end{pmatrix} \rangle$, $P_{22} = \langle \begin{pmatrix} 1 & 2 & 3 \\ 3 & 2 & 1 \end{pmatrix} \rangle$, $P_{23} = \langle \begin{pmatrix} 1 & 2 & 3 \\ 1 & 3 & 2 \end{pmatrix} \rangle$ sind die 2-Gruppen .

Zur S_4 vgl. Aufg. 138 .

109. G operiert vermöge $(g,n) \longmapsto g^{-1}ng$ auf N (vgl. 2.1.10) , weil N Normalteiler von G ist. $Z(G) \cap N$ ist die Menge der Fixpunkte dieser Gruppenoperation. Wegen 2.1.7 und $e \in Z(G) \cap N$ ist $|Z(G) \cap N| = p^r$, $r \geq 1$; das liefert die erste Behauptung.
Ist $|N| = p$ oder $|Z(G)| = p$, so ist $|Z(G) \cap N| = p$, das ist die zweite Behauptung.

110. $|G| = p^r m$ mit $(p,m) = 1$ $\Rightarrow$ $|P| = p^r$ (vgl. 2.2.7)
$\Rightarrow$ $m = |G:P| = |G:N(P)|\,|N(P):P|$ (mit 1.7.9) .

111. Sei $X = \{M\ ;\ M \text{ Teilmenge von } G\ ,\ |M| = p^k\}$, dann ist offensichtlich

$$|X| = \binom{np^k}{p^k} \quad , \text{ falls } |G| = np^k \ .$$

G operiert vermöge $(g,M) \longmapsto gM$ (Komplexprodukt) auf X und es gilt: Ist G_M der Stabilisator von M , so gilt $G_M M = G_M \cdot M = M$, d.h. jedes $M \in X$ ist Vereinigung gewisser Rechtsnebenklassen seines Stabilisators G_M . Das bedeutet $|G_M|\,\big|\,|M|$, also $|G_M| = p^{i_M}$ mit $0 \leq i_M \leq k$. Ist $i_M < k$, d.h. $|G_M| < |M|$, so gilt mit 2.1.5 für die Bahn $G \cdot M$

$$|G \cdot M| = |G:G_M| = n \cdot p^{k-i_M} = n \cdot p^r \quad , \quad r > 0 \ ,$$

d.h.

(*) $$|G \cdot M| \equiv 0 \pmod{np} \ .$$

Ist $i_M = k$, so ist $|G_M| = |M| = p^k$ und $|G \cdot M| = n$. In diesem Fall gehört die Gruppe G_M zu X und es gilt $M = G_M m$ für jedes $m \in M$, d.h. die konjugierte Untergruppe $m^{-1}G_M m = m^{-1}M$ gehört zur Bahn $G \cdot M$. D.h. $G \cdot M$ besteht aus einer Gruppe der Ordnung p^k und deren Linksnebenklassen. Umgekehrt führt jede Untergruppe der Ordnung p^k zu einer Bahn der Länge n ($n = |G|/p^k$, Satz von Lagrange). Verschiedene Untergruppen führen zu verschiedene Bahnen, also gilt

$$(**)\qquad |X| = \binom{np^k}{p^k} \underset{(*)}{\equiv} \sum_{|G\cdot M|=n} |G\cdot M| \equiv ns_{p,k} \pmod{np}$$

Um den Binomialkoeffizienten modulo np zu reduzieren, wählt man speziell $G = \mathbb{Z}_{np^k}$. Mit 1.6.17 ist für diese Gruppe $s_{p,k} = 1$. Also folgt aus (**)

$$(***)\qquad \binom{np^k}{p^k} \equiv n \pmod{np} .$$

(***) und (**) zusammen liefern indem man n kürzt :

$$(****)\qquad s_{p,k} \equiv 1 \pmod{p} .$$

(Bemerkungen: *1. Dieser elegante Trick (von Mc Laughlin) zur Herleitung von (***) macht eine Untersuchung des Binomialkoeffizienten (wie in 2.2.1) überflüßig.*

2. Mit dieser Verallgemeinerung der Zählformel des 3. Sylowschen Satzes ist zugleich der 1. Sylowsche Satz und der Satz von Cauchy gezeigt.

3. Die Idee, eine Gruppe durch Komplexprodukt auf ihren Teilmengen operieren zu lassen, stammt von H. WIELANDT . Die Heranziehung von (*) und (**) hat W. KRULL vorgeschlagen . Den ersten Beweis von (****) gab G. FROBENIUS .)

112.a) $u \in Z_{i+1} \Rightarrow uZ_i \in Z(G/Z_i) \Rightarrow uZ_igZ_i = gZ_iuZ_i \Rightarrow u^{-1}g^{-1}ug \in Z_i$, wobei $g \in G$ beliebig .

b) Sei $Z_i \neq G$. Mit G ist auch die Faktorgruppe G/Z_i eine p-Gruppe, deren Zentrum Z_{i+1}/Z_i nicht-trivial ist (vgl. 2.1.11) . Somit $Z_i \subsetneqq Z_{i+1}$ und die strikt aufsteigende Kette

$$Z_1 \subsetneqq Z_2 \subsetneqq \dots \subsetneqq Z_k$$

muß bei G enden .

c) G nicht-abelsch $\Rightarrow |G/Z| = p^2$ (Aufg. 105) $\Rightarrow$ G/Z abelsch $\Rightarrow G/Z = Z(G/Z) = Z_2/Z$.

113. Wähle in $\{e\} = Z_o \subseteq Z_1 \subseteq Z_2 \subseteq \dots \subseteq Z_k = G$ (vgl. Aufg. 112) i maximal mit $Z_i \subseteq U$ und $Z_{i+1} \nsubseteq U$. Für $x \in Z_{i+1} \setminus U$ und $u \in U$ gilt mit Aufg. 112

$$x^{-1}ux = uu^{-1}x^{-1}ux \in UZ_i .$$

Wegen $UZ_i \subseteq U$ (nach Wahl von i) zeigt das $x^{-1}Ux \subseteq U$ bzw. $x \in N(U)$. Somit gilt $U \neq N(U)$.

114. $p = |G:U| = |G:N(U)||N(U):U|$. Wegen $U \neq N(U)$ (Aufg. 113) ist nur $|G:N(U)| = 1$, d.h. $G = N(U)$ möglich .
(Alternative Beweismöglichkeit mit Aufg. 93 .)

115. a) Die p-Gruppe U liegt in einer p-Sylow-Gruppe P von G (2.2.7) . $U = U \cap H \subseteq P \cap H$, also $U = P \cap H$ (weil $P \cap H$ auch p-Gruppe in H ist).

Umgekehrt ist zu einer p-Sylow-Gruppe P von G der Durchschnitt $P \cap H$ eine p-Gruppe in H und es gibt eine p-Sylow-Gruppe S von H mit $P \cap H \subseteq S \subseteq H$. Nach dem bereits bewiesenen Teil ist $S = Q \cap H$ mit einer p-Sylow-Gruppe Q von G . Nach 2.2.7 sind P und Q konjugiert , $Q = xPx^{-1}$. Es folgt weil H Normalteiler ist

$$|Q \cap H| = |xPx^{-1} \cap xHx^{-1}| = |x(P \cap H)x^{-1}| = |P \cap H| .$$

Somit ist $P \cap H = S$.

b) Sei $|G| = p^r m$, $(p,m) = 1$ und P eine p-Sylow-Gruppe von G . Es ist PH/H eine p-Gruppe mit Index

$$|G/H : PH/H| = \frac{|G|}{|PH|} = \frac{|G||P \cap H|}{|P||H|} = m\,\frac{|P \cap H|}{|H|} .$$

(Mit 1.8.15 und $|P| = p^r$.) Somit ist dieser Index ein Teiler von m , insbesondere teilerfremd zu p und PH/H ist maximale p-Gruppe.

Ist umgekehrt $L = U/H$ eine p-Sylow-Gruppe von G/H , dann ist $|U/H| = p^s$ und p kein Teiler vom Index $|G/H : U/H| = |G|/|H| = |G:U|$. Also $|U| = p^r k$, $(p,k) = 1$ und U enthält eine p-Sylow-Gruppe P der Ordnung p^r , welche nach 2.2.7 bereits p-Sylow-Gruppe von G ist . Aus $PH/H \subseteq U/H$ folgt die Gleichheit dieser beiden Gruppen, da bereits PH/H als Sylow-Gruppe von G/H nachgewiesen ist.

116. a) Zu $g \in G$ ist $gPg^{-1} \subseteq gHg^{-1} = H$, also auch gPg^{-1} p-Sylow-Gruppe von H , die nach 2.2.7 zu P konjugiert ist (in H). Also gibt es $h \in H$ mit $P = hgP(hg)^{-1}$, d.h. $hg \in N(P)$ bzw. $g \in HN(P)$.

b) Sei $|G| = p^r m$, $(p,m) = 1$. Wegen 2.2.2 und 2.2.5 brauchen wir nur $p^r | N(P)$ nachzuweisen:

Sei $|H| = p^s k$, $(p,k) = 1$, dann folgt aus a) und 1.8.15

$$p^r m = |G| = \frac{|H|\,|N(P)|}{|H \cap N(P)|} .$$

Wegen $P \subseteq H \cap N(P)$ haben wir $|H \cap N(P)| = p^s k'$ mit $k'|k$, dann insgesamt $p^r m = |N(P)|\frac{k}{k'}$; also $p^r \,|\, |N(P)|$.

117. Wir haben $s_p(G) \equiv s_p(U) \equiv 1 \pmod p$ (nach 2.2.8) und $s_p(G) = |G:N_G(P)|$ (nach 2.2.7 und 2.1.9). Wegen $P \subseteq N_G(P) \subseteq U$ ist P auch Sylow-Gruppe von U mit $N_G(P) = N_U(P) =: N(P)$. Also $s_p(U) = |U:N(P)|$. Soweit haben wir $|G:N(P)| \equiv |U:N(P)| \equiv 1 \pmod p$. Aus $|G:N(P)| = |G:U|\,|U:N(P)|$ ersehen wir nun (Übergang zu den Restklassen modulo p) $|G:U| \equiv 1 \pmod p$.

118. p-Sylow-Gruppen existieren für $p=2$ und $p=3$; die Ordnung ist 2^2 bzw. 3 . Es gibt vier 3-Gruppen $\langle c\rangle$, $\langle c^2a\rangle$, $\langle c^2b\rangle$, $\langle cab\rangle$ und eine 2-Sylow-Gruppe $\langle a,b\rangle$.

119. $G = \{E,A,A^2,A^3,B,B^2,AB,A^2B,A^3B,AB^2,A^2B^2,A^3B^2\}$ mit $BA = AB^2$, $A^4 = E$, $B^3 = E$. $s_3 = 1$ und $s_2 = 3$.

120. Wegen $12 = 2^2{\cdot}3$ gibt es nur 2- bzw. 3-Sylow-Gruppen in G . $s_2 = 1 + 2k$ $(k \in \mathbf{N})$ und $s_2 | 12$ (nach 2.2.8) , d.h. $s_2 = 1$ oder $s_2 = 3$. Ebenso $s_3 = 1$ oder $s_3 = 4$.

Nun sei $s_3 = 4$, dann hat G vier verschiedene zyklische Untergruppen der Ordnung 3 , diese liefern bereits $1 + 4\cdot 2 = 9$ Elemente von G . Dann ist nur noch Platz für eine Gruppe der Ordnung 4 , d.h. $s_2 = 1$.

Im Falle $s_2 = s_3 = 1$ gibt es nur eine 2-Sylow-Gruppe U und eine 3-Sylow-Gruppe V , beides Normalteiler von G mit $U \cap V = \{e\}$. $|UV| = |U|\,|V|/|U \cap V| = |U|\,|V| = 12$ haben wir $G = UV \cong U \times V$. Da U und V wegen ihrer Ordnung abelsch sind, ist auch G abelsch.

121. $|G| = 8$: G ist p-Gruppe mit $p=2$. Ist G abelsch, so ist $G \cong \mathbf{Z}_8$, $G \cong \mathbf{Z}_4 \times \mathbf{Z}_2$ oder $G \cong \mathbf{Z}_2 \times \mathbf{Z}_2 \times \mathbf{Z}_2$. Ist G nicht-abelsch, so existiert (wegen Aufg. 17) wenigstens ein Element der Ordnung 4 , dies sei a ; $\langle a\rangle$ ist Normalteiler in G und es gibt die disjunkte Zerlegung $G = \{e,a,a^2,a^3\} \cup \{b,ab,a^2b,a^3b\}$ (mit $b \notin \langle a\rangle$), sowie $ba = a^3b$ ($ba = a^2b \Rightarrow b = a^2ba^3 = a^2ba \Rightarrow a^2 = e$).

Dies liefert $(ab)^2 = (a^2b)^2 = (a^3b)^2 = b^2$. Ist ord $b = 2$, so ist $G = D_4$, ist ord $b = 4$, so ist G isomorph zur Quaternionengruppe (vgl. Aufg. 12 und Aufg. 24) .

<u>$|G| = 12$:</u> Ist G abelsch, so gilt $G \cong \mathbf{Z}_4 \times \mathbf{Z}_3$ oder $G \cong \mathbf{Z}_2 \times \mathbf{Z}_2 \times \mathbf{Z}_3$. Ist G nicht-abelsch, so kommen (wegen Aufg. 120) für die Anzahlen der Sylow-Gruppen nur zwei Möglichkeiten in Frage: $s_2 = 1$ und $s_3 = 4$ bzw. $s_2 = 3$ und $s_3 = 1$.

Ist $s_2 = 1$, so ist die 2-Sylow-Gruppe nicht zyklisch (man betrachte wieder eine Nebenklassenzerlegung) und G ist isomorph zur Tetraedergruppe A_4 aus Aufg. 24 (vgl. Aufg. 118) .

Ist $s_3 = 1$, so sind die 2-Sylow-Gruppen entweder alle zyklisch, d.h. G ist isomorph zur Gruppe von Aufg. 119 oder die 2-Sylow-Gruppen sind alle isomorph zu V_4 und G ist isomorph zur Diedergruppe D_6 .

<u>$|G| = 21$:</u> $21 = 3 \cdot 7$, also hat G genau eine zyklische 7-Sylow-Gruppe $U = \langle a \rangle$ der Ordnung 7 , die damit Normalteiler ist. s_3 ist entweder 1 oder 7 .

Ist $s_3 = 1$, so ist die 3-Sylow-Gruppe auch Normalteiler von G und es gilt $G \cong \mathbf{Z}_3 \times \mathbf{Z}_7 \cong \mathbf{Z}_{21}$ (vgl. Aufg. 120) .

Ist $s_3 = 7$, so ist ord $b = 3$ für $b \notin U$. U ist Normalteiler von G , also ist $ba = a^k b$ mit $1 \le k \le 6$ und aus $(ab)^3 = e$ folgt $k^2 + k + 1 \equiv 0 \pmod p$, d.h. $k = 2$ oder $k = 4$. Wegen $b^2 a = a^{k^2} b^2$ sind die beiden möglichen Gruppen in diesem Fall isomorph ($a \longmapsto \bar{a}$, $b \longmapsto \bar{b}^2$ liefert den Isomorphismus).
Die nicht-abelsche Gruppe der Ordnung 21 lautet also

$$G = \{e, a, \ldots, a^6, ab, \ldots, a^6 b, ab^2, \ldots, a^6 b^2\} \ , \ a^7 = b^3 = e \ , \ ba = a^2 b \, .$$

Bemerkung (vgl. 2.2.d) : *Ist* $|G| = pq$, $p < q$, p,q *prim* , $q \equiv 1 \pmod p$, *so ist*

$$G \cong \mathbf{Z}_{pq} \quad \text{oder} \quad G = \langle a,b \rangle \ \text{mit} \ a^q = b^p = e \ , \ ba = a^k b \ , \ k^p \equiv 1 \pmod q.$$

<u>$|G| = p^3$, p prim , $p > 2$:</u> Bis auf Isomorphie gibt es 5 verschiedene Möglichkeiten ; ist G abelsch, so gilt $G \cong \mathbf{Z}_{p^3}$, $G \cong \mathbf{Z}_{p^2} \times \mathbf{Z}_p$ oder $G \cong \mathbf{Z}_p \times \mathbf{Z}_p \times \mathbf{Z}_p$. Ist G nicht-abelsch, so existiert in G ein Normalteiler N der Ordnung p^2 (2.2.13) ; für diesen gilt (2.2.12) : (i) $N = \langle a \rangle$, $a^{p^2} = e$ oder (ii) $N = \langle a,b \rangle$, $a^p = b^p = e$, $ab = ba$.

Fall (i) : Ist $d \in G\setminus N$, so ist $d^{-1}ad = a^k$, $1 \le k < p^2$. Weil $|G/N| = p$, ist $d^p \in N$; also gilt $a = d^{-p}ad^p = a^{k^p}$, d.h. $k^p \equiv 1 \pmod{p^2}$, bzw. $k = np+1$, $n=1,\dots,p-1$. Weiterhin gilt $(a^jd)^p = a^{cj}d^p$ mit $c = 1 + k + \dots + k^{p-1}$. Falls $p > 2$ ist für obige k stets $c \equiv p \pmod{p^2}$ und es existieren i , so daß $\operatorname{ord}(a^id) = p$. Mit $c = a^id$ ist dann

$$G = \langle a,c\rangle \ , \ a^{p^2} = e = c^p \ \text{ und } \ ac = ca^k \ \text{ mit } \ k \equiv 1 \pmod{p}.$$

Im Falle (ii) sei mit Aufg. 105 o.E. $a \in Z(G)$, d.h. $ac = ca$. Ist $c^{-1}bc = a^jb^k$, $1 \le j,k \le p$, so folgt $b = c^{-p}bc^p = a^{j(1+k+\dots+k^{p-1})}b^{k^p}$, d.h. $k = 1$ und j beliebig; insbesondere also

$$G = \langle a,b,c\rangle \ , \ a^p = b^p = c^p = e \ , \ ab = ba \ , \ ac = ca \ , \ bc = cab \ .$$

122. a) $40 = 2^3 \cdot 5$. $s_5 \equiv 1 \pmod 5$ und $s_5 | 40$ (2.2.8) geht nur für $s_5 = 1$, also ist die 5-Sylow-Gruppe ein echter Normalteiler.

b) $48 = 2^4 \cdot 3$. G hat nach Sylow eine Untergruppe H mit $|G:H| = 3$. Es ist $|G|$ kein Teiler von $|G:H|!$, also G nicht einfach (nach Aufg. 93) .

c) $56 = 2^3 \cdot 7$. $s_7 = 1$ oder $s_7 = 8$. Verschiedene 7-Sylow-Gruppen haben trivialen Durchschnitt (da zyklisch von Primzahlordnung), also liefern im Fall $s_7 = 8$ die 7-Gruppen bereits $1 + 6\cdot 8 = 49$ Elemente und es bleibt nur noch Platz für eine Gruppe mit 8 Elementen; d.h. $s_2 = 1$ bzw. die 2-Sylow-Gruppe ist Normalteiler. Andernfalls ($s_7 = 1$) ist die 7-Gruppe bereits Normalteiler.

123. a) Mit Sylow hat G eine Untergruppe U mit $|G:U| = m$. Wegen $p > m$ ist p kein Teiler von $m!$, also $|G| \nmid |G:U|!$. Wieder liefert Aufg. 93 das Gewünschte.

b) $p > q$ nach Aufg. 123. $p = q$ nach 2.2.13 . Sei also $p < q$. Nach Sylow ist $s_q \equiv 1 \pmod q$ und $s_q | p^2$ (da $s_q \,|\, |G|$ und $(p,q) = 1$). Falls $s_q = 1$, dann ist die q-Sylow-Gruppe Normalteiler. $s_q = 1 + kq = p$ gibt $q < p$, also einen Widerspruch. $s_q = 1 + kq = p^2$ gibt $kq = (p+1)(p-1)$, also $q|p+1$ ($q|p-1$ führt wieder auf $q < p$). Das geht für Primzahlen p,q nur für $p = 2$ und $q = 3$; d.h. $|G| = 12$. Die Gruppen der Ordnung 12 sind nach Aufg. 121 ebenfalls nicht einfach.

124. Man zerlege $|G| = n < 60$ in Primfaktoren. Alle Gruppen mit $|G| = p$, p^k, pq (p,q Primzahlen) sind abelsch oder nicht einfach (2.2.13 und 2.2.d). Die Fälle $|G| = p^k m$ mit $p > m$ oder $|G| = p^2 q$ sind in Aufg. 123 und Aufg. 124 behandelt. Die Fälle $|G| = 40$, 48 und 56 in Aufg. 122. Es bleiben also noch drei Fälle offen: $|G| = 24, 30, 36$.

Für $|G| = 24$ (analog 36) hat G nach Sylow eine Untergruppe H mit $|G:H| = 3$ (bzw. $= 4$) und $24 \nmid 3!$ (bzw. $36 \nmid 4!$), d.h. mit Aufg. 93 ist G nicht einfach.

$|G| = 30$ behandeln wir ähnlich: $30 = 2 \cdot 3 \cdot 5$, $s_5 \in \{1,6\}$, $s_3 \in \{1,10\}$. Im Falle $s_5 = 6$ und $s_3 = 10$ hat G $6 \cdot 4 = 24$ verschiedene Elemente der Ordnung 5 und $10 \cdot 2 = 20$ verschiedene Elemente der Ordnung 2. Das gibt bereits 44 Elemente; das ist ein Widerspruch. Also $s_5 = 1$ oder $s_3 = 1$.

Damit hat jede nicht-abelsche Gruppe der Ordnung 60 einen nichttrivialen Normalteiler. Zur Ordnung 60 ist die alternierende Gruppe A_5 einfach (2.4.16).

125. a) Nach Sylow ist $s_5 \in \{1,6,11,\ldots\}$ und $s_5 | 12$. Nach Voraussetzung $s_5 \neq 1$, also $s_5 = 6$. Die 5-Sylow-Gruppen sind zyklisch, sie haben somit trivialen Durchschnitt und liefern insgesamt $6 \cdot (5-1) = 24$ verschiedene Elemente der Ordnung 5. Ebenso gilt $s_3 \in \{1,4,7,10,13,16,19,\ldots\}$, $s_3 | 20$ und $s_3 \neq 1$; also $s_3 \in \{4,10\}$. Im Falle $s_3 = 4 = |G:N(P)|$ (mit einer 3-Sylow-Gruppe P, vgl. 2.2.7 und 2.1.9) ist wegen $|G| \nmid 4!$ die Gruppe nicht einfach (Aufg. 93). Somit gibt es 10 3-Sylow-Gruppen mit insgesamt $10 \cdot (3-1) = 20$ verschiedenen Elementen der Ordnung 3. Analog wie für s_3 finden wir $s_2 \in \{5,15\}$.

b) Im Falle $s_2 = 5$ haben wir sofort wegen $s_2 = |G:N(P)|$ (mit einer 2-Sylow-Gruppe P) eine Untergruppe vom Index 5. Falls jedoch $s_2 = 15$, dann gibt es 2-Sylow-Gruppen P, P' mit $U := P \cap P' \neq \{e\}$ (sonst hätte G mehr als $1 + 24 + 20 + 15 \cdot (4-1) = 90$ Elemente). Es ist U Normalteiler in P und in P' (P, P' sind abelsch) also auch Normalteiler in $H := \langle P,P' \rangle$. Wegen $U \neq \{e\}$ ist $H \neq G$ (da sonst U echter Normalteiler in G). Die Anzahl $s_2(H) = |H:N_H(P)|$ der 2-Sylow-Gruppen von H ist ungerade (2.2.8) und ≥ 2 (P, P' sind Sylow-Gruppen in H). Es folgt

$$|H| = |H:N_H(P)|\,|N_H(P)| \geq s_2(H)\,|P| \geq 3 \cdot 4 = 12$$

bzw. $$|G:H| \le \frac{60}{15} = 5 \ .$$

Da G einfach ist, kann $|G:H| < 5$ nicht vorkommen (Aufg.93), somit $|G:H| = 5$.

Bemerkung: *Mit diesem Ergebnis ist es leicht zu zeigen, daß A_4 die einzige einfache Gruppe der Ordnung 60 ist (vgl. Aufg. 154) .*

126. O.E. sei $|G| > 1$. Bezeichnet $d(a)$ die Drehachse und $\sphericalangle(a)$ den Drehwinkel einer Drehung a , so gilt $(a,b \in SO_3(\mathbf{R}))$:

(1) $\sphericalangle(a) = \dfrac{2\pi}{\text{ord } a}$, falls ord a endlich ,

(2) $a = b \;\Leftrightarrow\; d(a) = d(b)$ und $\sphericalangle(a) = \sphericalangle(b)$

(3) $d(a^n) = d(a)$, $n = 1,2,\dots$,

(4) $\sphericalangle(a^n) = \sphericalangle(a)\cdot n$, $n = 1,2,\dots$,

(5) $ab = ba \;\Leftrightarrow\; d(a) = d(b)$, falls $a \ne e,\ b \ne e$,

(6) $\sphericalangle(bab^{-1}) = \pm\sphericalangle(a)$.

(Dies zeigt man über die zugehörigen orthogonalen Matrizen; z.B. gilt (6) , weil BAB^{-1} und A stets gleiche Eigenwerte besitzen.)

a) Sei $a,b \in SO_3(\mathbf{R})$ mit $a^n = b^m$, $n < \text{ord } a$, $m < \text{ord } b$, so ist wegen (2),(3) $d(a) = d(b)$. Ist ord $a \mid$ ord b oder ord $b \mid$ ord a , so ist wegen (1),(2),(4) $b \in \langle a\rangle$, bzw. $a \in \langle b\rangle$; andernfalls gibt es wegen (5) $j,k \in \mathbf{Z}$, so daß $\text{ord}(a^j b^k) = \text{kgV}(\text{ord } a, \text{ord } b) > \text{Max}\{\text{ord } a, \text{ord } b\}$ und mit (1),(2),(4) ist $\langle a\rangle,\langle b\rangle \subseteq \langle a^j b^k\rangle$. Beide Fälle sind unmöglich, falls $\langle a\rangle \ne \langle b\rangle$ und $\langle a\rangle,\langle b\rangle$ maximal in Φ sind.
(Ein maximales Element in Φ besteht also aus allen Drehungen um eine Achse, die in G existieren.)

b) Sei $\langle a\rangle$ maximal in Φ . Ein $g \in G$ liegt in $N(\langle a\rangle)\setminus\langle a\rangle$, wenn $d(g) \ne d(a)$ ($\langle a\rangle$ maximal) und wenn $gag^{-1} = a^k$ für ein $k \in \mathbf{Z}$; d.h. $\sphericalangle(gag^{-1}) = k\sphericalangle(a)$. Mit (6) ist nur $k = \pm 1$ möglich. Der Fall $k = 1$, d.h. $ga = ag$, scheidet wegen (5) aus; d.h. $\langle a\rangle$ hat in $N(\langle a\rangle)$ höchstens eine Nebenklasse.

c) Mit a) liegt jedes $g \in G\setminus\{e\}$ in genau einer maximalen Gruppe $U \in \Phi$. Ist $V \subseteq G$ konjugiert zu $U \in \Phi$ so ist auch V maximal in Φ $(\Phi \ni V' \supsetneqq V = gUg^{-1} \Rightarrow U \subsetneqq g^{-1}V'g \in \Phi)$. Daher ist

$$|G| = 1 + \sum_{\substack{U\in\Phi \\ U \text{ max.}}} |U| \ .$$

Ist U_k , $k = 1,\dots,r$, ein Vertretersystem konjugierter maximaler

Elemente aus Φ mit $u_k = |U_k|$, so gilt (vgl. 2.1.8)

$$|G| = 1 + \sum_{k=1}^{r} (u_k-1)\ |G:N(U_k)|$$

$$= 1 + \sum_{k=1}^{r} (u_k-1) \frac{|G|}{|N(U_k)|}$$

$$= 1 + \sum_{k=1}^{r} (u_k-1) \frac{|G|}{|N(U_k):U_k|u_k} .$$

Das bedeutet

$$\frac{1}{|G|} = 1 - \sum_{k=1}^{r} \frac{u_k-1}{u_k} \cdot \frac{1}{|N(U_k):U_k|} .$$

Wegen $u_k > 1$, b) und $|G| < \infty$ ergibt sich

$$(*)\quad \left\{ \begin{array}{l} \sum_{k=1}^{r} \frac{u_k-1}{u_k} \cdot \frac{1}{|N(U_k):U_k|} < 1 , \\ \frac{u_k - 1}{u_k} \geq \frac{1}{2} , \quad \frac{1}{|N(U_k):U_k|} \geq \frac{1}{2} . \end{array} \right.$$

Also kann r höchstens 3 sein.

(*) besitzt nur endlich viele Lösungen $(u_k, r, |N(U_k):U_k|)$*. Zusammen mit 2.4.16 zeigt man über die möglichen Sylow-Gruppen von* G *:* G *ist entweder zyklisch, eine Diedergruppe* D_n *, eine Tetraedergruppe* $(\cong A_4)$ *, eine Oktaeder- bzw. Hexaedergruppe* $(\cong S_4)$ *oder eine Ikosaeder- bzw. Dodekaedergruppe* $(\cong A_5)$ *.*

127. Mit 2.3.3 gilt : $p(1) = 1$, $p(2) = 2$, $p(3) = 3$, $p(4) = 5$, $p(5) = 7$, $p(6) = 11$, $p(7) = 15$.

$16200 = 2^3 \cdot 5^2 \cdot 9^2$, also ist die gesuchte Anzahl $p(3)p(2)p(2) = 12$. Es gibt $p(3)p(3) = 9$ nicht-isomorphe abelsche Gruppen der Ordnung 1000 .

128. Es gilt $2g = 0$ für alle $g \in G$. Ist $\{g_1,\dots,g_r\}$ endliches Erzeugendensystem, dann hat $G = \{\ \Sigma_i\ k_i g_i\ ;\ k_i \in \{0,1\}\}$ nur 2^r Elemente. Das ist ein Widerspruch zu der Tatsache $|G| = \infty$.

129. Offensichtlich ist G_p Untergruppe. Nun seien $x,y \in G_{p'}$. Wegen $\operatorname{ord} x = \operatorname{ord} x^{-1}$ ist auch $x^{-1} \in G_{p'}$, ferner gilt auch $(\operatorname{ord} x\ \operatorname{ord} y\ ,\ p) = 1$. Wegen $(xy)^{\operatorname{ord} x \cdot \operatorname{ord} y} = 1$ ist $\operatorname{ord}(xy)$

als Teiler von ord x ord y ebenfalls zu p teilerfremd. Also ist auch $G_{p'}$ Untergruppe. Sei $|G| = p^k m$, $(p,m) = 1$. Da auch $(p^k,m) = 1$, gibt es $j,r \in \mathbf{Z}$ mit $1 = jp^k + rm$ und jedes $g \in G$ kann man in der Form $g = (g^{p^k})^j (g^m)^r$ schreiben. Wegen $(g^{p^k})^m = g^{|G|} = e$ ist ord g Teiler von m, also $g^{p^k} \in G_{p'}$; analog $g^m \in G_p$. Das zeigt $G = G_p G_{p'}$. Wegen $G_p \cap G_{p'} = \{e\}$ haben wir dann $G \cong G_p \times G_{p'}$ (vgl. 1.9.5).

130. Seien $p_1,\dots,p_s$ die verschiedenen Primfaktoren von $|G|$ und G vom Typ $(p_1^{\alpha_{11}},\dots,p_1^{\alpha_{1n_1}},\dots,p_s^{\alpha_{s1}},\dots,p_s^{\alpha_{sn_s}})$ mit $\alpha_{i1} \geq \alpha_{i2} \geq \dots \geq \alpha_{in_i}$, $i = 1,2,\dots,s$, dann hat

$$G \ni a = (a_{11},\dots,a_{1n},\dots,a_{s1},\dots,a_{sn_s}), \ a_{ij} \in \mathbf{Z}_{p_i^{\alpha_{ij}}}$$

genau dann maximale Ordnung, wenn die a_{i1} jeweils maximale Ordnung haben (also $\mathbf{Z}_{p_i^{\alpha_{ij}}}$ erzeugen) und die übrigen a_{ij} beliebig aus $\mathbf{Z}_{p_i^{\alpha_{ij}}}$ sind. Diese Menge ist ein Erzeugendensystem von G.

131. Wir zerlegen G nach

$$G \cong \mathbf{Z}_{p_1^{\alpha_{11}}} \times \dots \times \mathbf{Z}_{p_1^{\alpha_{1n_1}}} \times \dots \times \mathbf{Z}_{p_s^{\alpha_{s1}}} \times \dots \times \mathbf{Z}_{p_s^{\alpha_{sn_s}}}$$

mit $\alpha_{i1} \geq \alpha_{i2} \geq \dots \geq \alpha_{in_i}$ und o.E. $n_1 = n_2 = \dots = n_s = n$

(was wir durch Einfügen von $\{e\} = \mathbf{Z}_{p^0}$ erreichen).

Wir fassen die Gruppen mit höchsten vorkommenden Exponenten zusammen:

$$G_n = \mathbf{Z}_{p_1^{\alpha_{11}}} \times \mathbf{Z}_{p_2^{\alpha_{21}}} \times \dots \times \mathbf{Z}_{p_s^{\alpha_{s1}}}.$$

Nach 1.9.11' ist G_n zyklisch der Ordnung $d_n = p_1^{\alpha_{11}} \dots p_s^{\alpha_{s1}}$.

Dann kommen die nächst niedrigen Potenzen

$$G_{n-1} = \mathbf{Z}_{p_1^{\alpha_{12}}} \times \mathbf{Z}_{p_2^{\alpha_{22}}} \times \dots \times \mathbf{Z}_{p_s^{\alpha_{s2}}}$$

mit

$$|G_{n-1}| = d_{n-1} = p_1^{\alpha_{12}} \dots p_s^{\alpha_{s2}} \quad , \text{ etc.}$$

Wir finden

$$G \cong G_1 \times \dots \times G_n \cong \mathbf{Z}_{d_1} \times \dots \times \mathbf{Z}_{d_n}$$

mit $d_1 | d_2 | d_3 | \dots d_{n-1} | d_n$.

132. Die Primfaktorisierungen von m und n seien (mit $p_i \neq p_j$ für $i \neq j$)

$$m = p_1^{\alpha_1} \dots p_r^{\alpha_r} \quad \text{und} \quad n = p_1^{\beta_1} \dots p_r^{\beta_r},$$

wobei durchaus $\alpha_i = 0$ oder $\beta_i = 0$ vorkommen kann.
Mit $\gamma_i := \mathrm{Min}\,\{\alpha_i, \beta_i\}$ und $\delta_i := \mathrm{Max}\,\{\alpha_i, \beta_i\}$, $i = 1, \dots, r$, ist

$$d = p_1^{\gamma_1} \dots p_r^{\gamma_r} \quad \text{und} \quad v = p_1^{\delta_1} \dots p_r^{\delta_r}.$$

Mit 1.9.11 folgt

$$\begin{aligned} \mathbf{Z}_m \times \mathbf{Z}_n &\cong \mathbf{Z}_{p_1^{\alpha_1}} \times \dots \times \mathbf{Z}_{p_r^{\alpha_r}} \times \mathbf{Z}_{p_1^{\beta_1}} \times \dots \times \mathbf{Z}_{p_r^{\beta_r}} \\ &\cong \mathbf{Z}_{p_1^{\gamma_1}} \times \dots \times \mathbf{Z}_{p_r^{\gamma_r}} \times \mathbf{Z}_{p_1^{\delta_1}} \times \dots \times \mathbf{Z}_{p_r^{\delta_r}} \\ &\cong \mathbf{Z}_d \times \mathbf{Z}_v \ . \end{aligned}$$

133. a) Aus $x^{-m} y x^m = y$ folgt $x^m y = y x^m$. Damit gilt

$$(y^{-1} x y)^m = y^{-1} x^m y = y^{-1} y x^m = x^m \ .$$

Mit der angegebenen Voraussetzung ist also $y^{-1} x y = x$, d.h. $y = x^{-1} y x$.

b) Hat der Automorphismus $x \longmapsto y^{-1} x y$, $x, y \in G$, eine endliche Ordnung, so gilt $y^{-m} x y^m = x$ und mit a) $yx = xy$, d.h. G ist abelsch. Da aus $x^n = e$ stets $x = e$ folgt, ist (falls G endlich erzeugt)

$$G \cong \bigoplus_{i=1}^{n} \mathbf{Z} \ .$$

Da bereits $\mathbf{Z} \oplus \mathbf{Z}$ Automorphismen unendlicher Ordnung besitzt (z.B. $\varphi : (m,n) \longmapsto (m+n, n)$, $m, n \in \mathbf{Z}$) bleibt nur die Möglichkeit

$$G \cong \mathbf{Z} \ .$$

D. DIE SYMMETRISCHE GRUPPE

134. - **137.** Mit 2.4.3 . Man beachte, daß gemäß der Komposition von Abbildungen bei der Auswertung eines Produktes mit dem rechten Faktor begonnen wird (vgl. 2.4.8) .

138. Wir schreiben abkürzend:

$e = (1)$; $V_1 = (1,2)(3,4)$; $V_2 = (1,3)(2,4)$; $V_3 = (1,4)(2,3)$;
$A = (2,3,4)$; $B = (2,4,3)$; $C = (1,2,3)$; $D = (1,2,4)$;
$E = (1,3,2)$; $F = (1,3,4)$; $G = (1,4,2)$; $H = (1,4,3)$;
$a = (3,4)$; $b = (2,3)$; $c = (2,4)$; $d = (1,2)$;
$f = (1,3)$; $g = (1,4)$; $h = (1,2,3,4)$; $i = (1,2,4,3)$;
$k = (1,3,4,2)$; $l = (1,3,2,4)$; $m = (1,4,2,3)$; $n = (1,4,2,3)$.

Dann lautet die <u>Verknüpfungstafel von S_4</u>:

e	V_1	V_2	V_3	A	B	C	D	E	F	G	H	a	b	c	d	f	g	h	i	k	l	m	n
V_1	e	V_3	V_2	D	C	B	A	H	G	F	E	d	i	h	a	m	k	c	b	g	n	f	l
V_2	V_3	e	V_1	E	F	G	H	A	B	C	D	l	k	f	n	c	i	m	g	b	a	h	d
V_3	V_2	V_1	e	H	G	F	E	D	C	B	A	n	g	m	l	h	b	f	k	i	d	c	a
A	E	H	D	B	e	V_2	F	G	V_3	V_1	C	b	c	a	k	n	h	l	f	m	g	d	i
B	G	C	F	e	A	H	V_3	V_1	D	E	V_2	c	a	b	m	i	l	g	n	d	h	k	f
C	F	B	G	V_1	D	E	V_2	e	A	H	V_3	h	d	i	f	b	n	k	l	a	c	g	m
D	H	E	A	C	V_1	V_3	G	F	V_2	e	B	i	h	d	g	l	c	n	m	f	k	a	b
E	A	D	H	F	V_2	e	B	C	V_1	V_3	G	k	f	l	b	d	m	a	c	h	i	n	g
F	C	G	B	V_2	E	D	V_1	V_3	H	A	e	f	l	k	h	g	a	i	d	n	m	b	c
G	B	F	C	V_3	H	A	e	V_2	E	D	V_1	m	n	g	c	k	d	b	a	l	f	i	h
H	D	A	E	G	V_3	V_1	C	B	e	V_2	F	g	m	n	i	a	f	d	h	c	b	l	k
a	d	n	l	c	b	i	h	m	g	k	f	e	B	A	V_1	H	F	D	C	G	V_3	E	V_2
b	k	i	g	a	c	f	l	d	h	m	n	A	e	B	E	C	V_3	F	V_2	V_1	D	G	H
c	m	f	h	b	a	n	g	k	l	d	i	B	A	e	G	V_2	D	V_3	H	E	F	V_1	C
d	a	l	n	h	i	b	c	f	k	g	m	V_1	C	D	e	E	G	A	B	F	V_2	H	V_3
f	h	c	m	k	l	d	i	b	a	n	g	F	E	V_2	C	e	H	V_1	D	A	B	V_3	G
g	i	k	b	n	m	h	d	l	f	c	a	H	V_3	G	D	F	e	C	V_1	V_2	E	B	A
h	f	m	c	i	d	l	k	g	n	a	b	C	D	V_1	F	V_3	A	V_2	E	H	G	e	B
i	g	b	k	d	h	m	n	a	c	f	l	D	V_1	C	H	B	V_2	G	V_3	e	A	F	E
k	b	g	i	l	f	c	a	n	m	h	d	E	V_2	F	A	G	V_1	B	e	V_3	H	C	D
l	n	d	a	f	k	g	m	h	i	b	c	V_2	F	E	V_3	D	B	H	G	C	V_1	A	e
m	c	h	f	g	n	a	b	i	d	l	k	G	H	V_3	B	V_1	E	e	A	D	C	V_2	F
n	l	a	d	m	g	k	f	c	b	i	h	V_3	G	H	V_2	A	C	E	F	B	e	D	V_1

Die Untergruppen lauten für

Ordnung 12 : $A_4 = \{e, V_1, V_2, V_3, A, B, C, D, E, F, G, H\}$,

Ordnung 8 : $\{e, V_1, V_2, V_3, a, d, l, n\}$, $\{e, V_1, V_2, V_3, c, f, h, m\}$, $\{e, V_1, V_2, V_3, b, g, i, k\}$; alle isomorph zu D_4 ,

Ordnung 6 : $\{e, a, b, c, A, B\}$, $\{e, b, d, f, C, E\}$, $\{e, c, d, g, D, G\}$, $\{e, a, f, g, F, H\}$, alle isomorph zu S_3 ,

Ordnung 4 : $\{e, V_1, V_2, V_3\}$, $\{e, a, d, V_1\}$, $\{e, c, f, V_2\}$, $\{e, g, b, V_3\}$, alle isomorph zu V_4 , $\{e, l, V_1, n\}$, $\{e, h, V_2, m\}$, $\{e, j, V_3, k\}$ alle isomorph zu $\mathbf{Z}_4$,

Ordnung 3 : $\{e, A, B\}$, $\{e, C, E\}$, $\{e, D, G\}$, $\{e, F, H\}$

Ordnung 2 : $\{e, V_1\}$, $\{e, V_2\}$, $\{e, V_3\}$, $\{e, a\}$, $\{e, b\}$, $\{e, c\}$, $\{e, d\}$, $\{e, f\}$, $\{e, g\}$.

Normalteiler sind nur A_4 und $\{e, V_1, V_2, V_3\} = Z(S_4)$. Die 2-Sylow-Gruppen sind die 3 Untergruppen der Ordnung 8 , die 3-Sylow-Gruppen sind die 4 Untergruppen der Ordnung 3 .

139. $S_5 = 2^3 \cdot 3 \cdot 5$, also gibt es 2-Sylows, 3-Sylows und 5-Sylows P der Ordnung 2^3 , 3 , 5 . Die Anzahlen bestimmen sich durch den 3. Sylow-Satz; d.h. $s_5 = 1$ oder $s_5 = 6$. Da wir leicht mehr als 4 verschiedene Elemente der Ordnung 5 angeben können (nehme 5-Zyklen) , ist $s_5 = 6$.

$P_{5,1} = \langle(1,2,3,4,5)\rangle$; $P_{5,2} = \langle(1,2,3,5,4)\rangle$; $P_{5,3} = \langle(1,2,4,5,3)\rangle$;

$P_{5,4} = \langle(1,2,4,3,5)\rangle$; $P_{5,5} = \langle(1,2,5,3,4)\rangle$; $P_{5,6} = \langle(1,2,5,4,3)\rangle$.

$s_3 \in \{1,4,10\}$. Da es 20 verschiedene Elemente der Ordnung 3 gibt, in jeder 3-Sylow-Gruppe davon nur 2 liegen und verschiedene 3-Sylows trivialen Durchschnitt haben, gilt $s_3 = 10$. Man hat

$\langle(1,2,3)\rangle$; $\langle(1,2,4)\rangle$; $\langle(1,2,5)\rangle$; $\langle(1,3,4)\rangle$; $\langle(1,3,5)\rangle$;

$\langle(1,4,5)\rangle$; $\langle(2,3,4)\rangle$; $\langle(2,3,5)\rangle$; $\langle(2,4,5)\rangle$; $\langle(3,4,5)\rangle$.

$s_2 \in \{1,3,5,15\}$. Wir geben 15 2-Sylows (damit alle) an:

$\langle(1,3,2,4),(1,2)\rangle$; $\langle(1,4,2,5),(1,2)\rangle$; $\langle(1,3,2,5),(1,2)\rangle$;

$\langle(1,2,3,4),(1,3)\rangle$; $\langle(1,4,3,5),(1,3)\rangle$; $\langle(1,2,3,5),(1,3)\rangle$;

$\langle(1,2,4,3),(1,4)\rangle$; $\langle(1,3,4,5),(1,4)\rangle$; $\langle(1,2,4,5),(1,4)\rangle$;

<(1,2,5,3),(1,5)> ; <(1,2,5,4),(1,5)> ; <(1,3,5,4),(1,5)> ;

<(2,4,3,5),(2,3)> ; <(2,3,4,5),(2,4)> ; <(2,3,5,4),(2,5)> .

(sämtlich isomorph zu D_4.)

140. $\sigma = (i_1,\dots,i_r)$, $\mu = (j_1,\dots,j_r)$ seien r-Zykeln. Betrachte eine Permutation $\pi \in S_n$ mit $\pi(i_k) = j_k$, i=1,...,r (sonst beliebig), dann zeigt 2.4.3.g $\pi\sigma\pi^{-1} = \mu$.

141. a) Beh. ist aus $(1,i)(1,j)(1,i) = (i,j)$, $i \neq j$, und 2.4.4 , Korollar 2 ersichtlich.

b) $\tau = (1,2)$, $\sigma = (1,2,\dots,n)$ $\Rightarrow$ $\sigma^k\tau\sigma^{-k} = (\sigma^k(1),\sigma^k(2)) = (k+1,k+2)$. Für $i<j$ gilt $(i,j) \neq (i,i+1)(i+1,i+2)\dots(j-1,j)$. Also liegen alle (i,j) in $\langle\tau,\sigma\rangle$. Die Behauptung folgt wieder aus 2.4.4 , Korollar 2 .

c) Zu $g \in S_n$ schreibe $\pi^{-1}g\pi$ erzeugt von τ,σ (nach b)). Aus $\pi\tau\pi^{-1} = (\pi(1),\pi(2))$, $\pi\sigma\pi^{-1} = (\pi(1),\dots,\pi(n))$ sehen wir dann, wie $g = \pi(\pi^{-1}g\pi)\pi^{-1}$ von diesen Permutationen erzeugt wird.

142. Für $i \neq j$, $j \neq k$, $i \neq k$ gilt $(i,j,k) = (1,i,j)(1,j,k)$, ferner $(1,i,j) = (1,2,j)(1,2,i)(1,2,i)$. Aus 2.4.14 folgt die Behauptung.

143. $|G| = n$ und o.E. $n > 3$. Nach Cayley ist G isomorph einer Untergruppe von S_n . Die Behauptung folgt, wenn wir gezeigt haben, daß S_n isomorph ist zu einer Untergruppe der einfachen Gruppe A_{2n} (2.4.16).
Zu einem Zykel $i = (i_1,\dots,i_r) \in S_n$ setze $i' = (n+i_1,\dots,n+i_r) \in S_{2n}$. Offenbar ist $ii' \in A_{2n}$. Ein $\pi \in S_n$ zerlegen wir in elementfremde Zykeln $\pi = \pi_1\dots\pi_k$ und setzen

$$f : S_n \longrightarrow A_{2n} \quad \text{mit} \quad f(\pi) = \pi_1\pi_1' \dots \pi_k\pi_k' .$$

Da π_i , π_j' elementfremd sind, ist f ein injektiver Homomorphismus. Der Rest folgt aus dem Homomorphiesatz.

144. Sei $\{i,j,k,l,m\} = \{1,2,3,4,5\}$. Wir zerlegen $a \in S_n$, $a \neq (1)$, in disjunkte Zykeln.

Mit Aufg. 141.b) hat man sofort

zu $a = (i,j)$: $b = (i,j,k,l,m)$,

zu $a = (i,j,k,l,m)$: $b = (i,j)$,

zu $a = (i,j)(k,l,m)$: $b = (i,j,k,l,m)$, da $a^3 = (i,j)$.

Wegen Aufg. 141.a) wähle man

zu $a = (i,j,k,l)$: $b = (m,l)$, da $aba^{-1} = (m,i)$, $a^2ba^{-2} = (m,j)$, $a^3ba^{-3} = (m,k)$,

zu $a = (i,j)(k,l)$: $b = (i,k)(j,l,m)$,

zu $a = (i,j,k)$: $b = (i,l)(j,k,m)$.

Letzteres weil $b^3 = (i,l)$, $ab^3a^{-1} = (j,l)$, $a^2b^3a^{-2} = (k,l)$ und $b^2ab^3a^{-1}b^{-2} = (m,l)$.

145. Ist $S_4 = \langle a,b \rangle$ mit $a \in V_4$, so muß $b \in S_4 \setminus A_4$ sein, da $V_4 \subset A_4$. Nach Aufg. 138 ist $\langle a,b \rangle$ für $a \in V_4$ und $b \in S_4 \setminus A_4$ eine Untergruppe von S_4 der Ordnung 8 .

146.a) Sind $\sigma, \pi \in S_n$ konjugiert, dann sind sie offensichtlich (vgl. 2.4.3) vom gleichen Typ. Sind umgekehrt

$$\sigma = (i_1,\dots,i_r) \dots (j_1,\dots,j_k) \ , \ \pi = (i'_1,\dots,i'_r) \dots (j'_1,\dots,j'_k)$$

vom gleichen Typ (die 1-Zykeln sind mit angegeben), dann gilt $\{i_1,\dots,i_r, \dots ,j_1,\dots,j_k\} = \{1,2,\dots,n\}$, und mit

$$\mu := \begin{pmatrix} i_1 & \dots & i_r & \dots & j_1 & \dots & j_k \\ i'_1 & \dots & i'_r & \dots & j'_1 & \dots & j'_k \end{pmatrix}$$

folgt aus 2.4.3

$$\mu\sigma\mu^{-1} = \pi \ .$$

b) Nach a) gehört zu jeder Klasse konjugierter Elemente genau ein Typ. Es gibt also genau so viele verschiedene Klassen, wie es Typen gibt; davon gibt es aber (per Def.) genau so viele, wie es Partitionen von n gibt, nämlich p(n) .

n	1	2	3	4	5	6	7	8	9	10	11	12	13	14	15	16	17	18
p(n)	1	2	3	5	7	11	15	22	30	42	56	77	101	135	176	231	297	385

147. Wir wenden 2.4.3.d) an; o.E. sei $k < n$. Falls $(k,n) = 1$, so ist $(1,2,...,n)^k$ ein n-Zykel. Falls $(k,n) = d$, $k = dk'$, $n = dn'$ und $(k',n') = 1$, dann ist $[(1,2,...,n)^{k'}]^d$ d-te Potenz eines n-Zykels. Zunächst ist

$$(1,2,...,d,...,2d,...,n'd)^d = (1,d+1,...,(n'-1)d+1)...(d,2d,...,n'd)$$

als Produkt von d n'-Zykeln regulär. Da jeder beliebige n-Zykel zu $(1,2,...,n)$ konjugiert ist (Aufg. 146) und die konjugierten von regulären Permutationen offensichtlich regulär sind (2.4.3.g) , folgt die Behauptung. Gleichzeitig ist b) bewiesen.

c) Es gilt für s r-Zykeln (2.4.3.d):

$$(i_1,...,i_r)(j_1,...,j_r) \; ... \; (k_1,...,k_r) =$$

$$= (i_1,j_1,...,k_1,i_2,j_2,...,k_2, \; ... \; ,i_r,j_r,...,k_r)^s \; .$$

148. Zunächst $r = n$: Nach 2.4.3.a) dürfen wir im n-Zykel die Ziffern zyklisch vertauschen. Schreiben wir die 1 stets an die erste Stelle, so erhalten wir eine eindeutige Darstellung; d.h. der n-Zykel $(1,i_2,i_3,...,i_n)$ ist durch die Permutation i der Zahlen $2,3,...,n$ eindeutig bestimmt. Also gibt es $(n-1)!$ verschiedene n-Zykeln.

$r < n$: Es gibt $\binom{n}{k}$ verschiedene Teilmengen $\{i_1,...,i_k\}$ von $\{1,2,...,n\}$. Zu jeder dieser Teilmengen gibt es $(k-1)!$ verschiedene k-Zykeln, insgesamt also $\binom{n}{k}(k-1)!$ verschiedene k-Zykeln in S_n .

149.
$$U = \{\sigma \in S_n \; ; \; \sigma\pi = \pi\sigma\} = \{\sigma \in S_n \; ; \; \sigma\pi\sigma^{-1} = \pi\}$$

$$= \{\sigma \in S_n \; ; \; (\sigma(1),...,\sigma(n)) = (1,2,...,n)\} \; .$$

$\sigma \in U$ ist durch $\sigma(k) = 1$ festgelegt ; dann muß zwangsläufig $\sigma(k+1) = 2$, $\sigma(k+2) = 3$,... (zyklisch) gelten. Das zeigt $|U| = n$. Wegen $\langle\pi\rangle \subseteq U$ mit $|\langle\pi\rangle| = \text{ord}\,\pi = n$ folgt $\langle\pi\rangle = U$.

150. a) Kennzeichnet man die Leerstelle mit der Zahl 16 , so gilt: *1.* Ein Zug im Puzzle ist stets eine Transposition $(16,i)$ in S_{16} , dabei muß das Plättchen i (in der augenblicklichen Stellung) an die Leerstelle grenzen. (Das sind je nach Lage 2 , 3 oder 4 mögliche Züge.

2. Die Leerstelle kann (reversibel) in jede Position gebracht werden.

3. Für den Übergang von (a) nach (b) ist stets eine gerade Anzahl von Zügen nötig; d.h. die Menge Π der möglichen Permutationen π in Stellung (b) ist Teilmenge von A_{15}, da wegen Aufg. 26

$$A_{15} \cong A_{16} \cap \{\sigma \in S_{16} \; ; \; \sigma(16) = 16\} \, .$$

b) Bringt man die Leerstelle in (a) auf Platz i, $i \in \{6,7,8,10,11,12,14,15,16\}$, führt die folgenden vier Züge aus

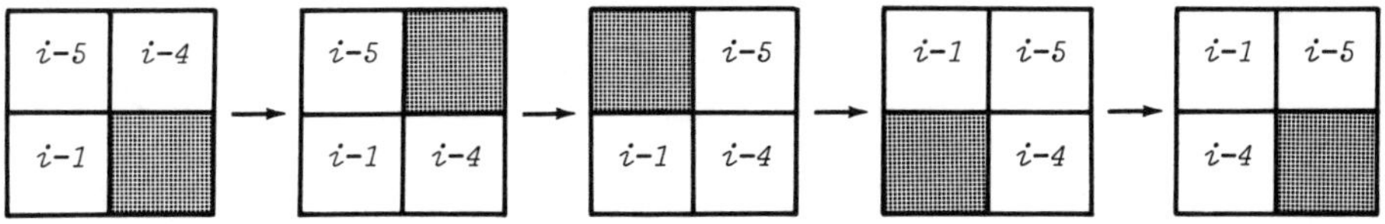

und bringt die Leerstelle auf dem ursprünglichen Weg wieder auf Platz 16 zurück, so entsteht eine Konfiguration (b) mit $\pi = (i-1,i-4,i-5)$. D.h. Π enthält die 3-Zykeln $(1,2,5)$, $(2,3,6)$, $(3,4,7)$, $(5,6,9)$, $(6,7,10)$, $(7,8,11)$, $(9,10,13)$, $(10,11,14)$, $(11,12,15)$ und ihre Inversen.

Wendet man auf eine Konfiguration (b) mit π_1 als Permutation erneut eine Folge von Zügen an, die aus (a) ein (b) mit π_2 erzeugen, so gehört zur resultierenden Stellung (b) die Permutation $\pi = \pi_1\pi_2$. (Man beachte die Reihenfolge der Faktoren!)

Vermöge der Beziehungen

$$(1,2,\,j\,) = (j-1,j,j+3)(1,2,j-1)(j-1,j,j+3)^{-1} \, ,$$
$$(1,2,j+3) = (j-1,j,j+3)(1,2,\,j\,)(j-1,j,j+3)^{-1} \, ,$$
$$(1,2,\,3\,) = (3,4,7)(1,2,7)(3,4,7)^{-1} \, , \; j=4,5,\ldots,12 \, ,$$

läßt sich daher jeder 3-Zykel $(1,2,j)$, $j=3,4,\ldots,15$, in Π darstellen. Mit Aufg. 142 ist also $A_{15} \subseteq \Pi$; mit a) schließlich $A_{15} = \Pi$.

(*Zum Größenvergleich:* $|A_{15}|$ = *65 383 718 400 ; die Anzahl der möglichen Tips im wöchentlichen Lotto " 6 aus 49 " ist dagegen "nur" 13 983 816 .*)

151. Sei $\alpha \in \mathrm{Aut}\, S_n$. Wegen 2.4.4, Korollar 2 brauchen wir nur die Bilder der Transpositionen zu ermitteln. Wir zeigen zunächst, daß alle Bilder von Transpositionen (a,b) , a fest , $a \neq b$, ein gemeinsames Element a' enthalten.

Seien a,b,c paarweise verschieden. Nach Voraussetzung gilt $(a,b) \longmapsto (a',b')$, $(a,c) \longmapsto (u,v)$. Nun können a',b',u,v nicht vier verschiedene Elemente aus $\{1,2,\dots,n\}$ sein, da sonst

$$2 = \mathrm{ord}\,(a',b')(u,v) = \mathrm{ord}\,\alpha((a,b)(a,c)) = \mathrm{ord}\,\alpha((b,a,c)) = 3 .$$

Je zwei Bilder von Transpositionen, die a enthalten, haben also ein Element gemeinsam. Es ist noch denkbar, daß für vier verschiedene Zahlen a,b,c,d gilt:

$$(a,b) \longmapsto (a',b') \quad , \quad (a,c) \longmapsto (a',c') \quad , \quad (a,d) \longmapsto (c',b') .$$

In diesem Fall hätte man

$$2 = \mathrm{ord}\,(b',a') = \mathrm{ord}\,(a',b')(b',c')(a',c') = \mathrm{ord}\,\alpha((a,b)(a,d)(a,c)) =$$
$$= \mathrm{ord}\,(a,c,d,b) = 4 \quad .$$

Die Abbildung $\pi : a \longmapsto a'$ ist injektiv; denn $a' = b'$ bedeutet $\alpha((a,b)) = (a',b') = (1)$, somit $(a,b) = (1)$ bzw. $a = b$. Als injektive Abbildung einer endlichen Menge in sich ist π auch bijektiv; d.h. $\pi \in S_n$. Wir haben

$$\alpha((a,b)) = (\pi(a),\pi(b)) = \pi(a,b)\pi^{-1}$$

nachgewiesen, somit ist α ein innerer Automorphismus von S_n .

152.a) Wir stellen π als Produkt elementfremder Zykeln dar und ersehen aus 2.4.3 , daß π genau dann die Ordnung 2 hat, wenn in dieser Darstellung nur Transpositionen vorkommen.

b) Sei $\pi = \pi_1 \dots \pi_k$ Produkt von k elementfremden Transpositionen, dann besteht die Klasse der zu π konjugierten Elemente genau aus den Permutationen, die ebenfalls Produkt von k elementfremden Transpositionen sind (Sonderfall von Aufg. 146.)

Diese Klasse werde mit C_k bezeichnet, dann gilt

$$(*) \qquad |C_k| = \frac{n(n-1)\dots(n-2k+2)(n-2k+1)}{k!\; 2^k} \quad .$$

c) $\alpha \in \mathrm{Aut}\, S_n$ bildet jedes C_k auf ein C_m ab, da Konjugiertsein invariant ist unter Automorphismen ; insbesondere ist $|C_k| = |C_m|$. Für $k = 1$ gilt demnach

$$(*) \qquad n(n-1) \ldots (n-2m+1) = n(n-1)2^{m-1}m! \ .$$

Im Fall $n = 2, 3$ gibt es nur $m = 1$, somit $\alpha : C_1 \longmapsto C_1$.
Sei $n \geq 4$: Aus (*) sehen wir, daß $m = 2$ nicht möglich ist, $m = 3$ nur für $n = 6$ (dieser Fall ist jedoch ausgeschlossen) und daß $m \geq 4$ wegen $n \geq 2m$ und $(n-2)\ldots(n-2m+1) \geq (2m-2)! > 2^{m-1}m!$ einen Widerspruch ergibt. Somit ist $\alpha : C_1 \longmapsto C_1$ und die Behauptung folgt aus Aufg. 151 .

d) Jeder äußere Automorphismus von S_6 bildet die 15 Transpositionen aus S_6 auf die 15 Permutationen vom Typ (2,2,2) ab und zwar bijektiv. Ein äußerer Automorphismus ist z.B.

$$(1,2) \longmapsto (1,2)(3,4)(5,6) \ , \quad (1,3) \longmapsto (1,3)(2,5)(4,6) \ ,$$
$$(1,4) \longmapsto (1,4)(2,6)(3,5) \ , \quad (1,5) \longmapsto (1,5)(2,4)(3,6) \ ,$$
$$(1,6) \longmapsto (1,6)(2,3)(4,5) \ .$$

153. Ein $f \in S(\mathbf{N})$ ist genau dann in G, wenn es sich als endliches Produkt von endlichen Zykeln darstellen läßt. Mit 2.4.3.g und Aufg. 141.a folgt damit a) und b) .

c) Ist $G = \langle f_1,\ldots,f_n\rangle$, so gibt es $M \in \mathbf{N}$, so daß $f(k) = k$ für alle $k > M$ und alle $f \in G$; d.h. $(1,M+1) \notin G$, das ist ein Widerspruch.

d) Zu $a = (1,2) \in G$ suche man ein $b \in S(\mathbf{N})$ (von unendlicher Ordnung), so daß $\{b^{-j}ab^j \ ; \ j \in \mathbf{Z}\} = \{(1,i) \ ; \ j = 2,3,\ldots\}$. Mit b) folgt dann sofort die Behauptung.
Ein solches b ist z.B.:

$$b(n) = \begin{cases} 1 & , \text{ falls } n = 1 \\ 3 & , \text{ falls } n = 2 \\ n-2 & , \text{ falls } n = 2k \ , \ k \geq 2 \\ n+2 & , \text{ falls } n = 2k+1 \ , \ k \geq 1 \ . \end{cases}$$

Dann ist $b^j(2) = 2j+1$ und $b^{-j}(2) = 2(j+1)$ für $j = 1,2,\ldots$.

154. Nach Aufg. 125.b gibt es in G stets eine Untergruppe U mit $|G:U| = 5$. Die Operation von G auf den Nebenklassen von U

$X = \{hU ; h \in G\}$, $g \cdot hU = (gh)U$, definiert einen Gruppenhomomorphismus $\rho : G \longrightarrow S(X) \cong S_5$ vermöge $\rho(g)(hU) = (gh)U$. G ist einfach, daher ist ρ injektiv, $|\rho(G)| = 60$ und $\rho(G)$ einfach. A_5 ist ein Normalteiler von S_5, also ist $\rho(G) \cap A_5$ (als Normalteiler von $\rho(G)$) entweder gleich $\{e\}$ oder gleich $\rho(G)$. Da $|A_5| = 60$ ist im zweiten Fall $\rho(G) = A_5$, d.h. $\rho : G \longrightarrow A_5$ ist ein Isomorphismus. Der erste Fall $\rho(G) \cap A_5 = \{e\}$ kann nicht vorkommen, da sonst $G \xrightarrow{\rho} S_5 \longrightarrow S_5/A_5$ ein Monomorphismus und $|G| \leq |S_5/A_5| = 2$ wäre.

E. Normalreihen, auflösbare Gruppen, freie Gruppen

155. $\mathbf{Z} \supset 15\mathbf{Z} \supset 60\mathbf{Z} \supset \{0\}$ verfeinert zu $\mathbf{Z} \supset 5\mathbf{Z} \supset 15\mathbf{Z} \supset 60\mathbf{Z} \supset \{0\}$
und $\mathbf{Z} \supset 12\mathbf{Z} \supset \{0\}$ verfeinert zu $\mathbf{Z} \supset 3\mathbf{Z} \supset 12\mathbf{Z} \supset 60\mathbf{Z} \supset \{0\}$
ergibt äquivalente Normalreihen mit den Faktoren

$$\mathbf{Z}_5 , \mathbf{Z}_3 , \mathbf{Z}_4 , \mathbf{Z} \quad \text{bzw} \quad \mathbf{Z}_3 , \mathbf{Z}_4 , \mathbf{Z}_5 , \mathbf{Z} .$$

156. a) Die vier verschiedenen Kompositionsreihen von $\mathbf{Z}_{24}$ mit den Faktoren $\mathbf{Z}_2$ und $\mathbf{Z}_3$ lauten:

$$\mathbf{Z}_{24} \supset \mathbf{Z}_{12} \supset \mathbf{Z}_6 \supset \mathbf{Z}_3 \supset E , \quad \mathbf{Z}_{24} \supset \mathbf{Z}_{12} \supset \mathbf{Z}_6 \supset \mathbf{Z}_2 \supset E ,$$

$$\mathbf{Z}_{24} \supset \mathbf{Z}_{12} \supset \mathbf{Z}_4 \supset \mathbf{Z}_2 \supset E , \quad \mathbf{Z}_{24} \supset \mathbf{Z}_8 \supset \mathbf{Z}_4 \supset \mathbf{Z}_2 \supset E .$$

b) $S_4 \supset A_4 \supset \mathbf{Z}_2 \times \mathbf{Z}_2 \supset \mathbf{Z}_2 \supset E$ ist eine Kompositionsreihe von S_4. Da die Untergruppen von S_4 der Ordnung 6 und 8 keine Normalteiler in S_4 und keine Untergruppen von A_4 sind, ist dies die einzige Kompositionsreihe von S_4.

157. a) $\mathbf{Z}_{p^k} \supset \mathbf{Z}_{p^{k-1}} \supset \dots \supset \mathbf{Z}_{p^2} \supset \mathbf{Z}_p \supset E$.

b)
$$\mathbf{Z}_n \cong \mathbf{Z}_{p_1^{\alpha_1}} \times \dots \times \mathbf{Z}_{p_r^{\alpha_r}} \supset \mathbf{Z}_{p_1^{\alpha-1}} \times \dots \times \mathbf{Z}_{p_r^{\alpha_r}} \supset \dots$$
$$\supset \mathbf{Z}_{p_1^1} \times \dots \times \mathbf{Z}_{p_r^{\alpha_r}} \supset E \times \mathbf{Z}_{p_2^{\alpha_2}} \times \dots \times \mathbf{Z}_{p_r^{\alpha_r}} \supset \dots$$
$$\supset E \times E \times \dots \times E \times \mathbf{Z}_{p_r^{\alpha_r}} \supset \dots \supset E \times \dots \times E \times \mathbf{Z}_{p_r} \supset \dots$$
$$\supset E \times E \times \dots \times E \times E .$$

c) Mit b) hat $\mathbf{Z}_n$ eine Kompositionsreihe. Jede Primfaktorisierung von n liefert gemäß b) eine Kompositionsreihe. Mit dem Satz von

Jordan und Hölder sind diese äquivalent, d.h. Anzahl und Wert der Primfaktoren von n sind gleich .

158. Ist $G = G_1 \supset \ldots \supset G_m = E$ eine Kompositionsreihe der abelschen Gruppe G , dann ist G_{m-1} eine einfache abelsche Gruppe, d.h. zyklisch von Primzahlordnung. Das selbe gilt für jedes G_i/G_{i+1} d.h. (vgl. 2.6.13)

$$|G| = |G_1:G_2| \ldots |G_{m-2}:G_{m-1}||G_{m-1}| < \infty .$$

159. Ist G einfach, so folgt die Behauptung aus dem Satz von Lagrange. Ist G nicht einfach, so sei G_{r+1} der erste Term einer Kompositionsreihe von G , der H nicht enthält. $\bar{H} = G_{r+1} \cap H$ ist Normalteiler in H und

$$|HG_{r+1}| = \frac{|H||G_{r+1}|}{|\bar{H}|} .$$

Da $HG_{r+1} \subseteq G_r$, ist

$$|H/\bar{H}| = \frac{|H|}{|\bar{H}|} = \frac{|HG_{r+1}|}{|G_{r+1}|}$$

ein Teiler von

$$|G_r/G_{r+1}| = \frac{|G|}{|G_{r+1}|} .$$

In einer Kompositionsreihe von H mit $H = H_1 \supset \ldots \supset H_s \supset \bar{H} \supset \ldots \supset E$, gilt dann mit Lagrange: $|H_i/H_{i+1}| \mid |H/\bar{H}|$ für $i = 1,\ldots,s-1$. Nun fahre man analog fort und wende die Schlußkette für H auf $\bar{H}$ an. Da $|\bar{H}| < |H|$ und $|G| < \infty$, endet der Beweis nach endlich vielen Schritten.

160. Mit den Definitionen schreibe man beide Seiten jeder Gleichung aus und vergleiche.

161. Nach Aufg. 121 gibt es nur zwei nicht-abelsche Gruppen der Ordnung 8 : D_4 (vgl. c)) und die Quaternionengruppe Q . Es gilt $K(Q) \cong \mathbf{Z}_2$.

b) Vgl. 2.6.4 und 2.6.5 . Es ist lediglich $K(A_4) = V_4$ zu zeigen.

c) $D_n = \{e,a,\ldots,a^{n-1},b,ab,\ldots,a^{n-1}b\}$ haben Kommutatoren die Gestalt

$$(a^m b)(a^k b)(a^m b)^{-1}(a^k b)^{-1} = a^{2(m-k)} ,$$

d.h. $K(D_n) = \{e\}$,für $n = 1,2$ und $K(D_n) = \langle a^2 \rangle$ für $n > 2$; $K_2(D_n) = \{e\}$.

162. Offensichtlich $e \in U$. Für $c,h \in K(G)$ folgt wegen $ab = [a,b]ba$ (per Def.)

$$cx^2hy^2 = c[x^2,h]hx^2y^2 = c[x^2,h]h[x,xy](xy)^2 = c'(xy)^2 \quad , c' \in K(G) ;$$

d.h. $UU \subseteq U$. Ferner gilt

$$(cx^2)^{-1} = x^{-2}c^{-1} = [x^{-2},c^{-1}]c^{-1}(x^{-1})^2 \in U .$$

Also ist U Untergruppe.

Für beliebiges $g \in G$ erhalten wir $g(cx^2)g^{-1} = gcg^{-1}(gxg^{-1})^2 \in U$ (weil $K(G)$ Normalteiler in G ist). Damit ist U als Normalteiler nachgewiesen.

In G/U hat jedes Element die Ordnung 2 ($Ug \cdot Ug = Ug^2 = U$) , daher ist, falls $1 < |G:U| < \infty$, die 2 ein Teiler von $|G|$.

163. Falls $|K(G)| = 2$, so ist G nicht-abelsch und $|G/Z(G)| > 1$. Sei $x,y \in G$; ist $[x,y] = e$, so gilt $x^2y = yx^2$. Falls $[x,y] \neq e$, so gilt (wegen $|K(G)| = 2$) $[y,x] = [x,y^{-1}] = [x,y]$ und $[x,[x,y]]=e$. (Aus $[x,[x,y]] = [x,y]$ würde $[x,y] = e$ folgen.)

Wegen $e = [x,[x,y]] = x[x,y]x^{-1}[x,y] = [x^2,y]$ gilt auch in diesem Fall $x^2y = yx^2$, d.h. $x^2 \in Z(G)$ für alle $x \in G$ bzw. in $G/Z(G)$ hat jedes Element die Ordnung ≤ 2 .

Nach Aufg. 17 ist G/Z abelsch und $|G/Z| = 2^n$ mit $n \in \mathbf{N}$. Somit ist $K(G)$ in Z enthalten (2.6.3) und

$$|G:K(G)| = |G:Z||Z:K(G)| = 2^n \, |Z:K(G)| \quad .$$

164. Jeder erweiterte Kommutator ist in $K(G)$, wie man sofort (mit Induktion) aus

$$[x_1,\ldots,x_n] = [x_1,(x_2\ldots x_n)][x_2,\ldots,x_n]$$

erkennt. Umgekehrt läßt sich jedes Element aus $K(G)$ als erweiterter Kommutator schreiben:

$$[x_1,y_1][x_2,y_2]\ldots[x_n,y_n] = [x_1,y_1,x_1^{-1}y_1^{-1},x_2,y_2,x_2^{-1}y_2^{-1},\ldots,x_n,y_n,x_n^{-1}y_n^{-1}].$$

165. $P(g)P(x) = P(x)P(g) \Leftrightarrow gxuxg = xgugx$ für alle $u \in G$ $\Leftrightarrow u[x,g] = [x^{-1},g^{-1}]u$ für alle $u \in G \Leftrightarrow [x,g] = [x^{-1},g^{-1}]$ $(u = e)$ und damit $[x,g] \in Z(G)$. Falls aber $[x,g] = [xgx^{-1}g^{-1}] \in Z(G)$, dann ist mit $[x,g] = [x^{-1},g^{-1}]^{xy}$ (vgl. Aufg. 160) auch $[x,g] = [x^{-1},g^{-1}]$ erfüllt. Das zeigt $U = \{x \in G ; [x,g] \in Z(G)\}$.

Offensichtlich ist $e \in U$ und mit $x \in U$ auch $x^{-1} \in U$. Für $x,y \in U$ folgt (aus Aufg. 160.a) $[xy,g] = [y,g]^x[x,g] = [y,g][x,g] \in Z(G)$, also $xy \in U$.

166. Offensichtlich $e \in G_i$ und mit $x \in G_i$ ist $x^{-1} \in G_i$. Für alle $u,v \in G$ und $n \in \mathbf{N}$ folgt mit einfacher Induktion

$$(uv)^n = cu^nv^n \quad \text{mit} \quad c = c(u,v,n) \in K(G) .$$

Sind also $u^i, v^i \in K(G)$, so zeigt diese Formel sofort $uv \in G_i$; also ist G_i Untergruppe. Für $a \in G_i$ ist $(gag^{-1})^i = ga^ig^{-1} \in K(G)$ für jedes $g \in G$ (weil $K(G)$ Normalteiler ist). Somit ist G_i Normalteiler.
Beispiel: $G_2(S_4) = S_4$; $G_3(S_4) = A_4$ (vgl. Aufg. 138) !

167. $(x,x) \in R$ für alle $x \in G$; denn $x = exe \in K(G)x$.
$(x,y) \in R \Rightarrow$ es gibt $a \in G$ und $c \in K(G)$ mit $axa = cy \Rightarrow$ $x = a^{-1}cya^{-1} = c_1a^{-1}ya^{-1} \Rightarrow a^{-1}ya^{-1} = c_1^{-1}x$ $(c_1 \in K(G))$ also $(y,x) \in R$.

$(x,y),(y,z) \in R$ bedeutet $\bar{a}\bar{x}\bar{a} = \bar{y}$, $\bar{b}\bar{y}\bar{b} = \bar{z}$ (in $G/K(G)$). Weil $G/K(G)$ abelsch ist, folgt $\overline{(ab)}\,\bar{x}\,\overline{ab} = \bar{b}\bar{a}\bar{x}\bar{a}\bar{b} = \bar{b}\bar{y}\bar{b} = \bar{z}$, d.h. $(ab)x(ab) \in K(G)z$ bzw. $(x,z) \in R$.

$[e] = \{ca^2 ; c \in K(G), a \in G\}$.

168. Aus $(xy)(xy)(xy) = e$ folgt $yxy = x^{-1}y^{-1}x^{-1}$ bzw. $x^{-1}yxy = x^{-2}y^{-1}x^2$ (mit $x^{-1} = x^2$). Die Voraussetzung $xy^{-1}(xy^{-1})xy^{-1} = e$ zeigt (anders geklammert) $xy^{-1}x = yx^{-1}y$.
Zusammen folgt

$$x^{-1}yxy = yx^{-1}yx \quad \text{oder} \quad yxyx^{-1} = xyx^{-1}y .$$

Also ist y vertauschbar mit xyx^{-1}, dann auch vertauschbar mit $xyx^{-1}y^{-1} = [x,y]$; d.h. $[[x,y],y] = e$.

169. a) - c) Nach Aufg. 121, Aufg. 123 und 2.2.d) haben die Gruppen einen Normalteiler N der Ordnung q. Es sind N auflösbar (trivial, da abelsch) und die p-Gruppe G/N auflösbar (2.6.14), damit ist auch g auflösbar (2.6.10).

d) $100 = 2^2 \cdot 5^2$. Für die Anzahl s_5 der 5-Sylows geht nur $s_5 = 1$ ($s_5 \equiv 1 \pmod 5$ und $s_5 | 100$). Es gibt also einen auflösbaren Normalteiler P (da 5-Gruppe) mit auflösbarer Faktorgruppe G/P ($|G/N| = 4$ somit G/P abelsch).

170. a) $g[U,V]g^{-1} = [gUg^{-1}, gVg^{-1}] = [U,V]$.

b) $[G,N] \subseteq N \Leftrightarrow [g,n] \in N$ für alle $g \in G$, $n \in N \Leftrightarrow$

$\Leftrightarrow gng^{-1} \in Nn = N$ für alle $g \in G$, $n \in N \Leftrightarrow N$ Normalteiler.

c) $[un, vn_1] = unvn_1n^{-1}u^{-1}n_1^{-1}v^{-1}n_1n_1^{-1}$. Wegen $gN = Ng$ (für alle $g \in G$), können wir v, v^{-1}, u^{-1} an den Elementen aus N "vorbeiziehen" (d.h. wir verwenden $nv \in vN$, etc.) und erhalten

$$[un, vn_1] = [u,v]n_2 \quad \text{mit} \quad n_2 \in N.$$

d) folgt aus Aufg. 160.d): Setzen wir in

$[[x,y],z] = [[z^{y^{-1}},x],y^x]^{-1}[[y,z^{y^{-1}}],x^{z^{y^{-1}}}]^{-1}$ $\quad x \in A$, $y \in B$, $z \in C$,

und beachten $x^g \in A$, $y^g \in B$, $z^g \in C$ (für alle $g \in G$), so erhalten wir

$$[[x,y],z] \in [[C,A],B][[B,C],A].$$

171. a) Mit Aufg. 170.a) durch Induktion nach n. $K^{n+1}(G) \subseteq K^n(G)$ folgt aus 170.b).

b) Induktion nach i: Es gilt $[G, K^j(G)] = K^{j+1}(G)$ und $[U,V] = [V,U]$; damit ist

$$[K^{i+1}(G), K^j(G)] = [[G,K^i],K^j]$$
$$\subseteq [[K^j,G],K^i][[K^i,K^j],G] \quad \text{(vgl. Aufgn. 160,170)}$$
$$\subseteq K^{j+i+2}\,K^{j+i+2} \subseteq K^{j+i+2} \quad \text{(Induktionsvorauss.)}.$$

c) Induktion nach n: Der Fall $n = 1$ ist trivial.

$$K_{n+1}(G) = [K_n(G), K_n(G)] \subseteq [K^{2^n-1}(G), K^{2^n-1}(G)] \subseteq K^{2^n-1+2^n-1+1}.$$

d) Sei $K^m(G) = \{e\}$. Wähle n mit $m \leq 2^n-1$, dann haben wir mit a) und c) :

$$K_n(G) \subseteq K^{2^n-1}(G) \subseteq K^m(G) = \{e\} .$$

Also ist G auflösbar (vgl. 2.6.7) .

172. Nach 2.6.5 gilt $[S_n,S_n] = A_n$. Wir brauchen nur noch $[S_n,A_n] = A_n$ nachweisen. Wegen $(i,j,k) = [(i,j),(i,j,k)]$ haben wir (nach 2.4.14) $A_n \subseteq [S_n,A_n]$, die andere Inklusion folgt aus Aufg. 169.b) .

173. Sei $|G| = p^n$. Induktion nach n : Der Fall $n = 1$ ist trivial. Da $Z(G) \neq \{e\}$ haben wir $|G/Z| = p^k$ mit $k < n$. Nach Induktionsvoraussetzung gibt es $m \in \mathbf{N}$ mit $K^m(G/Z) = \{\bar{e}\}$, bzw. $K^m(G) \subseteq Z$. Es folgt

$$K^{m+1}(G) = [G,K^m(G)] \subseteq [G,Z] = \{e\} .$$

174. Eine Richtung folgt sofort aus Aufg. 173 und $K^m(G \times H) = K^m(G) \times K^m(H)$.

Sei nun $K^m(G) = \{e\}$. Wir zeigen, daß G die Normalisatorbedingung erfolgt; der Rest folgt dann aus 2.2.17. Sei $U \subsetneqq G$ echte Untergruppe von G . In der Kette

$$K^o(G) \supseteq K^1(G) \supseteq \ldots \supseteq K^m(G) = \{e\}$$

wählen wir i so, daß $K^{i+1}(G) \subseteq U$ aber $K^i(G) \nsubseteq U$ (vgl. den Beweis von Aufg. 113). Wegen $[K^i(G),G] = K^{i+1}(G) \subseteq U$ haben wir insbesondere $[K^i(G),U] \subseteq U$, d.h. $K^i(G) \subseteq N(U)$. Also gilt $U \neq N(U)$.

175. Wir wenden die Bezeichnungen und Formeln aus Aufg. 160 an. Man sieht sofort

$$(1) \quad \begin{cases} [[x,y],y] = e \Leftrightarrow [[y,x],y] = e \\ [x,y]^y = [x,y] \Leftrightarrow [y^x,y] = e \quad \text{(für alle } x,y \in G) . \end{cases}$$

Ferner zeigt $e = [y^x,y]^v = [y^{xv},y^v]$, daß unsere Bedingung äquivalent ist mit $y^u y^v = y^v y^u$ für alle $y,u,v \in G$; d.h. alle Konjugierten von y und y^{-1} sind miteinander vertauschbar.

Hiermit und mit $[y,x]^z = y^z(y^{zx})^{-1}$ finden wir

(2) $$[[y,x]^z,y] = e \quad .$$

Mit Aufg. 160.a),b) und der Voraussetzung gilt

$$e = [[yz,x],yz] = [[yz,x],y][[yz,x],z]^y \quad ;$$

$$[[yz,x],y] = [[z,x]^y[y,x],y] = [[z,x]^y,y] =$$

$$= [[z,x],y]^y \underset{(1)}{=} [[z,x],y] \quad ;$$

$$[[yz,x],z] = [[y,x],z]^{[z,x]^y} \cdot [[z,x]^y,z] =$$

$$\underset{(2)}{=} [[y,x],z]^{[z,x]^y} = [[y,x],z] \quad ;$$

denn $[z,x]^y$ und $[[y,x],z]$ sind jeweils Produkte von Konjugierten von z und z^{-1} und damit vertauschbar. Insgesamt haben wir also:

(3) $$e = [[z,x],y][[y,x],z] \quad \text{für alle } x,y,z \in G \ .$$

Weiter finden wir mit Aufg. 160.c)

(4) $$[[z,x],y] = [y,[x,z]]^{[z,x]} \underset{(1)}{=} [y,[x,z]]$$

$$= [[x,z],y]^{-1} \quad .$$

(3) und (4) zusammen zeigen: Für alle $x,y,z \in G$ gilt

(5) $$[[z,x],y]^{-1} = [[x,z],y] = [[y,x],z] \ .$$

Die rechte Seite liefert für alle $x,y,z \in G$

(5') $$[[x,y],z] = [[y,z],x] = [[z,x],y] \ .$$

Damit gilt

$$[[x,y],z^y] \underset{(1)}{=} [[x,y],z]^y \underset{(5)}{=} [[z,x],y]^y$$

$$\underset{(1)}{=} [[z,x],y] \underset{(5)}{=} [[x,y],z] \ .$$

Aus Aufg. 160.d) wird also

$$[[x,y],z][[y,z],x][[z,x],y] = e$$

und mit (5') gilt

$$(6) \qquad [[x,y],z]^3 = [x,[y,z]]^3 = e \quad \text{für alle} \quad x,y,z \in G .$$

Weiter finden wir jeweils mit (5') bzw. (4)

$$\begin{aligned}
[x,[y,[u,v]]] &= [[[u,v],y],x] \\
&= [[[v,y],u],x] = [[u,x],[v,y]] \\
&\underset{(4)}{=} [[x,y],[v,y]]^{-1} = [[v,y],[x,u]] \\
&= [[[x,u],v],y] = [[[u,v],x],y] \\
&= [[y,[u,v]],x] = [x,[y,[u,v]]]^{-1} .
\end{aligned}$$

Hiermit hat $[x,[y,[u,v]]] \in K^3(G)$ die Ordnung 1 oder 2 . Wegen (6) mit $z = [u,v]$ ist aber nur Ordnung 1 möglich, d.h. $K^3(G) = \{e\}$.

<u>176</u>. Aus $g^3 = e$ für alle $g \in G$ folgt mit Aufg. 168 für alle $x,y \in G$: $[[x,y],y] = e$. Mit Aufg. 175 folgt die Behauptung.

<u>177</u>.a) Sei p ein Primteiler von $|G|$, dann gibt es nach dem Satz von Cauchy (2.2.2, Korollar 1) ein Element $x \in G$ der Ordnung p . Zu $e \neq g \in G$ gibt es $\varphi \in \mathrm{Aut}\, G$ mit $\varphi(g) = x$, insbesondere $p = \mathrm{ord}\, x = \mathrm{ord}\, \varphi(g) = \mathrm{ord}\, g$.

b) Falls $[x,y] \neq e$ und $g \in G$, $g \neq e$, dann gibt es $\varphi \in \mathrm{Aut}\, G$ mit $g = \varphi([x,y]) = [\varphi(x),\varphi(y)]$, folglich $G = K(G)$. In einer p-Gruppe jedoch ist $G \neq K(G)$, das bedeutet insgesamt $K(G) = \{e\}$, bzw. G ist abelsch.

c) Folgt direkt aus dem Hauptsatz für endlich erzeugte abelsche Gruppen (2.3.2) .

178. Ist $|X| = |Y|$, so gibt es eine bijektive Abbildung $\beta : X \longrightarrow Y$ und zwei Homomorphismen ψ und ψ' , so daß $\alpha := \iota'\beta = \psi\iota$ und $\alpha' := \iota\beta^{-1} = \psi'\iota'$ und

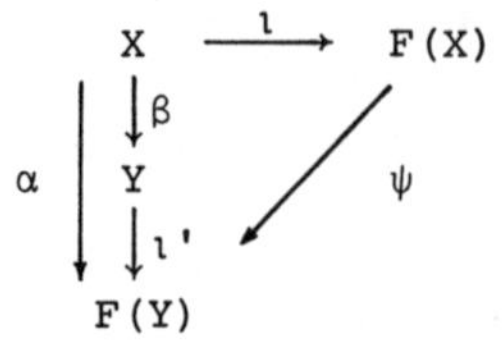

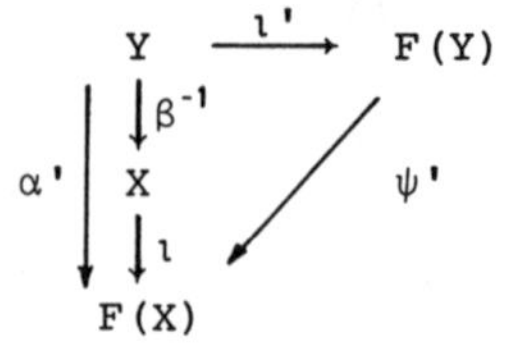

D.h. $\iota' = \psi\iota\beta^{-1}$ und $\iota = \psi'\iota'\beta$. Damit gilt

$$\psi\psi'\iota'\beta\beta^{-1} = \iota \quad \text{und} \quad \psi'\psi\iota\beta^{-1}\beta = \iota \ .$$

β und β^{-1} sind surjektiv, also sind $\alpha(X)$ und $\alpha'(Y)$ Erzeugendensysteme von $F(Y)$ bzw. $F(X)$. Also sind ψ und ψ' invers zueinander und $\psi : F(X) \longrightarrow F(Y)$ ist der gesuchte Isomorphismus.

179. $\mathbf{Z} \times \mathbf{Z}$, $(\mathbf{R}^*,\cdot)$ und $(\mathbf{Q},+)$ sind abelsche Gruppen, sie können nur dann frei von X erzeugt sein, wenn $|X| = 1$, d.h. $X = \{x\}$. Ein Erzeugendensystem besteht aber bei jeder der drei Gruppen aus mehr als einem Element:

In $\mathbf{Z} \times \mathbf{Z}$ ist $n(x_1,x_2) = (1,0)$ und $m(x_1,x_2) = (0,1)$ nicht lösbar.
In $(\mathbf{R}^*,\cdot)$ folgt aus $x^m = 2$ und $x^n = \sqrt[q]{2}$ mit $m,n,q \in \mathbf{Z}$ stets $m = nq$, das ist für jedes $m \in \mathbf{N}$ nur für höchstens endlich viele q möglich.
$(\mathbf{Q},+)$: $xn = \frac{1}{p}$, $n,p \in \mathbf{Z}$, bedeutet, daß der Nenner von x in $\mathbf{Z}$ durch jedes $p \in \mathbf{Z}$ teilbar ist. Das ist unmöglich.

Die Gruppe S_n ist endlich (vgl.2.7.10).

180.a) Zu $\alpha : x \longmapsto u$, $y \longmapsto v$ gibt es einen Epimorphismus

$$\psi : F(x,y) \longrightarrow \langle u,v \rangle$$

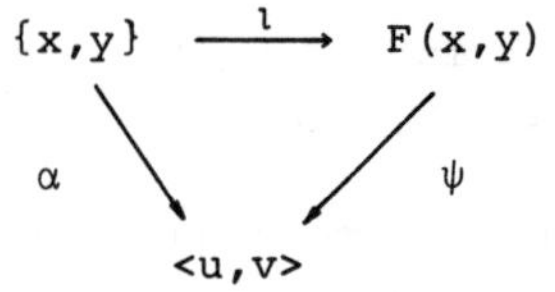

mit $\psi(x) = u$ und $\psi(y) = v$.
Wegen $uv = xyyx$, $vu = yxxy$, $uu = xyxy$, $vv = yxyx$ (und analog für die Inversen u^{-1} , v^{-1}) ist für jedes

nicht-leere reduzierte Wort $a_1a_2\dots a_r$, $a_i \in \{x,y,x^{-1},y^{-1}\}$ auch das Wort $\psi(a_1)\psi(a_2)\dots\psi(a_r)$ reduziert und nicht-leer; also ist ψ injektiv.

b) Bezüglich $\{x,y\}$ als Alphabet sind die w_n reduziert und paarweise verschieden voneinander. Mit $\alpha : i \longmapsto w_i$, $i \in \mathbf{N}$, existiert ein Epimorphismus

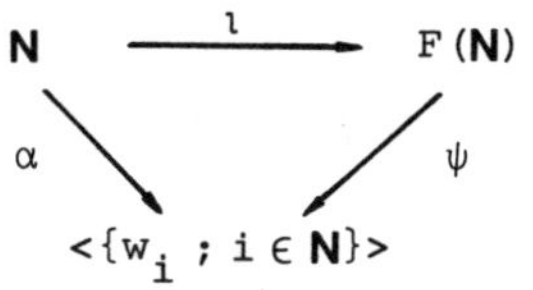

$$\psi : F(\mathbf{N}) \longrightarrow \langle\{w_i\ ;\ i \in \mathbf{N}\}\rangle .$$

Wie in a) erkennt man, daß ψ injektiv ist.

Man beachte:

$$F(\mathbf{N}) \supsetneqq F(\{1,2\}) \cong F(x,y) \supsetneqq \langle\{w_i\ ;\ i \in \mathbf{N}\}\rangle \cong F(\mathbf{N}) .$$

<u>181</u>. Man wähle $G = \prod_{i=1}^{m} \mathbf{Z}$ und für $x_i \in X$ mit $\iota(x_i) = f_i$, $i=1,\dots,m$

$$\alpha : x_i \longmapsto (0,\dots,0,1,0,\dots,0) .$$

(Die 1 an der i-ten Stelle.) Mit $\alpha = \psi\iota$ gilt dann

$$\psi : f_i \longmapsto (0,\dots,0,1,0,\dots,0)$$

und (ψ ist homomorph)

$$\psi(f_1^{n_1} \dots f_m^{n_m}) = (n_1, \dots ,n_m) .$$

Aus

$$f_1^{n_1}\dots f_m^{n_m} = e$$

folgt damit $n_1 = n_2 = \dots = 0$.

<u>182</u>. Sei $k_1 \notin \{-1,0,1\}$ und $\langle x_1^{k_1}, \dots ,x_n^{k_n}\rangle = F(x_1,\dots,x_n)$, dann gilt

$$x_1 = a_1\dots a_r \quad \text{mit} \quad a_i \in \{x_j^{k_j\varepsilon_j}; \varepsilon_j \in \{1,-1\}, j=1,\dots,n\} \quad \text{und} \quad a_j \neq a_{j+1}^{-1} .$$

Die reduzierte Darstellung von $x_1^{-1}a_1\dots a_r$ lautet entweder $x_1^{-1}a_1\dots a_r$, wenn a_1 keine Potenz von x_1 ist, oder im andern Fall $x_1^{\varepsilon_1 k_1 - 1}a_2\dots a_r$; in keinem Fall also e . Dies zeigt

$x_1 \notin \langle x_1^{k_1},\ldots,x_n^{k_n}\rangle$. Die Isomorphie von $\langle x_1^{k_1},\ldots,x_n^{k_n}\rangle$ und $F(x_1,\ldots,x_n)$ zeigt man wie in Aufg. 180.

183. Es gilt $G(X|S_i) = F(X)/N(S_i)$, $i=1,2$, falls $S_i \subset F(X)$ und $N(S_i)$ der kleinste , S_i enthaltende Normalteiler von $F(X)$ ist. $S_1 \subseteq S_2$ liefert $N(S_1) \subseteq N(S_2)$. Der zweite Isomorphiesatz bringt den Isomorphismus

$$\varphi : G(X|S_1)/\overline{N} \longrightarrow G(X|S_2) \quad \text{mit} \quad \overline{N} = N(S_2)/N(S_1) .$$

Ist $\iota : G(X|S_1) \longrightarrow G(X|S_1)/\overline{N}$ der kanonische Epimorphismus, so stellt $\varphi\iota$ den gewünschten Epimorphismus dar.

184. Für die Diedergruppen D_n gilt $D_n = G(x,y|x^2=y^n=x^{-1}yxy=e)$, $n = 2,3,\ldots$ (vgl.2.7.19). Mit Aufg. 183 ist D_n ein homomorphes Bild von $G(x,y|x^2=x^{-1}yxy=e)$. Wegen $|D_n| = 2n$ liefert der Homomorphiesatz die Behauptung (vgl. Aufg. 40).

185. In dieser Gruppe kann jedes Element in der Form $a^m b^n$, $m = 0,1,2,3$, $n = 0,1$, dargestellt werden ($a^{-1} = a^3$, $b^{-1} = a^2 b$, $ba = a^3 b$). Also ist die Gruppenordnung 8 und die Gruppe ist isomorph zur Quaternionengruppe von Aufg. 12 .

II. RINGE

A. GRUNDBEGRIFFE

1. Es gilt stets $(x+y)^2 = x^2 + xy + yx + y^2$. Aus der binomischen Formel folgt $(x+y)^2 = x^2 + 2xy + y^2$ also $xy = yx$, falls $n=2$. Ist andererseits x mit y vertauschbar, so beweisen wir die binomische Formel mit einer einfachen Induktion nach n , wobei $\binom{n}{i} + \binom{n}{i-1} = \binom{n+1}{i}$ zu verwenden ist.

(Bemerkung: *Hat der Ring* R *ein Einselement* e *, dann vereinfacht sich die Formel mit* $a^0 := e$ *für alle* $a \in R$ *zu*

$$(x+y)^n = \sum_{i=0}^{n} \binom{n}{i} x^{n-i} y^i \quad .)$$

2.a) Beweis durch Induktion nach n . Für $n = 1$ steht beiderseits $x + y$. Bei festem $y, z \in \mathbf{R}$ bezeichnen wir die rechte Seite der Formel mit $f_n(x)$. Wir differenzieren nach x :

$$f_n'(x) = n\left\{x^{n-1} + y\sum_{k=1}^{n-1}\binom{n-1}{k}(x+kz)^{n-1-k}(y-kz)^{k-1}\right\}$$

$$= n\, f_{n-1}(x) = n(x+y)^{n-1}$$

(Letzteres nach Induktionsvoraussetzung.)

Es folgt

$$f_n(x) = (x+y)^n + c \quad , \quad c \in \mathbf{R}.$$

Wir brauchen nur noch $c = 0$ nachweisen. Dazu zeigen wir, daß $f_n(-y) = 0$, d.h. (falls $y \neq 0$)

$$D_n(y,z) = y^{-1} f_n(-y) = \sum_{k=0}^{n} \binom{n}{k} (-1)^{n-k} (y-kz)^{n-1} = 0 \; .$$

Auch dies geschieht mit Induktion nach n . Offensichtlich ist $f_1(-y) = 0$. Mit der Induktionsvoraussetzung finden wir

$$\frac{\partial}{\partial z} D_n(y,z) = -n(n-1) D_{n-1}(y-z,z) = 0 \; ,$$

somit $D_n(y,z) = c(y)$ mit einer evtl. noch von y abhängenden Konstanten . Wegen $D_n(y,0) = 0$ (entwickle $(y-y)^n$ nach der binomischen Formel) ersehen wir $c(y) = 0$.

b) Man wähle zwei Städte A und B aus und zerlege die Menge S der Städte für jedes mögliche Straßennetz in zwei Teilnetze S_A und S_B, so daß gilt

(1) $A \in S_A$, $B \in S_B$, $S_A \cap S_B = \emptyset$, $S_A \cup S_B = S$,

(2) S_A ist mit S_B durch genau eine Straße verbunden, die in A einmündet.

(Diese Zerlegung ist für jedes zulässige Straßennetz eindeutig; denn es gibt nur einen direkten Weg von A nach B : Ein Straßenzykel mit j Städten hat j Verbindungsstraßen.)

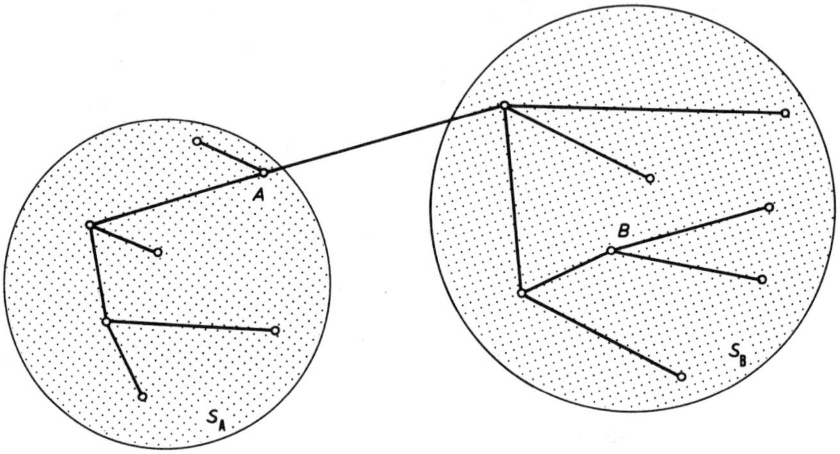

Ist $|S_A| = k$, so hat man wegen (1) für die Auswahl der Städte in S_A genau $\binom{m-2}{k-1}$ Möglichkeiten; für das Straßennetz in S_A gibt es A_k, für das in S_B genau A_{m-k} Möglichkeiten, und der Weg von A nach S_B kann auf m-k verschiedene Weisen gelegt werden. Mit $A_1 := 1$ erhalten wir die Rekursionsformel

$$A_m = \sum_{k=1}^{m-1} \binom{m-2}{k-1} (m-k) A_{m-k} A_k \quad .$$

Man berechnet leicht $A_2 = 1 = 2^0$, $A_3 = 3 = 3^1$, $A_4 = 16 = 4^2$, $A_5 = 125 = 5^3$ und vermutet $A_m = m^{m-2}$.

Mittels der Abelschen Identität aus a) ($x = m-1$, $y = 1$, $z = -1$ und $n = m-2$) bestätigt eine Induktion nach m die Vermutung.

3. Für $x,y \in R$ gilt nach Voraussetzung

$$x+y = (x+y)^3 = x + x^2y + xyx + xy^2 + yx^2 + yxy + y^2x + y ,$$

d.h.

$$(1) \qquad x^2y + xyx + xy^2 + yx^2 + yxy + y^2x = 0 .$$

Hierin x durch $-x$ ersetzt, zeigt

$$(2) \qquad x^2y + xyx - xy^2 + yx^2 - yxy - y^2x = 0 .$$

(1) und (2) liefern

$$(3) \qquad 2x^2y + 2xyx + 2yx^2 = 0 .$$

Mit $y = x$ und $x^3 = x$ sehen wir hieraus bereits $6x = 0$.
Es wird nun (3) von links bzw. von rechts mit x multipliziert:

$$2xy + 2x^2yx + 2xyx^2 = 0$$

bzw.

$$2yx + 2x^2yx + 2xyx^2 = 0 .$$

D.h.

$$(4) \qquad 2xy = 2yx .$$

In (2) $y = 1$ eingetragen, zeigt $3x^2 = 3x$ für alle $x \in R$, insbesondere (x durch $x+y$ ersetzt) $3(x+y) = 3(x+y)^2$, woraus $3xy + 3yx = 0$ folgt. Wegen $6(yx) = 0$ haben wir

$$(5) \qquad 3xy = -3(yx) = 3yx .$$

Aus (4) und (5) folgt nun $xy = yx$ für alle $x,y \in R$.

4. Sei $z = f(x) \in f(R)$. Wegen $f(1)z = f(1)f(x) = f(1 \cdot x) = f(x) = z$, analog $zf(1) = z$, ist $f(1)$ Einselement in $f(R)$.
$f(1)$ ist nicht notwendig Einselement in S:
Gegenbeispiel ist $f = 0$ oder $f : \mathbf{Z} \to \mathbf{Z} \times \mathbf{Z}$ mit $f(m) = (m,0)$ für $m \in \mathbf{Z}$.

5. Es sei $n = m \cdot r$, dann gilt $\emptyset \neq n\mathbf{Z} = m(r\mathbf{Z}) \subseteq m\mathbf{Z}$. Mit $a = nx$, $b = ny$ ist $a - b = n(x - y) \in n\mathbf{Z}$ und für $w = ms \in m\mathbf{Z}$ (beliebig) ist $wa = aw = n(xmz) \in n\mathbf{Z}$; also ist $n\mathbf{Z}$ ein Ideal (vgl. 3.1.9).

Der Restklassenring $m\mathbf{Z}/n\mathbf{Z}$ besteht aus den Elementen $x + n\mathbf{Z}$, $x \in m\mathbf{Z}$ (vgl. 3.1.12). Wegen $ma + n\mathbf{Z} = mb + n\mathbf{Z} \Leftrightarrow m(a-b) \in mr\mathbf{Z} \Leftrightarrow a-b \in r\mathbf{Z} \Leftrightarrow a$ und b haben bei Division durch r den gleichen

Rest (1.2.18), ersehen wir

$$m\mathbf{Z}/n\mathbf{Z} = \{n\mathbf{Z}, m+n\mathbf{Z}, 2m+n\mathbf{Z}, \ldots, (r-1)m+n\mathbf{Z}\},$$

insbesondere $|m\mathbf{Z}/n\mathbf{Z}| = r$.

6. Nach 3.1.17 ist jedes Ideal A in $\mathbf{Z}_n$ von der Form $B/n\mathbf{Z}$ mit einem Ideal B in $\mathbf{Z}$, das $n\mathbf{Z}$ enthält. Sei $B = m\mathbf{Z}$ (3.1.10); $n\mathbf{Z} \subseteq m\mathbf{Z}$ ist gleichbedeutend mit $m|n$. Somit $A = m\mathbf{Z}/n\mathbf{Z}$ mit $m|n$. Andererseits ist zu jedem Teiler d von n der Faktorring $d\mathbf{Z}/n\mathbf{Z}$ ein Ideal in $\mathbf{Z}_n$. Insgesamt ist also $\{d\mathbf{Z}/n\mathbf{Z} ; d|n\}$ die Menge der Ideale von $\mathbf{Z}_n = \mathbf{Z}/n\mathbf{Z}$.

7. $\bar{c}^2 = \bar{c}$ bedeutet $\bar{c}(\bar{1} - \bar{c}) = \bar{0}$, d.h. $p^k|c(1 - c)$ (nach 1.2.8). Eine Lösung ist $\bar{c} = \bar{0}$. Für $\bar{c} \neq \bar{0}$ ist c nicht durch p^k teilbar. Sei p^s dann die höchste in c enthaltene p-Potenz mit $0 \leq s < k$, so muß $1 - c$ und falls $s > 0$, sogar 1 durch p teilbar sein; das ist ein Widerspruch. Also enthält c im Falle $\bar{c} \neq \bar{0}$ den Faktor p nicht und $p^k|1-c$ bzw. $\bar{1} = \bar{c}$ (in $\mathbf{Z}_{p^k}$). $\bar{0}$ und $\bar{1}$ sind somit die einzigen Idempotenten von $\mathbf{Z}_{p^k}$.

8. Sei $f : \mathbf{Z}_{p^k} \longrightarrow \mathbf{Z}_{p^k}$ ein Ringhomomorphismus, $m \in \mathbf{Z}_{p^k}$ und o.E. $0 \leq m < p^k$. Aus $\bar{m} = \bar{1} + \ldots + \bar{1} = m\cdot\bar{1}$ folgt $f(\bar{m}) = m\cdot f(\bar{1})$. Wir brauchen also nur noch $f(\bar{1})$ zu bestimmen. Wegen $f(\bar{1}) = f(\bar{1}\cdot\bar{1}) = f(\bar{1})f(\bar{1})$ ist nach Aufg. 7 nur $f(\bar{1}) = \bar{0}$, d.h. $f = 0$, oder $f(\bar{1}) = \bar{1}$, d.h. $f = \mathrm{Id}$ möglich. Gezeigt ist also

$$\mathrm{End}\,\mathbf{Z}_{p^k} = \{0, \mathrm{Id}\}.$$

9.a) Nach 3.1.10 gibt es $r \in \mathbf{Z}$ mit $m\mathbf{Z} + n\mathbf{Z} = r\mathbf{Z}$. Zu zeigen ist $r = \mathrm{ggT}(m,n)$. Wegen $m\mathbf{Z} \subseteq r\mathbf{Z}$ und $n\mathbf{Z} \subseteq r\mathbf{Z}$ ist r ein gemeinsamer Teiler von m und von n. Da andererseits $r \in r\mathbf{Z} = m\mathbf{Z} + n\mathbf{Z}$, gibt es $k,j \in \mathbf{Z}$ mit $r = mk + nj$, woraus wir erkennen, daß jeder gemeinsame Teiler t von m und n auch r teilt; insgesamt ist $t \leq r$, d.h. $r = \mathrm{ggT}(m,n)$.

b) $x \in m\mathbf{Z} \cap n\mathbf{Z} \Rightarrow$ es gibt $r,s \in \mathbf{Z}$ mit $x = rm = sn$; d.h. x ist gemeinsames Vielfaches von m und n, also Vielfaches von v, somit $x \in v\mathbf{Z}$; umgekehrt gilt $v = an = bm$ offenbar auch $v\mathbf{Z} \subseteq n\mathbf{Z} \cap m\mathbf{Z}$.

10. Sei $A = (\{m^5-m \; ; \; m \in \mathbf{Z}\})$. Nach 3.1.21, Korollar, hat jedes Element $x \in A$ die Gestalt

$$x = \sum_{\text{endl.}} k_i(m_i{}^5 - m_i) \; .$$

Jede Zahl der Form $m^5 - m = m(m-1)(m+1)(m^2+1)$ ist durch 2 teilbar (entweder ist m oder $m+1$ gerade); sie ist sogar durch 3 teilbar (von den Zahlen $m-1$, m , $m+1$ ist stets eine durch 3 teilbar) und sie ist durch 5 teilbar (kleiner Fermatscher Satz). Damit ist jedes Element aus A durch 30 teilbar , d.h. $A \subseteq 30\mathbf{Z}$. Andererseits ist aber $30 = 2^5 - 2 \in A$, also $30\mathbf{Z} \subseteq A$, d.h. $A = (30)$. (Vgl. Aufg. 114.)

11.a) Da an $(R,+)$ nichts verändert wurde, ist nur nachzuweisen, daß $\underset{x}{\cdot}$ assoziativ und distributiv ist (vgl. 3.1.1). Für $a,b,c \in R$ folgt mit der Definition

$$a \underset{x}{\cdot} (b \underset{x}{\cdot} c) = a \underset{x}{\cdot} (bxc) = ax(bxc) = (axb)xc = (a \underset{x}{\cdot} b) \underset{x}{\cdot} c \; .$$

Ebenso trivial sind die Distributivgesetze zu verifizieren.

b) Seien $y,z \in K_x$, $r \in R$. Wegen $x(y-z)x = xyx - xzx = 0$ und $x(r \underset{x}{\cdot} y)x = xrxyx = xr0 = 0$ sind $y-z \in K_x$, $r \underset{x}{\cdot} y \in K_x$ (und $y \underset{x}{\cdot} r \in K_x$) und K_x ist Ideal in R_x (vgl. 3.1.9) .

c) Es ist $u + K_x$ Einselement in R_x/K_x genau dann, wenn

$$uxr + K_x = rxu + K_x = r + K_x \qquad \text{für alle } r \in R \; .$$

Dies ist äquivalent zu $uxr - r \in K_x$ und $rxu - r \in K_x$ bzw. zu $xuxrx = xrx = xrxux$. Ist nun $x = xyx$, so sehen wir, daß mit $u = y$ diese beiden Gleichungen erfüllt sind; d.h. $y + K_x$ ist Einselement.

d) Wir definieren $xrx \circ xsx = xrxsx$ (das ist wohldefiniert) und sehen sofort, daß $(xRx,+,\circ)$ ein Ring ist.

$p_x : R_x \longrightarrow xRx$, $p_x(r) = xrx$, ist wegen $p_x(r+s) = p_x(r) + p_x(s)$ und $p_x(r \underset{x}{\cdot} s) = x(rxs)x = p_x(r) \circ p_x(s)$ ein Ringhomomorphismus mit Kern $p_x = K_x$. Der Homomorphiesatz gibt die Behauptung.

12. Die Abbildung $\varphi : R \longrightarrow R$, $\varphi(r) = r-1$ ist bijektiv. Wegen

$$\varphi(r+s) = r+s-1 = (r-1)+(s-1)+1 = \varphi(r) \oplus \varphi(s) ,$$

$$\varphi(rs) = rs-1 = rs-r+r-1 = r(s-1)+(r-1) =$$

$$= (r-1)(s-1)+(s-1)+(r-1) = \varphi(r) \odot \varphi(s)$$

ist φ ein Isomorphismus von $(R,+,\cdot)$ auf $(R,\oplus,\odot)$.

(Bemerkung: Neutrales Element bei $\oplus$ (Nullelement) ist -1 , Einselement bei $\odot$ ist 0 .)

13. In einem Ring S mit 1 ist das von $a,b \in S$ erzeugte Linksideal gegeben durch $L = \{ra + sb \; ; \; r,s \in S\}$ (vgl. Beweis zu 3.1.21). Das von $\begin{pmatrix}1 & 0\\0 & 0\end{pmatrix}$ und $\begin{pmatrix}0 & 1\\0 & 0\end{pmatrix}$ erzeugte Linksideal in $R^{(2,2)}$ ist demnach

$$L = \left\{ \begin{pmatrix}a & b\\c & d\end{pmatrix}\begin{pmatrix}1 & 0\\0 & 0\end{pmatrix} + \begin{pmatrix}a' & b'\\c' & d'\end{pmatrix}\begin{pmatrix}0 & 1\\0 & 0\end{pmatrix} \; ; \; a,b,c,d,a',b',c',d' \in R \right\} ,$$

d.h. $L = R^{(2,2)}$.

Das von diesen Elementen erzeugte Rechtsideal ist

$$T = \left\{ \begin{pmatrix}a & b\\0 & 0\end{pmatrix} \; ; \; a,b \in R \right\} .$$

14. a) Zum Ideal B von $R^{(n,n)}$ betrachten wir

$$A = \{r \in R \; ; \; r \text{ ist Koeffizient einer Matrix aus } B\} .$$

Wir zeigen, daß A ein Ideal von R ist.
Seien $r,s \in A$, r an (i,j)-ter Stelle einer Matrix $Y \in B$. Durch Zeilen- und Spaltenvertauschungen in Y (was Links- bzw. Rechtsmultiplikationen entspricht mit Matrizen aus $R^{(n,n)}$ entspricht und somit nicht aus dem Ideal B hinausführt) erreichen wir, daß auch S an (i,j)-ter Stelle einer Matrix $Y' \in B$ steht. Also ist mit $r,s \in A$ auch $r-s \in A$ (als (i,j)-ter Koeffizient von $X-Y' \in B$). Weil zu $t \in R$ auch $(tE)X \in B$ (E Einheitsmatrix), sehen wir $tr \in A$ (ebenso auch $rt \in A$). Also ist $A \subseteq R$ ein Ideal und $B \subseteq A^{(n,n)}$.
Umgekehrt ist klar, daß für jedes Ideal $A \subseteq R$ die Menge $A^{(n,n)}$ ein Ideal in $R^{(n,n)}$ ist.

b) Nach a) und Aufg. 6 sind $A^{(n,n)}$ mit

$$A \in \{ \mathbf{Z}/12\mathbf{Z} \; , \; 2\mathbf{Z}/12\mathbf{Z} \; , \; 3\mathbf{Z}/12\mathbf{Z} \; , \; 4\mathbf{Z}/12\mathbf{Z} \; , \; 6\mathbf{Z}/12\mathbf{Z} \; , \; (\overline{0}) \; \}$$

sämtliche Ideale von $(\mathbf{Z}_{12})^{(n,n)}$.

15. a) Sei R nilpotent, $a_1a_2 \dots a_n = 0$ für alle $a_i \in R$, dann ist insbesondere $a_1a_2 \dots a_n = 0$ für alle $a_i \in U$. Ist $f : R \longrightarrow S$ ein Homomorphismus, $b_i = f(a_i) \in f(R)$, dann gilt

$$b_1b_2 \dots b_n = f(a_1)f(a_2) \dots f(a_n) = f(a_1 \dots a_n) = 0 ,$$

also ist $f(R)$ auch nilpotent.

b) Ist R/A nilpotent, dann gibt es $k \in \mathbf{N}$, so daß $\bar{a}_1\bar{a}_2 \dots \bar{a}_k = 0$ für alle $\bar{a}_i = a_i + A \in R/A$, d.h. $a_1a_2 \dots a_k \in A$ für alle $a_i \in R$. Falls außerdem A nilpotent ist, gibt es $j \in \mathbf{N}$ mit $b_1 \dots b_j = 0$ für alle $b_i \in A$. Damit ist jedes Produkt von jk Elementen aus R gleich Null.

c) Nach dem Isomorphiesatz 3.1.15 gilt $(A+B)/B \cong A/(A \cap B)$. Nach a) ist die rechte Seite nilpotent, also auch die linke. Aus b) folgt die Nilpotenz von $A+B$.
(Bemerkung: Natürlich kann man c) auch leicht direkt aus der Definition herleiten.)

16. Falls $n = rm$, dann ist $f : \mathbf{Z}_{rm} \longrightarrow \mathbf{Z}_m$, $f(x+mr\mathbf{Z}) = x+m\mathbf{Z}$ ein wohldefinierter Homomorphismus mit $f(\bar{1}) = \bar{1}$. Ist andererseits $f : \mathbf{Z}_n \longrightarrow \mathbf{Z}_m$ ein Homomorphismus mit $f(\bar{1}) = \bar{1}$, dann gilt insbesondere $\bar{0} = f(\bar{0}) = f(n \cdot \bar{1}) = nf(\bar{1}) = \bar{n}$, d.h. $\bar{n} = \bar{0}$ in $\mathbf{Z}_m$ bzw. $n \in m\mathbf{Z}$. Also $m|n$.

18. Für $p = 2$ haben wir $|Q_2| = 2$. Sei $p \neq 2$. Es gilt $x^2 = y^2$ (in $\mathbf{Z}_p$) genau dann, wenn $(x+y)(x-y) = 0$ bzw. wenn $x = y$ oder $x = -y$ ($\mathbf{Z}_p$ hat keine Nullteiler). Für $p \neq 2$ haben also x und $-x$ das gleiche Quadrat, d.h.

$$|Q_p| = \begin{cases} 2 & \text{für } p = 2 \\ \frac{p+1}{2} & \text{für } p \neq 2 \end{cases} .$$

Wäre Q_p Untergruppe in $(\mathbf{Z}_p,+)$, so hätten wir für $p \neq 2$ nach Lagrange $\frac{1}{2}(p+1)|p$, was nicht möglich ist.

Ist $u \neq 0$ kein Quadrat, dann ist auch uw^2 für jedes $w \in \mathbf{Z}_p \setminus \{0\}$ kein Quadrat und es gilt

$$\mathbf{Z}_p \setminus Q_p = \{ uw^2 ; w \in \mathbf{Z}_p \setminus \{0\} \} .$$

Damit ist $uv = u(uw^2) = u^2w^2$ ein Quadrat.

19. $-\bar{1} = \bar{1}+\bar{1}$ in $\mathbb{Z}_3$, $-\bar{1} = \bar{2}^2$ in $\mathbb{Z}_5$,
$-\bar{1} = \bar{4}^2+\bar{2}^2$ in $\mathbb{Z}_7$, $-\bar{1} = \bar{5}^2$ in $\mathbb{Z}_{13}$.

20. Für $p = 2$ ist die Aussage trivial. Sei also $p \neq 2$. Ist $x \in \mathbb{Z}_p$ ein Quadrat, dann haben wir sofort $x = y^2 + \bar{0}^2$. Nach Aufg. 18 ist Q_p keine Untergruppe von $(\mathbb{Z}_p,+)$, d.h. es gibt $v,w \in \mathbb{Z}_p$, so daß $u := v^2 + w^2$ kein Quadrat ist; und jedes Nichtquadrat b besitzt eine Darstellung $b = x^2u$ mit $x \in \mathbb{Z}_p \setminus \{0\}$. Also gilt für jedes Nichtquadrat $b = x^2u = x^2(v^2+w^2) = (xv)^2 + (xw)^2$.

21. Enthält n ein Quadrat $(\neq 1)$, $n = p^2m$, p Primzahl, dann ist $\overline{pm} \neq \bar{0}$ und $\overline{pm}^2 = \overline{p^2m}\,\bar{m} = \bar{n}\,\bar{m} = \bar{0}$; d.h. Z_n hat nilpotente Elemente $\neq 0$.

Nun sei $n = p_1 \ldots p_r$ mit verschiedenen Primzahlen $p_i \neq p_j$, $i \neq j$, quadratfrei und für $m \in \mathbb{Z}_n$ $\bar{m}^k = \bar{0}$, dann folgt $n \mid m^k$, d.h. $p_1 \ldots p_r \mid m^k$ und somit $p_1 \ldots p_r \mid m$, da die p_i paarweise verschiedene Primzahlen sind. D.h. $m = \bar{0}$.
(Alternativ: Man zerlege $n = p_1^{k_1} \ldots p_r^{k_r}$ und verwende

$$\mathbb{Z}_n \cong \mathbb{Z}_{p_1^{k_1}} \times \ldots \times \mathbb{Z}_{p_r^{k_r}} \text{ .)}$$

22. a) Wegen $A + B = R$ und $A \cap B = \emptyset$ ist $\varphi : A \times B \longrightarrow R$ mit $\varphi(a,b) = a + b$, $a \in A$, $b \in B$, ein Isomorphismus .
($a+b = a'+b' \Leftrightarrow a-a' = b'-b \Leftrightarrow a-a' = b'-b = 0$.)

Als Ideale von R sind A und B Ringe. Wegen $A \neq (0)$ und $B \neq (0)$ ist $1 = a_1 + b_1$ mit $a_1 \in A \setminus \{0\}$ und $b_1 \in B \setminus \{0\}$. Wegen $b_1 a \in A \cap B$ gilt für alle $a \in A$

$$(a_1+b_1)a = a \Leftrightarrow a_1a + b_1a = a \Rightarrow a_1a = a \quad .$$

(Analog für $b \in B$: $b_1b = b$.)

b) $A + B = R$ ist gleichbedeutend damit, daß für jedes $x \in R$ ein $a_x \in A$ und $b_x \in B$ existiert, so daß $x = a_x + b_x$ (analog ist $y = a_y + b_y$ mit $a_y \in A$, $b_y \in B$ für $y \in R$) .
Dann ist $x + A = b_x + A$ und $y + B = a_y + B$ und das Element $a_y + b_x$ liegt in $(x+A) \cap (y+B)$.

c) Sind A , A' Ideale in R mit $A' \subseteq A$, so gilt stets $r + A' \subseteq r + A$, $r \in R$. Damit ist mit b)

$$\varphi : R/A \cap B \longrightarrow R/A \times R/B \quad \text{mit} \quad \varphi(r + A \cap B) = (r + A, r + B)$$

ein wohldefinierter Epimorphismus. φ ist injektiv; denn

$$(x + A, y + B) = (x' + A, y' + B) \Leftrightarrow (a_y' + b_x') - (a_y + b_x) \in A \cap B \,.$$

d) Wiederholte Anwendung von c) liefert

$$R/A_1 \cap A_2 \cap \ldots \cap A_k \cong R/A_1 \times R/A_2 \times \ldots \times R/A_k \quad ,$$

falls $A_1 + (A_2 \cap \ldots \cap A_k) = R$ und $A_2 + (A_3 \cap \ldots \cap A_k) = R$ ... und $A_{k-1} + A_k = R$.
In $\mathbf{Z}$ sind $a_1, \ldots, a_k$ paarweise relativ prim, wenn $(a_i) + (a_j) = \mathbf{Z}$ für $1 \le i,j \le k$, $i \neq j$, und umgekehrt. Damit folgt die Behauptung mit c) .

B. Schiefkörper

23. Aus $ab + ba = 1$ folgt $a^2b + aba = a = aba + ba^2$, somit $a^2b = ba^2$. Nach Voraussetzung gilt dann $a = 2a^2b$ und es folgt $ab = 2a^2bb = 2ba^2b = ba$ (wegen $a^2b = ba^2$). Nun ist $1 = ab + ba = a(2b) = (2b)a$.

24.a) $u(xu + y - 1) = uxu + uy - u = u + 1 - u = 1$.

b) Nehmen wir an , $S := \{z \in R \; ; \; uz = 1\}$ sei eine endliche Menge. Nach Voraussetzung sind $x, y \in S$; wir betrachten die Menge $T := \{zu + y - 1 \; ; \; z \in S\}$. Nach a) haben wir $T \subseteq S$. Die Abbildung $\varphi : S \longrightarrow T$, $\varphi(z) = zu + y - 1$, ist injektiv; denn $zu = z'u$ impliziert $z = z'$ durch Multiplikation von rechts mit y . Da S endlich ist und $T \subseteq S$ folgt $S = T$. Zu dem vorgegebenen $y \in S$ gibt es dann $z \in S$ mit $y = zu + y - 1$, d.h. $zu = 1$ bzw. u ist auch linksinvertierbar. Damit ist jedoch $x = y$ das eindeutig bestimmte Inverse von u (vgl. 1.2.24); Widerspruch zu $x \neq y$ und u hat unendlich viele Rechtsinverse.

25. Zu $x \in R$ betrachte das Ideal $Rx \subseteq R$. Entweder $Rx = (0)$ für alle $x \in R$, in diesem Fall ist $R \cdot R = (0)$. Jede Untergruppe von $(R,+)$ ist dann Ideal und entweder R oder (0) , d.h. $(R,+)$ ist zyklisch und von Primzahlordnung.
Im anderen Fall gibt es $y \in R$ mit $Ry = R$. Insbesondere gibt es

$e \in R$ mit $ey = y$. Für beliebiges $x \in R$ gilt $(xe - x)y = 0$. Offenbar ist $A := \{r \in R\ ;\ ry = 0\}$ ein Ideal in R mit $xe - x \in A$ für alle $x \in R$. Wegen $Ry = R \neq (0)$ ist $A \neq R$. Somit $A = (0)$ und $xe = x$ für alle $x \in R$; d.h. e ist Einselement. Nun ist aber für jedes $x \neq 0$ das Ideal $Rx \neq (0)$ (es enthält $x = ex \in Rx$), also $Rx = R$ und es gibt $z \in R$ mit $zx = e$. Damit ist $x \neq 0$ invertierbar und R ist ein Körper.

26. Zu $a \neq 0$ gibt es $e = e(a)$ mit $ae = a$. Offenbar $e \neq 0$. Folglich $aee = ae = a$ bzw. $a(ee - e) = 0$. Ist nun $c := ee - e \neq 0$, so gibt es e' mit $ce' = e$, woraus $0 = ace' = ae = a$ folgt. Also $ee = e$. Nun haben wir $e(eb - b) = 0$ für beliebiges $b \in R$ und falls $b' := eb - b \neq 0$, dann gibt es d mit $b'd = e$, woraus $0 = eb'd = ee = e$ folgt. Also $eb = b$ für alle $b \in R$.

Im Falle $be - b \neq 0$ gibt es d' mit $(be - b)d' = a$, woraus $a = 0$ folgt (wegen $ed' = d'$). Damit ist e als Einselement nachgewiesen. Die Lösung von $bx = e$ gibt für $b \neq 0$ ein Rechtsinverses , dieses ist dann (1.3) eindeutig bestimmtes Inverses.
(Letzteres sieht man hier auch leicht direkt: Sei $b \neq 0$, $bb' = e$. Dann gilt $b(b'b - e) = bb'b - b = eb - b = 0$. Falls $b'b - e \neq 0$, dann existiert $z \in R$ mit $(b'b - e)z = e$, womit dann $b = 0$ folgt.)

28. Wegen $A^n = 0$ (wohlbekannt) ist $E - A$ invertierbar (3.2.2.d) und es gilt

$$(E - A)^{-1} = A + A + A^2 + \ldots + A^{n-1} = \begin{pmatrix} 1 & 1 & \ldots & 1 & 1 \\ 0 & 1 & \ldots & 1 & 1 \\ \vdots & \vdots & \vdots\vdots\vdots & \vdots & \vdots \\ 0 & 0 & \ldots & 1 & 1 \\ 0 & 0 & \ldots & 0 & 1 \end{pmatrix}$$

29.a) $(1-x)(1+y) = 1 \Leftrightarrow y-x = xy$ und $(1+y)(1-x) = 1 \Leftrightarrow y-x = yx$.

b) Sei $1-xy$ invertierbar. Man verifiziert sofort

$$(1 - yx)(1 + y(1-xy)^{-1}x) = (1 + y(1-xy)^{-1}x)(1 - yx) = 1 ,$$

d.h.

$$(1 - yx)^{-1} = 1 + y(1-xy)^{-1}x .$$

(Man findet diesen Ansatz etwa durch Betrachtungen an der geometrischen Reihe im Reellen.)

Alternative: $1-xy$ invertierbar $\Rightarrow$ es gibt $v \in R$ mit $v-xy = vxy = xyv$ (nach a) $\Rightarrow$ $(yvx+yx)-yx = yvx = yxyx+yvxyx = (yvx+yx)yx$, da $v = vxy+xy$.
Analog $yvx = yx(yvx+yx)$. Also ist mit a) $1-yx$ invertierbar. Vertauscht man hierin x und y , so folgt die Umkehrung.

c) Falls $1-xy \in R$ für alle $y \in R$, so ist $1-(xy)z = 1-x(yz)$ invertierbar für alle $y,z \in R$. Nach b) ist dann $1-zxy$ invertierbar für alle $y,z \in R$. Für die Umkehrung braucht man nur $z = 1$ zu setzen.

d) Sei $w \in A$, $r \in R$, also $1-wy$ invertierbar für alle $y \in R$, nach c) ist dann auch $1-rwy$ invertierbar für alle $y \in R$ (desgleichen auch $1-wry$) ; d.h. $rw \in A$, $wr \in A$.
Zu zeigen ist noch, daß mit $w,v \in A$ auch $w-v \in A$. Seien also $w,v \in A$, $y \in R$:

$$1-(w-v)y = 1-wy+vy = (1-(-v)\,y\,(1-wy)^{-1})\,(1-wy)$$

(wir haben lediglich $1-wy$ ausgeklammert.)
Auf der rechten Seite steht ein Produkt invertierbarer Elemente (weil $v,w \in A$), also $w-v \in A$.

e) $xRx = (0)$ $\Rightarrow$ $xyxy = 0$ für alle $y \in R$ $\Rightarrow$ $(1-xy)^{-1} = 1+xy$ für alle $y \in R$ (vgl. 3.2.2) , also $x \in A$.

30. In $\mathbb{Z}_n$ ist $\bar{k}$ genau dann invertierbar, wenn $ggT(k,n) = 1$ (3.2.2.c). Sei also $\bar{k} \neq \bar{0}$ nicht invertierbar, dann ist $ggT(k,n) = d \neq 1$. Wir zerlegen $k = dk'$, $n = dn'$. Wegen $1 < n' < n$ ist $\bar{n}' \neq 0$, jedoch gilt $\bar{k}\bar{n}' = \overline{k'n} = \bar{0}$, also ist k Nullteiler.

31.a) Bekannt ist : f injektiv $\Leftrightarrow$ f bijektiv $\Leftrightarrow$ f surjektiv . Dies liest man z.B. sofort aus der Dimensionsformel

$$\text{Dim Kern } f + \text{Dim } f(V) = \text{Dim } V$$

ab. Ist f linksinvertierbar, $gf = Id$, dann folgt aus $f(x) = 0$ (durch Anwenden von g) sofort $0 = g(f(x)) = x$, also f injektiv, damit bijektiv und invertierbar. Ist f rechtsinvertierbar, $fh = Id$, so ist f surjektiv; denn zu jedem $x \in V$ gibt es $y = h(x) \in V$ mit $f(y) = x$. Auch in diesem Fall folgt nach obiger Bemerkung die Invertierbarkeit von f .

b) Sei $f \neq 0$ nicht invertierbar, dann ist f nicht surjektiv (nach a), d.h. $V = f(V) \oplus U$ mit einem Unterraum $U \neq \{0\}$. Jeder Vektor $x \in V$ ist eindeutig zerlegbar $x = a + b$, $a \in f(V)$, $b \in U$. Für die Projektion $g \in \mathrm{End}_K V$ von V auf U längs $f(V)$, $g(x) = b$, gilt $g \neq 0$ und $gf = 0$. Also ist f ein Nullteiler.

32. a) Mit $i^2 = j^2 = k^2 = -1$, $ij = -ji = k$, $jk = -kj = i$ und $ki = -ik = j$ gilt

$$\begin{aligned}(\xi_0 + \xi_1 i + \xi_2 j + \xi_3 k)\cdot(\eta_0 + \eta_1 i + \eta_2 j + \eta_3 k) =\\ = \quad \xi_0\eta_0 - \xi_1\eta_1 - \xi_2\eta_2 - \xi_3\eta_3 \quad +\\ + \ (\xi_0\eta_1 + \xi_1\eta_0 + \xi_2\eta_3 - \xi_3\eta_2)i +\\ + \ (\xi_0\eta_2 + \xi_2\eta_0 + \xi_3\eta_1 - \xi_1\eta_3)j +\\ + \ (\xi_0\eta_3 + \xi_3\eta_0 + \xi_1\eta_2 - \xi_2\eta_1)k .\end{aligned}$$

b) Man denke an die komplexen Zahlen. Für $z = x + iy \in \mathbf{C}$ ist mit $\bar{z} = x - iy$ und $z \neq 0$ stets $z^{-1} = (z\bar{z})^{-1}\bar{z}$.
Zu $x = \xi_0 + \xi_1 i + \xi_2 j + \xi_3 k$ setzen wir $\bar{x} := \xi_0 - \xi_1 i - \xi_2 j - \xi_3 k$ und erhalten $x\bar{x} = \xi_0^2 + \xi_1^2 + \xi_2^2 + \xi_3^2 \in \mathbf{R}$ sowie $x = 0 \Leftrightarrow x\bar{x} = 0$.
Das Inverse von x lautet also $x^{-1} = (x\bar{x})^{-1}\bar{x}$.

c) Beachte, daß i,j,k bereits 3 verschiedene Lösungen von $x^2 + 1 = 0$ sind. Nach a) ist $x^2 + 1 = 0$ äquivalent mit

$$\xi_0^2 - \xi_1^2 - \xi_2^2 - \xi_3^2 = -1 ,$$

$$\xi_0\xi_1 = \xi_0\xi_2 = \xi_0\xi_3 = 0 .$$

Also muß $\xi_0 = 0$ und $\xi_1^2 + \xi_2^2 + \xi_3^2 = 1$ gelten. Die letzte Gleichung hat im $\mathbf{R}^3$ unendlich viele verschiedene Lösungen (Einheitssphäre im euklidischen $\mathbf{R}^3$).

(Bemerkung: *Im Gegensatz hierzu hat in einem kommutativen Körper die Gleichung* $x^2 + 1 = 0$ *höchstens zwei verschiedene Lösungen; denn* $a^2 = -1 = b^2$ *impliziert stets* $(a-b)(a+b) = 0$ *also* $a = b$ *oder* $a = -b$.)

33. Sei $0 \neq x \in R$. Im Falle $Rx = R$ gibt es $e \in R$ mit $ex = x$. Damit gilt $(ye - y)x = 0$ für alle $y \in R$, sogar $ye - y = 0$ für alle y (da x kein Nullteiler ist); also hat R ein Einselement. Auch gibt es dann ein $z \in R$ mit $zx = e$. Also ist R ein Körper.

Falls nun $Rx \neq R$, dann hat Rx nach Voraussetzung nur endlich viele Elemente. Die Abbildung $r \longmapsto rx$ von R auf Rx ist injektiv (in R gibt es keine Nullteiler), woraus $|R| = |Rx|$ und somit $R = Rx$ folgt; das ist ein Widerspruch! Also gilt stets $R = Rx$ für $x \neq 0$ und R ist ein Körper.

34. Zu $x \neq 0$ betrachten wir die (nach Voraussetzung) endliche Menge $\{Rx^i \,;\, i = 1,2,\ldots\}$ von Idealen. Es gibt $i < j$ mit $Rx^i = Rx^j$. Sei $j = i + k$, dann ist $x^j = x^i x^k \in x^i R = x^j R$, und es gibt somit $e \in R$ mit $x^j = ex^j$. Für beliebiges $y \in R$ folgt dann $(ye - y)x^j = 0$ bzw. $ye = y$, da mit $x \neq 0$ auch $x^j \neq 0$ kein Nullteiler ist. Nun gibt es wegen $x^i = ex^i \in x^i R = x^j R$ ein $r \in R$ mit $x^i = rx^j = (rx^k)x^i$ und folglich $e = rx^k$ (weil x^i kein Nullteiler) bzw. $e = (rx^{k-1})x$. Also ist x invertierbar und R ist ein Körper.

35. a) Nach Voraussetzung gilt $x + y = (x + y)^2 = x + xy + yx + y$, also $xy + yx = 0$. Insbesondere $y = x$ zeigt (wegen $x^2 = x$) $2x = 0$ (bzw. $x = -x$) für alle x . Somit gilt auch $xy = -yx = yx$.

b) Für $x \neq 0$ und $y \in R$ (beliebig) folgt $(yx - y)x = 0$ (wegen $x^2 = x$) und daraus $yx = y$ (da x kein Nullteiler). Da es in Ringen höchstens ein Einselement gibt, hat R außer x kein weiteres von Null verschiedenes Element, d.h. $R = \{0,x\}$. $0 \longmapsto \bar{0}$, $x \longmapsto \bar{1}$ gibt den Isomorphismus von R auf $\mathbf{Z}_2$.

36. Aus

$$\begin{pmatrix} a & kb \\ -b & a \end{pmatrix} \begin{pmatrix} a' & kb' \\ -b' & a' \end{pmatrix} = \begin{pmatrix} aa'-kbb' & k(ab'+a'b) \\ -(ab'+a'b) & aa'-kbb' \end{pmatrix}$$

ersehen wir die Abgeschlossenheit von M_k bei der Multiplikation, ferner, daß M_k kommutativ ist mit der Einheitsmatrix als Einselement. Da ein endlicher kommutativer Ring genau dann ein Körper ist, wenn er keine Nullteiler hat, untersuchen wir M_k auf Nullteiler: Für $k = 0$ hat M_k z.B. den Nullteiler $\begin{pmatrix} 0 & 0 \\ 1 & 0 \end{pmatrix}$. Sei also $k \neq 0$, $\begin{pmatrix} a & kb \\ -b & a \end{pmatrix}$ ein Nullteiler, d.h. $aa' = kbb'$ und $ab' = -a'b$ für geeignete a',b' . Falls $a \neq 0$, erhalten wir $a' = kbb'a^{-1}$ und damit (aus der anderen Gleichung) $kb^2b' = -a^2b'$. Da $b' = 0$ (bei $a \neq 0$) auch $a' = 0$ impliziert, können wir $b' \neq 0$ annehmen.

In diesem Fall ist $-k = (ab^{-1})^2$ ein Quadrat. Der Fall $b \neq 0$ wird analog behandelt. Ist umgekehrt $-k$ ein Quadrat, so können wir (die Rechnung zurückverfolgend) auch Nullteiler angeben. ($-k = z^2$; wähle $b = 1$, $a = z$ und $a' = -zb'$). Damit hat M_k genau dann keine Nullteiler, wenn $-k$ kein Quadrat in $\mathbf{Z}_p$ ist.

37. Wegen $xy = yx$ kann man $(x+y)^p$ nach der binomischen Formel entwickeln. Die Binomialkoeffizienten (stets ganze Zahlen) sind bekanntlich für $1 \leq k \leq p-1$ durch p teilbar, etwa $\binom{p}{k} = q_k p$. Wegen $px = 0$ für alle $x \in K$ (3.2.17, Korollar) haben wir

$$\binom{p}{k} x^k y^{p-k} = q_k (px^k) y^{p-k} = 0$$

für $1 \leq k \leq p-1$ und es bleibt $(x+y)^p = x^p + y^p$. Der Rest ist eine einfache Induktion.

38.

$$\begin{aligned}
(a - aba)^{-1} &= [ab(b^{-1} - a)]^{-1} && \text{(ab ausklammern)} \\
&= (b^{-1} - a)^{-1} b^{-1} a^{-1} && ((xy)^{-1} = y^{-1}x^{-1}) \\
&= (b^{-1} - a)^{-1} (b^{-1} - a + a) a^{-1} \\
&= a^{-1} + (b^{-1} - a)^{-1} .
\end{aligned}$$

(Beachte: Wegen $a \neq b^{-1}$ ist $a \neq aba$, somit $a - aba$ invertierbar.) Durch Inversenbildung folgt die Behauptung.

39. a) Nach Voraussetzung ist mit $x = az^{-1}$, $y = bz^{-1}$ aus Gz^{-1} auch $x - y = (a-b)z^{-1} \in Gz^{-1}$; also ist Gz^{-1} Untergruppe von $(K,+)$. Wir zeigen nun, daß auch xy in Gz^{-1} ; dafür müssen wir $abz^{-1} \in G$ nachweisen ($a,b,z \in G$). Das ist trivial erfüllt für $a = 0$ oder $a = z$ oder $b = z$, aber auch für $a = 2z$ oder $b = 2z$. Es sei also $0 \neq a \neq z$ und zunächst $a = b$. Aus der HUA - Identität (vgl. Aufg. 38) folgt

(1) $$a^2 z^{-1} = a - (a^{-1} + (z-a)^{-1})^{-1} \in G$$

(denn $z - a \in G \Rightarrow a^{-1}, (z-a)^{-1} \in H \Rightarrow a^{-1} + (z-a)^{-1} \in H$) . Für $a,b \in G$ (beide von z verschieden) haben wir $a + b \neq 2z$, wegen $\mathrm{Char}\, K \neq 2$ auch $2z \neq 0$ und (1) zeigt $(a+b)^2(2z)^{-1} \in G$. Ausmultipliziert ergibt das

(2) $$a^2(2z)^{-1} + b^2(2z)^{-1} + (ab)z^{-1} \in G .$$

Da wir (wie oben bemerkt) $a \neq 2z$, $b \neq 2z$ annehmen dürfen, haben wir mit (1) $a^2(2z)^{-1} \in G$ und $b^2(2z)^{-1} \in G$, somit $abz^{-1} \in G$, da $(G,+)$ Gruppe .
Nun ist mit $x = az^{-1} \in Gz^{-1}$ auch $x^{-1} = za^{-1} = (z^2a^{-1})z^{-1} \in Gz^{-1}$; denn nach (1) ist $z^2a^{-1} \in G$. Insgesamt ist Gz^{-1} als Unterkörper von K nachgewiesen.

b) Ist trivial; zum Unterkörper K' und $z \in K'$, $z \neq 0$ setze $G' = K'z$.

C. Primideale, maximale Ideale

40. Offenbar ist N Ideal in R (nach den Rechenregeln für Nullfolgen). Wir zeigen, daß R/N ein Körper ist; die Behauptung folgt dann aus 3.3 4, Korollar. Dazu sei $(z_n) + N \neq N$ aus R/N , also $(z_n) \in R$, aber keine Nullfolge. Dann gibt es ein $n_o \in \mathbf{N}$, so daß $z_n \neq 0$ für alle $n \geq n_o$. Falls erforderlich, addieren wir zu (z_n) noch eine Nullfolge $(b_n) \in N$, so daß $z_n' = z_n + b_n \neq 0$ für alle n und $(z_n) + N = (z_n') + N$. Die in R liegende Folge $(1/z_n')$ liefert das zu $(z_n) + N$ inverse Element .

41. Nach Aufg. 6 sind $3\mathbf{Z}/15\mathbf{Z}$ und $5\mathbf{Z}/15\mathbf{Z}$ die einzigen nicht-trivialen Ideale von $\mathbf{Z}_{15}$. Nach dem zweiten Isomorphiesatz gilt

$$(\mathbf{Z}/15\mathbf{Z})/(3\mathbf{Z}/15\mathbf{Z}) \cong \mathbf{Z}/3\mathbf{Z} .$$

Der Faktorring ist also ein Körper, somit $3\mathbf{Z}/15\mathbf{Z}$ ein maximales Ideal (3.3.4, Korollar). Analog für $5\mathbf{Z}/15\mathbf{Z}$.

42. Es ist $A \subseteq \mathbf{Z}_n$ ein Ideal genau dann, wenn $A = m\mathbf{Z}/n\mathbf{Z}$ mit $m|n$ (vgl.Aufg.6). Dieses ist genau dann maximal, wenn der Faktorring $(\mathbf{Z}/n\mathbf{Z})/(m\mathbf{Z}/n\mathbf{Z}) \cong \mathbf{Z}/m\mathbf{Z}$ (2.Isomorphiesatz) ein Körper ist (3.3.4); das ist genau dann der Fall, wenn m eine Primzahl ist (3.2.5.b). Damit ist $\{p\mathbf{Z}/n\mathbf{Z} ;\ p \text{ ist Primteiler von } n\}$ die Menge der maximalen Ideale von $\mathbf{Z}/n\mathbf{Z}$.

Es sei $n = p_1^{h_1} \ldots p_t^{h_t}$ die kanonische Primfaktorisierung von n. Wegen $r\mathbf{Z} \cap s\mathbf{Z} = rs\mathbf{Z}$ für teilerfremde r,s (vgl.Aufg.9.b), erhalten wir für den Durschnitt der maximalen Ideale von $\mathbf{Z}_n$:

$$\bigcap_{i=1}^{t} (p_i\mathbf{Z}/n\mathbf{Z}) = (\bigcap_{i=1}^{t} p_i\mathbf{Z})/n\mathbf{Z} = (p_1 \ldots p_t\mathbf{Z})/n\mathbf{Z} .$$

(Beachte: Der Durchschnitt aller maximaler Ideale von $\mathbf{Z}_n$ ist genau dann Null, wenn $n = p_1 \dots p_t$ Produkt verschiedener Primzahlen, d.h. also quadratfrei ist.)

43. a) $x \in r(A)$ ist äquivalent mit $\overline{x} = x + A$ nilpotent in R/A ; d.h. $r(A)$ ist Urbild (unter dem kanonischen Epimorphismus) des Ideals $N(R/A) = \{\overline{x} \in R/A \; ; \; \overline{x}$ nilpotent$\}$, also selbst Ideal in R (vgl. Aufg. 5b). Außerdem gilt $r(A)/A = N(R/A)$.

b) Sei $x \in r(r(A))$, dann gibt es n mit $x^n \in r(A)$ und es gibt m mit $(x^n)^m \in A$, also $x \in r(A)$ bzw. $r(r(A)) \subseteq r(A)$. Die andere Inklusion folgt mit a) .

c) Wegen $A \subseteq r(A)$ gilt $a = r(A)$ oder $r(A) = R$; wenn A ein maximales Ideal von R ist. Der zweite Fall kann wegen $1 \notin r(A)$ $(1 \notin A)$ nicht eintreten, also gilt $A = r(A)$.

d) Ist $r(A)$ maximal und $b \notin r(A)$, dann folgt $r(A) + Rb = R$ (vgl. 3.3.3); insbesondere gibt es $x \in r(A)$, $s \in R$ mit $x + sb = 1$, also $x = 1 - sb \in r(A)$. Per Definition gibt es $k \in \mathbf{N}$ mit $(1 - sb)^k \in A$. Wir schreiben $(1 - sb)^k = 1 + s'b = u \in A$, multiplizieren mit a und finden $a + s'ab = au$, bzw. $a = au - s'ab \in A$ (da $au \in A$ und nach Voraussetzung $ab \in A$).

44. a) $A + B$ ist ein Ideal, das wegen $A \neq B$ das maximale Ideal A enthält und zwar echt; also ist nur $A + B = R$ möglich (3.3.1).

b) Es gilt stets $AB \subseteq A \cap B$. Sei $x \in A \cap B$. Nach a) gibt es $a \in A$, $b \in B$ mit $a + b = 1$, also $x = xa + ab$. Wegen $xa \in (A \cap B)A \subseteq BA = AB$ und $xb \in (A \cap B)B \subseteq AB$ ersehen wir $x \in AB$; somit $AB = A \cap B$.

c) Folgt aus b) mit Aufg.23 .

45. a) Das Ideal Ra ist von R verschieden (andernfalls wäre a eine Einheit). Nach 3.3.9 gibt es ein maximales Ideal A mit $a \in Ra \subseteq A$.

b) Sei N der Durchschnitt aller maximalen Ideale von R und $x \in N$. Falls $1 - xy$ keine Einheit ist, dann gibt es (nach a)) ein maximales Ideal A mit $1 - xy \in A$. Wegen $x \in N \subseteq A$ ist dann

$xy \in A$, somit $(1-xy)+xy = 1 \in A$. Dies steht im Widerspruch zu $A \neq R$; also ist $1-xy$ invertierbar für jedes $y \in R$.
Nun sei $1-xy$ invertierbar für jedes $y \in R$ und es sei A ein maximales Ideal mit $x \in A$. Dann folgt $A + Rx = R$ (vgl. 3.3.3) ; insbesondere gibt es $u \in A$, $y \in R$ mit $u + xy = 1$ bzw. $u = 1 - xy \in A$. Dann enthält A die Einheit $1-xy$, also $A = R$; Widerspruch!
Also $x \in N$.

46. Nach Aufg. 41 ist $m\mathbf{Z}/p^k\mathbf{Z}$ genau dann maximal, wenn $m = p$ ist. Somit $p\mathbf{Z}/p^k\mathbf{Z}$ das einzige maximale Ideal von $\mathbf{Z}_{p^k}$.
Bemerkung: Gemäß Aufg. 6 können sämtliche Ideale in einer "Kette" angeordnet werden:

$$(0) \subset p^{k-1}\mathbf{Z}/p^k\mathbf{Z} \subset p^{k-2}\mathbf{Z}/p^k\mathbf{Z} \subset \ldots \subset p\mathbf{Z}/p^k\mathbf{Z} \subset \mathbf{Z}/p^k\mathbf{Z} .$$

47. a) $a_1(a_2 \ldots a_n) \in P \Rightarrow a_1 \in P$ oder $a_2(a_3 \ldots a_n) \in P$. Im ersten Fall sind wir fertig; andernfalls gilt $a_2 \in P$ oder $a_3 \ldots a_n \in P$, etc. In jedem Fall finden wir ein j mit $a_j \in P$.

b) Man setze $a_1 = a_2 = \ldots = a_n = a$ in a) .

Bemerkung: *Da $0 \in P$ für jedes Primideal in R , zeigt b) , daß jedes nilpotente Element a ($a^n = 0$) aus R im Durchschnitt aller Primideale von R enthalten ist.*

48. Das Nullideal ist Primideal (nach Voraussetzung), also ist $R \cong R/(0)$ Integritätsring (3.5.4). Nun sei $0 \neq x \in R$. Wie üblich betrachten wir das Ideal Rx : Im Falle $Rx = R$ gibt es $y \in R$ mit $yx = 1$, also ist x invertierbar. Ist $Rx \neq R$, so ist das Ideal Rx^2 wegen $Rx^2 \subseteq Rx \neq R$ nach Voraussetzung ein Primideal, d.h. aus $x^2 \in Rx^2$ folgt $x \in Rx^2$. Also gibt es $s \in R$ mit $x = (sx)x$. Da $x \neq 0$ kein Nullteiler ist, können wir kürzen und erhalten $1 = sx$, d.h. x ist doch invertierbar. In jedem Fall ist jedes $x \neq 0$ invertierbar, also ist R ein Körper.

49. Für ein Primideal ist R/P ein Integritätsring (3.5.4). Ein endlicher Integritätsring ist aber nach 3.2.16 ein Körper, also P maximal (3.3.4, Korollar).

50. Nach Aufg. 49 sind alle Primideale von $\mathbf{Z}_n$ bereits maximal. Diese sind in Aufg. 42 bestimmt worden.

51. Wegen $x \in Rx \subseteq Ry$ ist x darstellbar in der Form $x = sy \in Rx$, wobei $s \in Rx$ oder $y \in Rx$ (da Rx Primideal). Im Falle $s \in Rx$ haben wir $s = tx$ bzw. $x = tyx$, woraus durch Kürzen (x ist kein Nullteiler) $ty = 1$ bzw. $Ry = R$ folgt. Dies ist nach Voraussetzung ausgeschlossen, somit bleibt nur $y \in Rx$. Es folgt $Ry = Rx$.

52. Sei $P \subsetneq R$ Primideal. Wir zeigen, daß R/P ein Körper ist (vgl. 3.3.4, Korollar). R/P ist ein Integritätsring (3.5.4), in dem ebenfalls $(r+P)^n = r^n + P = r + P$ gilt für alle $r \in R$. Da wir im Integritätsring kürzen dürfen (3.2.15), gilt $(r+P)^{n-1} = 1 + P$ für alle $r + P \neq P$. Insbesondere (wegen $n > 1$) ist dann $r + P$ invertierbar, also R/P ein Körper.

Bemerkung: *Auch hiermit sieht man, daß in* $\mathbb{Z}_n$ *jedes Primideal maximal ist.*

53. Sei $P \neq R$ ein Primideal. Im homomorphen Bild R/P, welches nach 3.5.4 ohne Nullteiler ist, hat nach Voraussetzung jedes Element $\neq 0$ ein Inverses; also ist R/P ein Körper und P maximal.

54. a) Ist trivial.

b) Sei $P \in \mathcal{M}$ maximales Element, $x, y \in R$ mit $xy \in P$. Da $P \in \mathcal{M}$, gibt es $b \in R$, $b \neq 0$ und $P = I_b = \{r \in R \,;\, rb = 0\}$. Somit $(xy)b = 0$. Falls $y \notin P$, dann haben wir $yb \neq 0$ und x liegt in I_{yb}. Da $I_b \subseteq I_{yb}$ ($rb = 0 \Rightarrow ryb = 0$) und $1 \notin I_{yb}$ (d.h. $I_{yb} \neq R$), folgt $I_b = I_{yb}$ aus der Maximalität von I_b. Also $x \in I_{yb} = I_b = P$ und P ist Primideal.

55. a) Sei $P \in \mathcal{N}$ maximales Element, $x, y \in R \setminus P$ mit $xy \in P$, dann ist $P + xR \supsetneq P$ und daher endlich erzeugt; etwa $P + xR = (p_1 + x_1 x, p_2 + x_2 x, \ldots, p_n + x_n x)$, $p_i \in P$. Jedes $z \in P$ liegt in $P + xR$, hat also eine Darstellung

$$(*) \quad \begin{aligned} z &= u_1(p_1 + x_1 x) + \ldots + u_n(p_n + x_n x) \\ &= (u_1 p_1 + \ldots + u_n p_n) + (u_1 x_1 + \ldots + u_n x_n)x \,. \end{aligned}$$

Das Ideal $Q = \{q \in R \,;\, qx \in P\}$ enthält P und nach Vorausetzung auch y, daher ist es endlich erzeugt (wegen $Q \supsetneq P$); etwa $Q = (q_1, \ldots, q_m)$ mit $q_j x \in P$. Für jedes $z \in P$ ist in $(*)$ $u_1 x_1 + \ldots + u_n x_n \in Q$, also ist $P = (p_1, \ldots, p_n, q_1 x, \ldots, q_m x)$ endlich erzeugt und damit nicht in $\mathcal{N}$. Das ist ein Widerspruch.

b) In einem noetherschen Ring ist natürlich jedes Primideal endlich erzeugt. Ist umgekehrt A ein nicht endlich erzeugbares Ideal von R, dann ist $\mathcal{N}$ nicht-leer und mit dem Zornschen Lemma existiert ein maximales Element P von $\mathcal{N}$ mit $A \subseteq P$. Mit a) ist P ein Primideal und nach Voraussetzung endlich erzeugt, das ist ein Widerspruch zu $P \in \mathcal{N}$.

56. Es bezeichne $f_n := f \circ f \circ \dots \circ f$ die n-fach Iterierte von f und für jede Teilmenge $M \subseteq R$ $f^{-1}(M) = \{x \in R\ ;\ f(x) \in M\}$ bzw. $f_n^{-1}(M) = \{x \in R\ ;\ f_n(x) \in M\}$ das f- bzw. f_n- Urbild von M in R. Da f homomorph ist, sind $f^{-1}(\{0\})$ und $f_n^{-1}(\{0\})$ Ideale in R und es gilt

$$f^{-1}(\{0\}) \subseteq f_2^{-1}(\{0\}) \subseteq \dots \subseteq f_n^{-1}(\{0\}) \subseteq \dots \quad .$$

Diese Kette wird stationär, da R noethersch ist, d.h. es gibt $n \in \mathbf{N}$, sodaß $f_{n+1}^{-1}(\{0\}) = f_n^{-1}(\{0\})$. Nun gilt stets

$$x \in f_{n+1}^{-1}(\{0\}) \Leftrightarrow f_{n+1}(x) = 0 \Leftrightarrow f_n(x) \in f^{-1}(\{x\}) \Leftrightarrow x \in f_n^{-1}(f^{-1}(\{x\})),$$

d.h.

$$(1) \qquad f_n^{-1}(f^{-1}(\{0\})) = f_n^{-1}(\{0\}) \ .$$

f ist surjektiv und damit auch f_n und es gilt (vgl. 1.2.23)

$$(2) \qquad f_n(f_n^{-1}(M)) = M \quad \text{für alle } M \subseteq R \ .$$

Damit erhalten wir schließlich

$$f^{-1}(\{0\}) \underset{(2)}{=} f_n \circ f_n^{-1}(f^{-1}(\{0\})) = f_n(f_n^{-1} \circ f^{-1}(\{0\}))$$

$$\underset{(1)}{=} f_n(f_n^{-1}(\{0\})) \underset{(2)}{=} \{0\} \ .$$

Damit ist f injektiv.

Bemerkung: *Man vgl. Aufg. 31. Für Endomorphismen von endlichdimensionalen Vektorräumen folgt die Aussage über die Dimensionsformel aus dem Austauschsatz von STEINITZ. In diesem Fall ist auch jeder injektive Endomorphismus ein Automorphismus. Für noethersche Ringe ist diese Aussage i.allg. falsch:*

$R = \mathbf{Z}_2[\tau]$, $f : p(\tau) \mapsto (p(\tau))^2$ ist injektiv und homomorph aber nicht surjektiv.

57. a) Die Abgeschlossenheit von R folgt aus (ii) und (iii) ; da $R \subseteq K$ hat R keine Nullteiler. $\beta(1\cdot x) = \beta(1)\beta(x)$ liefert $\beta(1) = 1$, also $1 \in R$ ($\beta(-1) = 1$ folgt mit (i) ebenso) .

b) A ist Unterring von R , das zeigt man wieder direkt über (ii) und (iii) . $\beta(x) < 1$ und $\beta(y) \leq 1$ liefert $\beta(xy) < 1$, somit ist A Ideal in R . Sei B Ideal in R mit $R \supset B \supsetneqq A$, ann gibt es $b \in B$ mit $\beta(b) = 1$. Da $\beta(b^{-1}) = 1$, ist $b^{-1} \in R$ und $b^{-1}\cdot b = 1$ liegt in B , d.h. $B = R$. Aus demselben Grunde gilt für jedes echte Ideal B in R : $b \in B \Leftrightarrow \beta(b) < 1$, d.h. $B \subseteq A$.

58. Wir übertragen den klassischen Beweis (von Euklid) für die Existenz unendlich vieler Primzahlen.
Es seien $A_1,\ldots,A_n$ ($A_i \neq (0)$) paarweise verschiedene maximale Ideale in R . Weil R Integritätsring ist, gilt

$$(0) \neq A_1A_2\ldots A_n \subseteq A_1 \cap A_2 \cap \ldots \cap A_n ,$$

und die Menge $M = \{ra + 1 \;;\; r \in R\}$ ist unendlich, falls $a \neq 0$.
M enthält also eine Nichteinheit $1 + sa$ mit $a \in A_1\ldots A_n \setminus \{0\}$. Es sei B ein maximales Ideal mit $1 + sa \in B$ (vgl. Aufg. 45). Wir zeigen $B \notin \{A_1,\ldots,A_n\}$. Wäre $B = A_j$, so würde aus $1 + sa \in A_j$ und $a \in A_j$ sofort $1 \in A_j$ folgen; wegen $A_j \neq R$, ist das nicht möglich. Zu je endlich vielen maximalen Idealen gibt es also noch ein weiteres davon verschiedenes maximales Ideal. (Zu Beginn muß man sich (wieder mit Aufg. 45) davon überzeugen, daß es überhaupt ein maximales Ideal $A \neq (0)$ in R gibt.)

59. Die Menge $\mathcal{M} = \{B \subseteq R \;;\; B \text{ Ideal von } R \text{ mit } B \cap H = \emptyset\}$ ist nicht leer und induktiv geordnet (sie enthält A und zu jeder Kette $\mathcal{K} \subseteq \mathcal{M}$ ist $S = \bigcup_{B \in \mathcal{K}} B$ eine obere Schranke von $\mathcal{K}$ in $\mathcal{M}$). Nach dem Zornschen Lemma gibt es in $\mathcal{M}$ ein maximales Element P mit $A \subseteq P$.
Wir zeigen: P ist Primideal.
Dazu seien $a \notin P$, $b \notin P$ aber $ab \in P$. Wegen $P \subsetneqq P + Ra$ haben wir $P + Ra \notin \mathcal{M}$, also $(P + Ra) \cap H \neq \emptyset$. Ebenso gilt $(P + Rb) \cap H \neq \emptyset$. Es gibt deshalb $p_1, p_2 \in P$, $t_1, t_2 \in R$ mit $p_1 + t_1a,\ p_2 + t_2b \in H$. Nach Voraussetzung ist dann

$$p_1p_2 + t_1ap_1 + t_2p_2b + t_1t_2ab = (p_1 + t_1a)(p_2 + t_2b) \in H .$$

Weil $p_i \in P$ und $ab \in P$, ist das Element auch in P , insbesondere ist $P \cap H \neq \emptyset$. Das ist ein Widerspruch, d.h. $ab \in P$ und mit 3.5.4 ist P ein Primideal in R .

60. a) Sind $a,b \in N$, $a^n = 0$, $b^n = 0$, so gilt $(a-b)^{n+m} = 0$; denn in der binomischen Entwicklung von $(a-b)^{n+m}$ kommt in jedem Summanden entweder a^i mit $i \geq n$ oder b^j mit $j \geq m$ vor. Also $a-b \in N$. $RN \subseteq N$ ist offensichtlich.
Ist $r+N$ nilpotent in R/N , d.h. $r^n + N = N$, dann ist $r^n \in N$ und damit r nilpotent, d.h. $r+N = N$.

b) Ist $a \in R$ nicht nilpotent , d.h. $a \notin N$, so ist 0 nicht in $H = \{a^n ; n \geq 1\}$, bzw. $(0) \cap H = \emptyset$. Nach Aufg. 55 gibt es ein Primideal P mit $P \cap H = \emptyset$, insbesondere $a \notin P$.

c) Nach Aufg. 47 (vgl. die Bemerkung) ist N in jedem Primideal von R enthalten. Ist andererseits $x \notin N$, dann gibt es nach b) ein Primideal P mit $x \notin P$, also ist jedes Element aus dem Durchschnitt aller Primideale von R in N enthalten.

61. Sei $AB \subseteq P$, $B \nsubseteq P$, dann gibt es ein $b \in B$ mit $b \notin P$. Sei nun $a \in A$ beliebig. Wegen $ab \in AB \subseteq P$ folgt (weil P Primideal ist) $a \in P$; d.h. $A \subseteq P$.

62. Sei P Primideal und $Q \subsetneqq R$ ein Ideal mit $P \subsetneqq Q$. Nach Voraussetzung gibt es ein Ideal B mit $P = BQ$, insbesondere $BQ \subseteq P$. Nach Aufg. 61 folgt $B \subseteq P$. Wegen $P = BQ \subseteq B$ gilt somit $B = P$ bzw. $P = PQ$. Nun sei $p \in P$, $p \neq 0$. Wegen $(p) \subseteq P$ gibt es nach Voraussetzung ein Ideal A mit $(p) = AP$. Also folgt $(p) = AP = APQ = (p)Q$. Insbesondere gibt es $r \in R$ und $q \in Q$ mit $p = rpq$. Wir können durch $p \neq 0$ kürzen und erhalten $1 = rq$. Das Ideal Q enthält also die Einheit q , somit ist $Q = R$. Also ist P maximal.

63. Sei $A \subseteq R$ kein Hauptideal. Betrachte $\mathcal{M} = \{B \subseteq R ; B$ Ideal , $A \subseteq B$ und B kein Hauptideal$\}$. Es ist $\mathcal{M} \neq \emptyset$ und bzgl. $\subseteq$ induktiv geordnet. Nach dem Zornschen Lemma gibt es ein maximales Element P in $\mathcal{M}$. Wir zeigen P ist Primideal:
Da $R = (1)$ Hauptideal, gilt $P \neq R$. Seien $a \notin P$, $b \notin P$ aber $ab \in P$. Wegen $P \subsetneqq P + Ra$ ist $P + Ra$ ein Hauptideal Rc . Sei $c = p + ra$ mit $p \in P$ und $r \in R$. Wir betrachten $B = \{s \in R ; sc \in P\}$: B ist ein Ideal und wegen $ab \in P$, $b \notin P$ gilt $P \subsetneqq P + Rb \subseteq B$. Also ist B ein Hauptideal , $B = Rd$. Nun gilt: $p \in P \subseteq P + Ra = Rc$ also $p = tc \in P$ und $t \in B$ (per Def. von B), somit $t = sd$ und

$p = sdc$; d.h. $P \subseteq Rdc$. Andererseits (wegen $d \in B$) gilt $dc \in P$ bzw. $Rdc \subseteq P$. Damit ist $P = Rdc$ ein Hauptideal; das ist ein Widerspruch. Also ist P Primideal, jedoch kein Hauptideal. Das ist gegen die Voraussetzung. Somit ist M leer und jedes Ideal ist Hauptideal.

D. Teilbarkeit in Integritätsringen

64. $x|y \Leftrightarrow$ es gibt $r \in R$ mit $y = rx \Leftrightarrow (y) = Ry = (Rr)x \subseteq (x)$. Ist nun $(y) = (x)$, so gibt es $s \in R$ mit $x = sy$. Insgesamt $y = rsy$ bzw. (nach Kürzen von $y \neq 0$) $rs = 1$, d.h. $x \sim y$ und x ist kein echter Teiler von y . Ist andererseits (y) echt in (x) enthalten, dann ist x echter Teiler von y (denn es gilt $x \sim y \Leftrightarrow (x) = (y)$) .

65. Wegen $a = 1 \cdot a$ haben wir $a \sim a$ für alle $a \in R$. Es gilt

$$a \sim b \Rightarrow a = \varepsilon b \Rightarrow b = \varepsilon^{-1} a \Rightarrow b \sim a ;$$

$$a \sim b , b \sim c \Rightarrow a = b\varepsilon , b = c\eta \Rightarrow a = c(\varepsilon\eta) \Rightarrow a \sim c .$$

Es ist $x^2 = x$ äquivalent mit $x = 0$ oder $x = 1$ (da man in Integritätsringen mit $x \neq 0$ kürzen darf). Offensichtlich ist $[0] = \{0\}$ und $[1] = R^*$.

66.a) Mit Induktion nach n .

b) Seien $d = (a_1,\dots,a_n)$, $t = (a_1,\dots,a_{n-1})$ und $v = (t,a_n)$. Dann folgt bereits aus der Definition des ggT: $d|a_i$ $(1 \le i \le n)$ $d|t$ und $d|v$. Andererseits: Gilt $v|t$, $v|a_n$ und $t|a_i$ $(1 \le i \le n)$, so folgt $v|a_i$ $(1 \le i \le n)$, d.h. $v|d$ und $v \sim d$.

67.a) Ist v' ein weiteres kgV von x und y , so zeigt die Definition $v|v'$ (weil v ein kgV) und $v'|v$, also $v \sim v'$.

b) Weil R Hauptidealring ist, gilt $(x) \cap (y) = (v)$ mit $v \in R$. Wegen $(v) \subseteq (x)$ und $(v) \subseteq (y)$ haben wir $x|v$ und $y|v$. Nun sei $z \in R$ ein beliebiges gemeinsames Vielfaches von x und y , d.h. $(z) \subseteq (x)$ und $(z) \subseteq (y)$, dann folgt $(z) \subseteq (x) \cap (y) = (v)$, also $v|z$. Damit ist $v = [x,y]$.

Sei $d = (x,y)$ und $v = [x,y]$. Wir zerlegen $v = rx = sy$ und

$x = dx'$, $y = dy'$ mit $(x',y') = 1$. Somit $v = rdx' = sdy'$ bzw. $rx' = sy'$ und wegen $(x',y') = 1$ gibt das $x'|s$ (vgl. 3.6.9, Korollar 3). Mit $s = s'x'$ folgt $v = sdy' = s'dx'y'$. Da aber bereits $dx'y' = xy' = x'y$ ein gemeinsames Vielfaches von x und y ist, folgt $v|dx'y'$. Also ist $s' \in R^*$ (eine Einheit) und $v \sim dx'y'$ bzw. $dv \sim dx'dy' = xy$.

c) Mit 1.9.11', Korollar 3 gilt für teilerfremde $a,b \in \mathbf{Z}$ stets $\varphi(ab) = \varphi(a)\varphi(b)$ (φ Eulersche φ-Funktion); also ist

$$\varphi(nm) = \varphi(p_1^{k_1}) \ldots \varphi(p_j^{k_j}) ,$$

wenn $p_1^{k_1} \ldots p_j^{k_j}$ die Primfaktorisierung von nm ist. In der Folge $1,2,\ldots,p^r - 1$, p Primzahl, sind genau die Zahlen pk , $k = 1,2,\ldots$ $\ldots,p^{r-1}-1$ nicht prim zu p , d.h.

$$\varphi(p^i) = p^i - p^{i-1} = p^i(1-\frac{1}{p})$$

und

$$\varphi(nm) = nm \prod_{\substack{p|mn \\ p \text{ prim}}} (1-\frac{1}{p}) \underset{b)}{=} (n,m)[n,m] \prod_{\substack{p|nm \\ p \text{ prim}}} (1-\frac{1}{p})$$

$$= (n,m)[n,m] \prod_{\substack{p|[n,m] \\ p \text{ prim}}} (1-\frac{1}{p}) = (n,m)\varphi([n,m]) ;$$

denn die Primfaktoren von nm und $[n,m]$ sind die gleichen. In der selben Weise ergibt sich

$$\varphi(n)\cdot\varphi(m) = n \prod_{\substack{p\,|\,n \\ p \text{ prim}}}(1-\frac{1}{p})\cdot m\prod_{\substack{p\,|\,m \\ p \text{ prim}}}(1-\frac{1}{p})$$

$$= nm \prod_{\substack{p|n \,\wedge\, p|m \\ p \text{ prim}}} (1-\frac{1}{p}) \cdot \prod_{\substack{p|n \,\vee\, p|m \\ p \text{ prim}}} (1-\frac{1}{p})$$

$$\underset{b)}{=} (n,m) \prod_{\substack{p|(n,m) \\ p \text{ prim}}} (1-\frac{1}{p}) \cdot [n,m] \prod_{\substack{p|[n,m] \\ p \text{ prim}}} (1-\frac{1}{p})$$

$$= \varphi((n,m))\cdot\varphi([n,m]) .$$

Beide Relationen zusammen ergeben

$$\varphi(nm)\varphi((n,m)) = \varphi(n)\varphi(m)(n,m) .$$

68. Seien $x,y \neq 0$, $d = (x,y)$, $x = dx'$ und $y = dy'$. Offenbar sind x',y' teilerfremd . $v = dx'y' = xy' = x'y$ ist gemeinsames Vielfaches von x und y . Sei u ein weiteres gemeinsames Vielfaches von x und y , sowie $t = (u,v)$. Wegen $x|v$ und $x|u$ haben wir $x|t$ und ebenso $y|t$. Sei $t = rx = sy$. Aus $x'y = v = tv' = syv'$ und $xy' = v = tv' = rxv'$ folgt $x' = sv'$ und $y' = rv'$ also v' Einheit bzw. $v \sim t$ insbesondere $v|u$.
Also ist v ein kgV von x und y . Ist $x = 0$ oder $y = 0$, so ist jedes gemeinsame Vielfache auch Null : $[0,y] = [x,0] = 0$.

69. Ist $x = 0$ (bzw. $y = 0$) , so ist y (bzw. x) ein ggT von x und y . Seien also $x,y \neq 0$; dann gilt $xy = d[x,y]$ mit $d \in R$ (xy ist gemeinsames Vielfaches von x und y) und $[x,y] = xy' = x'y$, so daß $xy = dxy' = dx'y$, d.h. $y = dy'$ und $x = dx'$.
d ist also gemeinsamer Teiler von x und y .
Ist d' ein Teiler von x und y und $x = d'x''$, $y = d'y''$, so ist $v' = d'x''y''$ gemeinsames Vielfaches von x und y und somit $[x,y]\ v'$; d.h. $v' = \ x,y\ c$. Wegen $xy = [x,y]d = v'd' = [x,y]cd'$ gilt $d'|d$ und d ist ggT von x und y .

70. a) $\Rightarrow$ b): Wir setzen $\beta(x) := 2^{n_1+n_2+\dots+n_r}$, falls $x = \varepsilon p_1^{n_1} \dots p_r^{n_r}$ in einer Primfaktorisierung gegeben ist (bei festem Vertretersystem der Primelemente und $\varepsilon \in R^*$) und $\beta(x) = 1$ für $x \in R^*$. Es ist $\beta(x) = 1$ genau dann, wenn $x \in R^*$. Seien also x,y Nichteinheiten (beide $\neq 0$) mit

$$x = \varepsilon p_1^{n_1} \dots p_r^{n_r} \qquad \text{und} \qquad y = \eta p_1^{m_1} \dots p_r^{m_r},$$

dann ist

$$xy = (\varepsilon\eta) p_1^{n_1+m_1} \dots p_r^{n_r+m_r}$$

die Primfaktorisierung von xy (da R ZPE-Ring ist), somit gilt $\beta(xy) = \beta(x)\beta(y)$.
Nun sei $y \nmid x$, $d = \mathrm{ggT}(x,y)$. Es ist d echter Teiler von y (da d nicht assoziiert zu y), somit $\beta(d) < \beta(y)$. Nach Bézout (vgl. 3.6.9 Korollar) gibt es $m,n \in R$ mit $d = mx + ny$, also hat man $\beta(mx + ny) < \beta(y)$.

b) $\Rightarrow$ a): (Analog zu 3.6.18.) Sei $A \neq (0)$ ein Ideal in R und $b \in R$ mit $\beta(b) = \mathrm{Min}\ \{\beta(a)\ ;\ a \in A \setminus \{0\}\}$. Sei nun $a \in A$ mit $b \nmid a$, dann gibt es $m,n \in R$ mit $\beta(ma + nb) < \beta(b)$. Das widerspricht der Minimalität von $\beta(b)$ (beachte $ma + nb \in A \setminus \{0\}$). Also $b|a$ für alle $a \in A$; d.h. $A = (a)$. Daß $1 \in R$, zeigt man wie in 3.6.18 .

71. Nach dem Satz von Bézout gilt $(u,v) = 1$ genau dann, wenn es $r,s \in R$ gibt mit $ru + sv = 1$. Aus $rx + sy = 1$ und $r'x + s'z = 1$ folgt

$$1 = (rx + sy)(r'x + s'z) = (r' + r - rr'x)x + ss'yz ,$$

also $(x,yz) = 1$.

72. Sei R ein ZPE-Ring, $a,b \in R$ von Null verschiedene Nichteinheiten, bzgl. eines festen Vertretersystems von Primelementen zerlegt in

$$a = \varepsilon p_1^{n_1} \dots p_r^{n_r} , \quad b = \eta p_1^{k_1} \dots p_r^{k_r} \quad \text{mit} \quad n_i, k_i \in \mathbf{N} \cup \{0\} .$$

Wir setzen

$$c := p^{l_1} \dots p^{l_r} \quad \text{mit} \quad l_i = \operatorname{Max} \{n_i, k_i\}$$

und zeigen $(a) \cap (b) = (c)$. Wegen $c \in (a)$ und $c \in (b)$ gilt $(c) \subseteq (a) \cap (b)$. Ist nun $d \in (a) \cap (b)$, $d = ra = sb$ zerlegt in der Form $d = \delta p_1^{m_1} \dots p_r^{m_r}$, dann ist $m_i \geq n_i$ (wegen ZPE und $d = ra$), analog $m_i \geq k_i$ und damit $m_i \geq l_i$. Das bedeutet $c|d$ bzw. $d \in (c)$, d.h. $(a) \cap (b) \subseteq (c)$. Insgesamt also $(a) \cap (b) = (c)$.

Für die Umkehrung brauchen wir wegen 3.6.13 nur zu zeigen, daß jedes irreduzible Element Primelement ist. Dafür zeigen wir zuerst:

Ist R ein Integritätsring mit 1, in dem der Durchschnitt zweier Hauptideale wieder ein Hauptideal ist, und sind $u,v \in R$ irreduzibel und nicht assoziiert, so gilt $(u) \cap (v) = (uv)$.

Beweis: $(u) \cap (v) = (w)$ gilt nach Voraussetzung; wegen $uv \in (u) \cap (v) = (w)$ gibt es $r \in R$ mit $uv = rw$. Da auch $(w) \subseteq (u)$, $(w) \subseteq (v)$, gibt es $r_1, r_2 \in R$ mit $w = r_1 u$, $w = r_2 v$. Zusammen: $uv = rw = rr_1 u = rr_2 v$. Da wir kürzen dürfen, erhalten wir hieraus $u = rr_2$, $v = rr_1$. Da u,v unzerlegbar sind, folgt zunächst $r \in R^*$ oder $r_2 \in R^*$ und $r \in R^*$ oder $r_1 \in R^*$. Im Falle $r_1, r_2 \in R^*$ ist u assoziiert zu v (im Widerspruch zur Annahme), also ist r Einheit und $(uv) = (rw) = (w) = (u) \cap (v)$. □

Nun sei $u \in R$ unzerlegbar, $a,b \in R$ und $u|ab$. Falls a oder b Einheit ist, haben wir sogleich $u|b$ oder $u|a$. Daher können wir annehmen, daß a und b keine Einheiten sind. Nach Voraussetzung sind a und b als Produkt irreduzibler Elemente darstellbar: $a = a_1 a_2 \dots a_n$, $b = b_1 b_2 \dots b_m$ und es gilt $u | a_1 \dots a_n b_1 \dots b_m$ (a_i, b_j irreduzibel). Falls $u \sim a_1$ dann ist u Teiler von a_1,

d.h. $u|a$. Wir können deshalb $u \nmid a_1$ annehmen.
Aus $u|a_1c$ $(c = a_2 \ldots a_n b_1 \ldots b_m)$ und $a_1|a_1c$ folgt mit dem obigen Hilfssatz: $(a_1c) \subseteq (u) \cap (a_1) = (ua_1)$. Damit gibt es $t \in R$ mit $a_1c = ta_1u$ und folglich $c = tu$, d.h. $u|c$. Nun wird der Beweis mit einer einfachen Induktion zu Ende geführt. Insgesamt erhält man $u|a$ oder $u|b$; also u Primelement.

73. a) ⇒ b) : Nach 3.6.14 .

b) ⇒ a) : Sei $A \subseteq R$ ein Ideal. Bezüglich eines festen Vertretersystems von Primelementen hat jedes $x \in R$ eine Länge

$$L(x) := k_1 + \ldots + k_r \quad , \text{ falls } x = \varepsilon p_1^{k_1} \ldots p_r^{k_r}$$

die (kanonische) Primfaktorisierung ist. Wir wählen $a \in A$ mit minimaler Länge, dann ist $(a) \subseteq A$. Falls $(a) \neq A$, dann gibt es ein $b \in A \setminus (a)$ mit $(a) \subsetneqq (a,b) \subseteq A$. Nach Voraussetzung gibt es $c \in A$ mit $(a,b) = (c)$ und wegen $(a) \subsetneqq (c)$ ist c ein echter Teiler von a , folglich $L(c) < L(a)$; das ist ein Widerspruch! Also ist $(a) = A$ und jedes Ideal ist Hauptideal.

Bemerkung: *Die Voraussetzung " R ist ZPE-Ring " kann nicht unterschlagen werden, vgl. Aufg. 79 .*

74. Ist R ein ZPE-Ring und $P \subseteq R$ ein Primideal $\neq (0)$, so besitzt jedes $a \in P \setminus \{0\}$ eine Zerlegung $a = p_1 \ldots p_n$ in ein Produkt von Primelementen p_i . Mit Aufg. 47 gibt es $j \in \mathbf{N}$ mit $p_j \in P$.

Zur Umkehrung: Sei $S := \{a \in R \; ; \; a$ ist Produkt von Primelementen$\}$. Zu zeigen ist dann, daß S jede Nichteinheit $\neq 0$ von R enthält. Dazu zeigen wir zunächst: Jeder echte Teiler eines Elementes $a \in S$ liegt selbst in S : Wir führen eine Induktion nach der Anzahl der Primfaktoren von a , $a = p_1 p_2 \ldots p_n \in S$. Falls $n = 1$, ist a als Primelement irreduzibel (3.6.5) und hat keine echten Teiler.
Ist $n > 1$, $rd = p_1 \ldots p_n$ und $d \in R$, $r \in R$, so gilt $p_1|rd$, d.h. $p_1|r$ oder $p_1|d$; o.E. sei $r = r_1 p_1$. Wir kürzen und finden $r_1 d = p_2 \ldots p_n \in S$ (als Produkt von Primelementen). Nach Induktionsvoraussetzung folgt $d \in S$.
Nun sei $c \neq 0$ eine Nichteinheit und $c \notin S$. Dann gilt mit dem eben Bewiesenen $Rc \cap S = \emptyset$. S ist multiplikativ abgeschlossen, d.h. $S \cdot S = S$; nach Aufg. 59 gibt es also ein Primideal P mit $Rc \subseteq P$ und $P \cap S = \emptyset$. Nach Voraussetzung enthält P ein Primelement, das demnach nicht in S liegen kann; das ist ein Widerspruch zur Definition von S .

75. Da $R \setminus (R^* \cup \{0\}) \neq \emptyset$ und R ein ZPE-Ring ist, existieren Primelemente (man zerlege eine Nichteinheit). Seien $p_1, \ldots, p_n$ nicht-assoziierte Primelemente, dann gilt für $a = p_1 \ldots p_n + 1$: $a \neq 0$, sonst wären die p_i Einheiten ; $a \notin R^*$; denn $a \in R^*$ ergibt mit $1 \in R^*$ auch $a - 1 \in R^* \cup \{0\}$ (nach Voraussetzung ist $R^* \cup \{0\}$ ein Unterring von R) und das hieße wieder $p_i \in R^*$. Also ist a eindeutig zerlegbar in $a = q_1 \ldots q_s$ als Produkt von Primelementen (R ist ZPE-Ring) und offenbar ist q_i $(1 \leq i \leq s)$ nicht assoziiert zu einem der p_j $(1 \leq j \leq n)$, sonst wäre q_i ein Teiler von 1 .

76. a) $x \in (a)$ bedeutet $a|x$. Im ZPE-Ring hat x nur endlich viele echte Teiler, die paarweise nicht assoziiert sind.

b) Aus $(a_1) \subseteq (a_2) \subseteq \ldots \subseteq (a_i) \subseteq \ldots$ folgt insbesondere $a_1 \in (a_i)$ für alle i , nach a) sind höchstens endlich viele der Ideale (a_i) voneinander verschieden.

77. a) T hat keine 1 , daher gibt es keine Einheiten; auch existieren keine Nullteiler.

Sei $[m] = \begin{pmatrix} m & m \\ m & m \end{pmatrix}$, dann gilt $[m][n] = [2mn]$ und $[m]$ ist genau dann reduzibel, wenn m gerade ist. $[m] \mid [m][m]$ aber $[m] \nmid [m]$, d.h. es gibt keine Primelemente in T .

b) Sei A ein Ideal in T und $m = \text{Min}\,\{n\ ;\ [n] \in A\ ,\ n > 0\}$. Da $\mathbf{Z}$ euklidisch ist, gilt $A = ([m])$.

c) $[2k] = [1][k] = [-1][-k]$ ist nur für $k = 1$ bis auf die Reihenfolge eine eindeutige Zerlegung.

d) $[m] \longmapsto m$ liefert als Bild $(\mathbf{Z}, +, \circ)$ mit $m \circ n = 2mn$.
$[m] \longmapsto 2m$ liefert als Bild $(2\mathbf{Z}, +, \cdot)$ als Unterring von $\mathbf{Z}$.

78. a) $f(x) = 1$ für alle $x \in \mathbf{R}$ ist Einselement in $C(\mathbf{R})$. Ist $f(x) \neq 0$ für alle $x \in \mathbf{R}$, d.h. $f^{-1}(\{0\}) = \emptyset$, so ist f invertierbar ; g mit $g(x) = 1/f(x)$ für alle $x \in \mathbf{R}$ ist Inverses von f .

Ist $fg = 0$ mit $g \neq 0$, so muß gelten

$$\{x\ ;\ f(x) \neq 0\} \subseteq g^{-1}(\{0\}) \subsetneqq \mathbf{R}\ .$$

Für eine stetige Funktion $f \neq 0$ ist $\{x\ ;\ f(x) \neq 0\}$ eine offene nicht-leere Menge in $\mathbf{R}$. Also ist g genau dann Nullteiler, wenn

$g^{-1}(\{0\})$ eine offene nicht-leere Menge von $\mathbf{R}$ ist. (Funktionen mit isolierten Nullstellen sind somit weder Einheiten noch Nullteiler.)

b) M_x ist offensichtlich Ideal in $C(\mathbf{R})$ und das "Stellenfunktional" $\varphi : f \longmapsto f(x)$ ist ein Epimorphismus von $C(\mathbf{R})$ nach $\mathbf{R}$ mit Kern $\varphi = M_x$. Da $\mathbf{R}$ Körper ist, muß M_x maximal sein (vgl. 3.3.4).

$$A := \{f \in C(\mathbf{R})\ ;\ \text{es gibt } y \in \mathbf{R}\ ,\ \text{so daß } f(x) = 0 \text{ für } x \geq y\}$$

ist ein Ideal in $C(\mathbf{R})$, das in keinem M_x enthalten ist ($\mathbf{R}$ ist nicht beschränkt). Da $1 \notin A$ ist $A \neq C(\mathbf{R})$; mit 3.3.9 (Zornsches Lemma) existiert ein maximales Ideal M mit $A \subseteq M$ und $M \neq M_x$ für alle $x \in \mathbf{R}$. [1])

Bemerkungen: 1. *Die Menge der Nullstellengebilde* $Z(M) = \{f^{-1}(\{0\})\ ;\ f \in M\}$ *charakterisiert ein maximales Ideal in* $C(\mathbf{R})$ *eineindeutig; und zwar ist* M *genau dann maximal, wenn* $Z(M)$ *ein sog. z-Ultrafilter ist.* [2])

2. *In* $C(X) = \{f\ ;\ f : X \longrightarrow \mathbf{R} \text{ stetig}\}$, X *kompakt , ist jedes maximale Ideal ein* M_x *mit* $x \in X$ *: Ist* M *maximales Ideal in* $C(X)$ *und* $f_1, \ldots, f_n \in M$, *so ist*

$$f := \sum_{i=1}^{n} f_i^2 \in M \quad \text{und} \quad \bigcap_{i=1}^{n} f_i^{-1}(\{0\}) = f^{-1}(\{0\}) \neq \emptyset \ ,$$

sonst wäre f *Einheit und* $M = C(X)$. *Da* X *kompakt ist , gilt damit*

$$\bigcap_{f \in M} f^{-1}(\{0\}) \neq \emptyset \ ;$$

d.h. es gibt $x \in X$ *mit* $M \subseteq M_x$. *Da* M *maximal und* $M_x \neq C(X)$, *ist* $M = M_x$.

c) Es gilt $(f_1) \subsetneqq (f_2) \subsetneqq \ldots \subsetneqq (f_n) \subsetneqq \ldots$ mit $f_n : x \longmapsto \sqrt[3^n]{x}$.

d) Für jedes $f \in C(\mathbf{R})$ gilt $f = \sqrt[3]{f} \cdot \sqrt[3]{f} \cdot \sqrt[3]{f}$, wobei mit f stets auch $\sqrt[3]{f}$ eine Nichteinheit ist (sie haben das gleiche Nullstellengebilde) und es gilt $f \nmid \sqrt[3]{f}$; denn $1/(\sqrt[3]{f})^2$ ist nicht stetig im Punkt $x = 0$.

Bemerkung: *Aus diesem Grunde hat man keine einfachen algebraischen Darstellungsmittel für stetige Funktionen. Dies bekräftigt die Schwierigkeiten in der Analysis stetiger reeller Funktionen.*

---

[1]) *Zur Frage der Darstellbarkeit vgl.: G.Aumann, Reelle Funktionen. Springer Verlag, Berlin 1969 .*

[2]) *L.Gillman, M.Jerison, Rings of Continuous Functions . Springer Verlag 1976 .*

79.a) Sei $f \neq 0$, z.B. $f(a) \neq 0$. Dann gibt es eine ganze Umgebung U von a mit $f(z) \neq 0$ für alle $z \in U$. Sei nun $g \in G$ mit $gf = 0$. Dann folgt $g(z) = 0$ für alle $z \in U$ und damit ist $g = 0$ (Identitätssatz für holomorphe Funktionen). Einselement ist die Funktion $f(z) = 1$ (für alle $z \in \mathbb{C}$).

b) Sei $f \in G^*$, dann gibt es $g \in G$ mit $g(z)f(z) = 1$ für alle z. Dann ist f eine Funktion ohne Nullstellen in $\mathbb{C}$ und als solche ist sie von der Form $\exp h(z)$ mit $h \in G$. Denn mit $f \in G^*$ ist auch

$$h_1(z) = \int_0^z \frac{f'(\xi)}{f(\xi)}\, d\xi \in G .$$

Man differenziert $f(z)\cdot\exp(-h_1(z))$ und findet $f(z) = f(0)\exp h_1(z)$. Andererseits sind natürlich alle Funktionen der Form $\exp h(z)$ invertierbar, da sie keine Nullstellen besitzen.

c) Jedes Primelement ist irreduzibel (3.6.5). Nun sei $f \in G$ irreduzibel. Als Nichteinheit hat f eine Nullstelle (vgl. b)), sei etwa $f(a) = 0$. Wir entwickeln um a in eine Potenzreihe

$$f(z) = \sum_{i=1}^{\infty} a_i (z-a)^i = (z-a)g(z) , \quad g \in G .$$

Hat g eine Nullstelle, dann ist g Nichteinheit und f reduzibel; also $g \in G^*$. Andererseits ist klar, daß $z - a$ ein Primelement in G ist; denn falls $(z-a)\,|\,g(z)h(z)$, dann ist $g(a)h(a) = 0$ und somit $g(a) = 0$ oder $h(a) = 0$. Die Potenzreihenentwicklung liefert wieder $(z-a)\,|\,g(z)$ oder $(z-a)\,|\,h(z)$.
Hiermit hat jedes endliche Produkt von Primelementen nur endlich viele Nullstellen. Die Funktion $\sin z$ ist aber eine ganze Funktion mit unendlich vielen verschiedenen Nullstellen; also ist G kein ZPE-Ring.

d) Nach dem *Weierstraß'schen Produktsatz* [3]) besitzt jede ganze Funktion eine Darstellung

$$f(z) = \prod_{a \in Z(f)} [(z-a)\varepsilon_{a,f}(z)]^{n(f,a)} , \quad z \in \mathbb{C},$$

wobei $Z(f) = f^{-1}(\{0\})$ die (abzählbare, im Endlichen diskrete) Nullstellenmenge von f und $n(f,a)$ die Vielfachheit der Nullstelle a

---

[3]) *H. Behnke, F. Sommer, Theorie der analytischen Funktionen einer komplexen Veränderlichen. Berlin - New York : Springer 1962 .*

von f bezeichnet. Die $\varepsilon_{a,f} \in G^*$ sind sog. konvergenzerzeugende Faktoren und das unendliche Produkt konvergiert in jedem beschränkten Gebiet von $\mathbb{C}$ gleichmäßig. Also ist jede von Null verschiedene Nichteinheit ein abzählbar unendliches Produkt von Primelementen aus G .

Sind $f,g \in G \setminus \{0\}$ und ist $m(a) = \text{Min}\,\{n(f,a), n(g,a)\}$ für a aus $Z(f) \cap Z(g)$, dann liefert der Weierstraß'sche Produktsatz offensichtlich mit geeigneten $\varepsilon_{a,d} \in G^*$ in der Funktion

$$d(z) = \prod_{a \in Z(f) \cap Z(g)} [(z-a)\varepsilon_{a,d}(z)]^{m(a)}$$

einen ggT von f und g ; d.h. $f = rd$ und $g = td$ mit $r,t \in G$ und $(r,t) = 1$.

Es ist sogar $d \in (a,b)$: Da $Z(r) \cap Z(t) = \emptyset$ gilt für $a \in Z(r)$ stets $t(a) \neq 0$; daher gibt es Polynome h_a , so daß für die Potenzreihenentwicklung im Punkte a gilt

$$t(z)h_a(z) = 1 + (z-a)^{n(a,r)} + \text{höh.Potenzen} .$$

Mit dem *Mittag-Lefflerschen Anschmiegesatz* [3]) gibt es ein $h \in G$, das in den Punkten $a \in Z(r)$ mit den Entwicklungen h_a beginnt; danach ist

$$k(z) := \frac{h(z)t(z) - 1}{r(z)}$$

eine ganze Funktion und es gilt $kr - ht = 1$ mit $k,h \in G$. Insgesamt ist somit $d = (kr - ht)d = kf - hg \in (f,g)$ und jedes endlich erzeugte Ideal ist ein Hauptideal.

80. Mit dem euklidischen Algorithmus ergibt sich z.B.

$$(1256\,,14372) = 4 \quad \text{und} \quad 4 = 61\cdot 14372 - 698\cdot 1256 \quad .$$

81. Man findet (z.B. mit dem euklidischen Algorithmus)

$$1 = (1+i)(2-i) - (2+i) \quad \text{und} \quad 1 = 8(5+3i) - 3(13+8i) \; .$$

Damit ist in beiden Fällen der ggT gleich 1 .

82.a) Sei $\overline{x} := u - v\sqrt{n}$ für $x = u + v\sqrt{n}$; damit ist $N(x) = x\overline{x}$ und folglich $N(xy) = (xy)(\overline{xy}) = (x\overline{x})(y\overline{y}) = N(x)N(y)$. (Man verifiziere zuvor $\overline{xy} = \overline{x}\,\overline{y}$.)

b) $x \in R^* \Rightarrow$ es gibt $y \in R$ mit $xy = 1 \Rightarrow 1 = N(1) = N(xy) = N(x)N(y) \Rightarrow N(x) = \pm 1$.
Ist umgekehrt $\pm 1 = N(x) = \overline{x}x$, dann ist sofort $x^{-1} = \pm\overline{x}$.

c) $x = uv \Rightarrow N(x) = N(u)N(v) \Rightarrow N(u) | N(x) \Rightarrow N(u) = \pm 1$ oder $N(u) = \pm N(x) \Rightarrow u \in R^*$ oder $v \in R^*$, somit ist x unzerlegbar.

83. Es ist $x = u + v\sqrt{-n} \in \mathbf{Z}[\sqrt{-n}]$ genau dann eine Einheit, wenn $N(x) = u^2 + nv^2 = \pm 1$ (vgl. Aufg. 82). Wegen $n > 0$ ist sogar nur $1 = u^2 + nv^2$ möglich. Für $n = 1$ hat die Gleichung $1 = u^2 + v^2$ in ganzen Zahlen genau die Lösungen $u = \pm 1$, $v = 0$ und $u = 0$, $v = \pm 1$; also sind in $\mathbf{Z}[i]$ $(i = \sqrt{-1})$ ± 1 , $\pm i$ genau alle Einheiten. Für $n > 1$ ist $1 = u^2 + nv^2$ in ganzen Zahlen nur lösbar für $v = 0$, $u = \pm 1$; d.h. für $n > 1$ ist $\mathbf{Z}[\sqrt{-n}]^* = \{1,-1\}$.

84. $1 = u^2 - 3v^2$ hat z.B. die Lösung $u = 2$, $v = 1$, also ist $2 + \sqrt{3}$ eine Einheit. Dann sind auch die unendlich vielen paarweise verschiedenen Elemente $(2 + \sqrt{3})^k$, $k \in \mathbf{Z}$, Einheiten.

85. Falls $a|b$, so auch $N(a)|N(b)$ (vgl. Aufg. 82) . Eine notwendige Bedingung für $x|6$ ist somit $N(x)|36$, also (mit $x = u + v\sqrt{-6}$) $N(x) = u^2 + 6v^2 \in \{1,2,3,4,6,9,12,18,36\}$.

$N(x) = 1$ gibt Einheiten. $N(x) \in \{2,3,12,18\}$ ist in $\mathbf{Z}$ nicht lösbar.
$u^2 + 6v^2 = 4$ hat die Lösungen $u = \pm 2$, $v = 0$.
$u^2 + 6v^2 = 6$ hat die Lösungen $u = 0$, $v = \pm 1$.
$u^2 + 6v^2 = 9$ hat die Lösungen $u = \pm 3$, $v = 0$.

Damit ist $\{\pm 2 , \pm\sqrt{-6} , \pm 3\}$ die Menge der möglichen Teiler von 6 . Wegen $6 = 2\cdot 3 = -\sqrt{-6}\sqrt{-6}$ handelt es sich tatsächlich um die Menge aller Teiler von 6 in $\mathbf{Z}[\sqrt{-6}]$. ($N(x) = 36$ und $xy = 6$ führt auf $N(y) = 1$, also auf eine Einheit y .)

Analog suchen wir die Teiler von 21 in $\mathbf{Z}[\sqrt{-5}]$:
$x = u + v\sqrt{-5} \mid 21 \Rightarrow u^2 + 5v^2 \in \{1,3,7,9,21,49,63,147,441\}$.
$u^2 + 5v^2 \in \{3,7,63,147\}$ ist in $\mathbf{Z}$ nicht erfüllbar. Die Lösungen von $u^2 + 5v^2 = 9$ führen auf $x \in \{\pm 3, \pm(2\pm\sqrt{-5})\} =: A$. $N(x) = 21$ führt auf $B := \{\pm(4\pm\sqrt{-5}), \pm(1\pm 2\sqrt{-5})\}$; $N(x) = 49$ auf $C := \{\pm 7, \pm(2\pm 3\sqrt{-5})\}$.

Die echten Teiler sind demnach in $A \cup B \cup C$ zu suchen. Aus

$$21 = 3\cdot 7 = (4+\sqrt{-5})(4-\sqrt{-5}) = (1+2\sqrt{-5})(1-2\sqrt{-5})$$

sehen wir, daß ± 3, ± 7, $\pm(4\pm\sqrt{-5})$, $\pm(1\pm 2\sqrt{-5})$ tatsächlich Teiler von 21 sind. Hingegen sind $\pm(2\pm\sqrt{-5})$ und $\pm(2\pm 3\sqrt{-5})$ keine Teiler von 21 ; z.B. führt $21 = (2+\sqrt{-5})(r+s\sqrt{-5})$ auf $-9s = 21$, was mit ganzen Zahlen s nicht erfüllbar ist.

86. Mit $i = \sqrt{-1}$ gilt in $\mathbf{Z}[i]$: $2 = (1+i)(1-i)$, $5 = (2+i)(2-i)$. In $\mathbf{Z}$ sind $N(1\pm i)$ und $N(2\pm i)$ Primzahlen , d.h. $1+i$, $1-i$, $2+i$, $2-i$ sind in $\mathbf{Z}[i]$ unzerlegbar (vgl. Aufg. 82) . Da $\mathbf{Z}[i]$ Hauptidealring ist, sind alle unzerlegbaren Elemente auch prim (vgl. 3.7.2 und 3.6.7). 3 ist in $\mathbf{Z}[i]$ unzerlegbar; denn $3 = ab$ führt auf $N(a) = 1$ (a Einheit) , $N(a) = 9$ (b Einheit) oder $N(a) = 3$ (in $\mathbf{Z}$ nicht lösbar) .

87. Ist p Primzahl in $\mathbf{Z}$, so gilt:

$$p = \bar{a}\bar{b} = a\bar{b} \Rightarrow p^2 = N(a)N(b) \Rightarrow \begin{cases} N(a) = \pm 1 & (\text{a Einheit}) \text{ oder} \\ N(a) = \pm p^2 & (\text{b Einheit}) \text{ oder} \\ N(a) = \pm p & (\text{a unzerlegbar}) . \end{cases}$$

Ist $N(a) = \bar{a}a = p$, so gilt $b = \bar{a}$. Die Gleichungen $2 = u^2 - 10v^2$ bzw. $3 = u^2 - 10v^2$ sind in $\mathbf{Z}$ nicht erfüllbar ($\bar{2}$, $\bar{3}$ sind keine Quadrate in $\mathbf{Z}_5$). Damit sind 2 und 3 unzerlegbar.

$$4 \pm \sqrt{10} = ab \Rightarrow 6 = N(a)N(b) \Rightarrow N(a) \in \{+6,-6,+1,-1\} .$$

Da $N(a) \in \{\pm 2, \pm 3\}$ nicht vorkommen kann, ist a Einheit oder b Einheit; also sind auch $4+\sqrt{10}$ und $4-\sqrt{10}$ unzerlegbar.
Wegen $2\cdot 3 = (4+\sqrt{10})(4-\sqrt{10})$ ist 2 ein Teiler des Produktes $(4+\sqrt{10})(4-\sqrt{10})$, ohne daß 2 einen der Faktoren teilt; also ist 2 kein Primelement (das gleiche Argument geht für die anderen Faktoren).

88. Die Menge $\{\delta(a)\ ;\ a \in R\setminus(R^* \cup \{0\})\} \subseteq \mathbf{N}_0$ hat ein kleinstes Element $\delta(u)$ mit $u \in R\setminus(R^* \cup \{0\})$. Ist nun $x \in R$ beliebig, dann gibt es $y,z \in R$ mit $x = uy + z$ und $z = 0$ oder $\delta(z) < \delta(u)$ (vgl. 3.6.16) . Entweder $u|x$ oder (wegen der Minimalität von $\delta(u)$) $z \in R^*$ und $u|(x-z)$.

Bemerkung: *Damit hat man in jedem euklidischen Ring eine "Normaldarstellung"* $x = ru + y$, $r \in R$, $y \in R^* \cup \{0\}$; *z.B.* $x = 2r + y$, $y \in \{0,1\}$ *in* $\mathbf{Z}$.

89.a) $R_{19} \subset \mathbb{Q}[\sqrt{-19}] \subset \mathbb{C}$, daher ist $N : R_{19} \longrightarrow \mathbb{N}_0$ mit $(a,b \in \mathbb{Z})$

$$N(a+bz) = |a+bz|^2 = a^2 + ab + 5b^2 \quad , \quad z = \frac{1}{2}(1+\sqrt{-19}),$$

multiplikativ ($N(xy) = N(x)N(y)$) und definit ($N(r) = 0 \Leftrightarrow r = 0$).
Mit Aufg. 82 ist $R_{19}^* = \{+1,-1\}$.

Sei R_{19} euklidisch, dann gibt es nach Aufg. 88 eine Nichteinheit $u \in R_{19}$ mit $u|x$ oder $u|(x+1)$ oder $u|(x-1)$ (für jedes $x \in R_{19}$). $x = 2$ zeigt $u|2$ oder $u|3$. In R_{19} sind 2 und 3 irreduzibel, somit folgt $u = \pm 2$ oder $u = \pm 3$. Weder 2 noch 3 teilen aber x oder $x+1$ oder $x-1$ für $x = z$.

b) Wir zeigen, daß die Abbildung N die Eigenschaft (b) von Aufg. 70 erfüllt:
Seien $x,y \in R_{19} \setminus \{0\}$ und $y \nmid x$, dann ist $xy^{-1} \in \mathbb{Q}[\sqrt{-19}] \setminus R_{19}$. Wie im Beweis von 3.7.2 suchen wir ein zu xy^{-1} (bzgl. N) nächstgelegenes $r \in R_{19}$. Die Differenz $u := r - xy^{-1}$ liegt dann in dem Sechseck S (vgl. Abb.) mit

$$S = \left\{ a+bz \;;\; |2a+b| \le 1 \;,\; |b| \le \mathrm{Min}\{\frac{|5+a|}{9}, \frac{|5-a|}{10}\},\; a,b \in \mathbb{Q} \right\}.$$

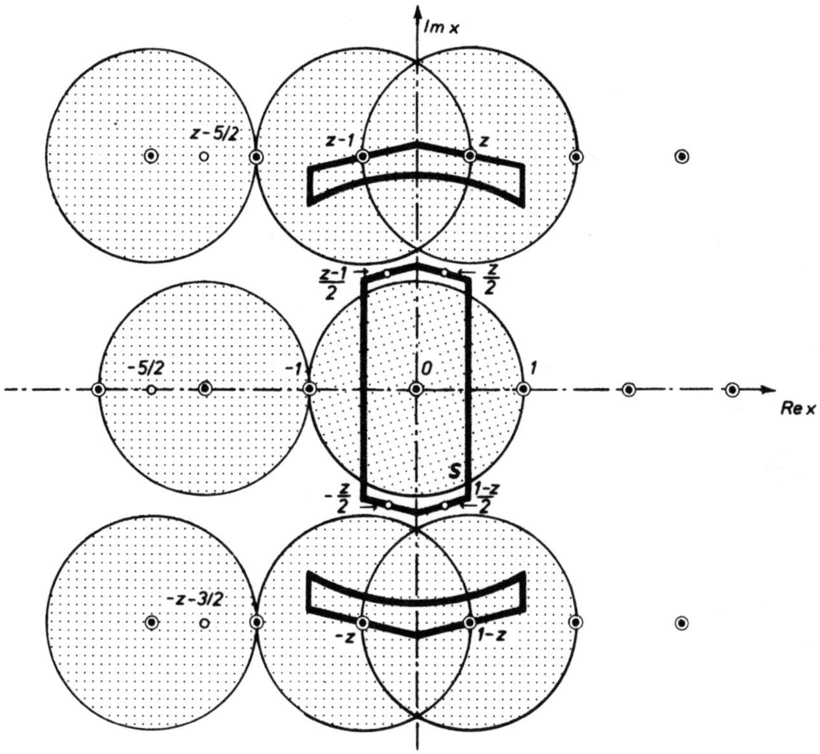

Es sind drei Fälle zu unterscheiden:

(1) $N(u) < 1$; dann ist (da N multiplikativ)

$$N(-x+ry) < N(y) \quad \text{und} \quad -x+ry \neq 0 .$$

(2) $N(u) \geq 1$ und $u \notin \{\frac{z}{2}, -\frac{z}{2}, \frac{1-z}{2}, \frac{z-1}{2}\}$; dann hat (vgl. die Abb.) $2u$ von einem der vier Punkte $z, 1-z, -z, z-1$ (bzgl. N) einen Abstand < 1 , d.h. es gibt $w \in R_{19}$ mit $0 < N(2u-w) < 1$. Damit hat man

$$N(-2x+(2r-w)y) < N(y) \quad \text{und} \quad -2x+(2r-w)y \neq 0 .$$

(3) $u \in \{\frac{z}{2}, -\frac{z}{2}, \frac{1-z}{2}, \frac{z-1}{2}\}$; dann ist $2u \in R_{19}$ und wegen $z^2 = z-5$

$$(1+2u)u \in \{ -\frac{5}{2}, z-\frac{5}{2}, -z-\frac{3}{2} \} ,$$

d.h. es gibt $w \in R_{19}$, so daß $0 < N((1+2u)u-w) < 1$ (z.B. wähle man $w \in \{-2, z-2, -z-2\}$). Damit hat man in diesem Fall

$$N(-(1+2u)x+[r(1+2u)-w]y) < N(y)$$

und $-(1+2u)x+[r(1+2u)-w]y \neq 0$.

Mit Aufg. 70 ist damit R_{19} ein Hauptidealring.

Bemerkungen: 1. *Der Ring* R_d *der ganzen Zahlen in* $\mathbf{Q}(\sqrt{d})$ *(vgl. III.Aufg. 31) ist für negative ganze Zahlen* d *genau dann ein Hauptidealring, wenn*

$$d \in \{ -1 , -2 , -3 , -7 , -11 , -19 , -43 , -67 , -163 \}$$

und euklidisch, falls

$$d \in \{ -1 , -2 , -3 , -7 , -11 \} .$$

2. *Wollte man die Beweisidee auf* $\mathbf{Z}[\sqrt{-5}]$ *anwenden, so scheitert man gerade im Falle (3) .*

90. Ist R euklidisch mit Gradfunktion $\delta : R \setminus \{0\} \longrightarrow \mathbf{N}_0$, so setze man $P_i = \{b \in R ; \delta(b) \geq i\}$. Sei $a,b \in R$ und $b \neq 0$, dann gilt

$$a+Rb \subseteq P_i \Leftrightarrow \delta(a+rb) \geq i \text{ und } a+rb \neq 0 \text{ für alle } r \in R .$$

Da R euklidisch ist, gibt es $r \in R$, so daß $\delta(a+rb) < \delta(b)$, d.h. $\delta(b) \geq i+1$ und $b \in P_{i+1}$. Der Durchschnitt aller P_i ist leer; denn für jedes r ist $\delta(r)$ beschränkt .

Ist umgekehrt eine Kette $R\setminus\{0\} = P_o \supseteq P_1 \supseteq \ldots$ mit (i) und (ii) gegeben, so ist durch $\delta(b) = i \Leftrightarrow b \in P_i \setminus P_{i+1}$ wegen (ii) eine Abbildung $\delta : R\setminus\{0\} \longrightarrow \mathbf{N}_o$ definiert.
Annahme: δ sei keine Gradfunktion auf R, dann gibt es b,a mit $b\nmid a$, $\delta(b) = i$ und $\delta(a+rb) \geq i$ für alle $r \in R$; dies bedeutet aber $a + Rb \subseteq P_i$ und wegen (i) ist $b \in P_{i+1}$, also $\delta(b) > i$, das ist ein Widerspruch, also ist δ eine Gradfunktion auf R.

E. Polynomringe

91. Wenn $R[[\tau]]$ keine Nullteiler hat, so gilt das erst recht für den Unterring R von $R[[\tau]]$. Sind umgekehrt

$$f = a_k\tau^k + a_{k+1}\tau^{k+1} + \ldots \quad \text{und} \quad g = b_j\tau^j + b_{j+1}\tau^{j+1} + \ldots$$

formale Potenzreihen, $a_k \neq 0$, $b_j \neq 0$, dann ist

$$fg = a_kb_j\tau^{k+j} + \text{höhere Potenzen von } \tau.$$

Wegen $a_kb_j \neq 0$ (R ist ohne Nullteiler) ist auch $fg \neq 0$.

92. $f = \sum_{i\geq 0} a_i\tau^i$ ist genau dann invertierbar, wenn es ein $g = \sum_{i\geq 0} b_i\tau^i$ gibt mit

$$1 = fg = \sum_{i=0}^{\infty} \left(\sum_{j=0}^{i} a_jb_{i-j}\right)\tau^i .$$

Dies ist genau dann der Fall, wenn es eine Folge $(b_i)_{i\geq 0}$ aus R gibt mit

$$(*) \qquad a_ob_o = 1 \quad \text{und} \quad \sum_{j=0}^{i} a_jb_{i-j} = 0 \quad \text{für alle } i \geq 1 .$$

Ist also f invertierbar, dann zeigt (*) sofort $a_o \in R^*$. Ist andererseits $a_o \in R^*$ (Einheit), dann definieren wir die Folge $(b_i)_i$ rekursiv durch

$$b_o := a_o^{-1} \quad \text{und} \quad b_i := -a_o^{-1}\left(\sum_{j=1}^{i} a_jb_{i-j}\right), \ i \geq 1 .$$

Diese Folge erfüllt (*) und liefert somit das Inverse von f.
Ist a_o irreduzibel in R und $f = gh$, $g = \sum_{i\geq 0} b_i\tau^i$ sowie $h = \sum_{i\geq 0} c_i\tau^i$ (d.h. $a_o = b_oc_o$), dann ist b_o oder c_o Einheit

in R . Wie soeben gezeigt, ist dann entweder g oder h Einheit in $R[[\tau]]$, d.h. f ist irreduzibel.

93. Die geometrische Reihe zeigt den Lösungsansatz :

a)
$$(1-\tau)\left(\sum_{i\geq 0}\tau^i\right) = \sum_{i\geq 0}\tau^i - \sum_{i\geq 1}\tau^i = 1 ,$$

also

$$(1-\tau)^{-1} = \sum_{i\geq 0}\tau^i = 1+\tau+\tau^2+\dots .$$

b)
$$[(1-\tau)^2]^{-1} = [(1-\tau)^{-1}]^2 = \left(\sum_{i\geq 0}\tau^i\right)^2 = \sum_{i\geq 0}(i+1)\tau^i .$$

c) - e)
$$(1-\tau f)^{-1} = \sum_{i\geq 0}\tau^i f^i \quad , \text{ wie a) } .$$

Zusatz zu d):

$$\begin{aligned}(1-5\tau+6\tau^2)^{-1} &= (1-3\tau)^{-1}(1-2\tau)^{-1}\\ &= 3(1-3\tau)^{-1} - 2(1-2\tau)^{-1}\\ &= 3\sum_{i\geq 0}(3\tau)^i - 2\sum_{i\geq 0}(2\tau)^i = \sum_{i\geq 0}(3^{i+1}-2^{i+1})\tau^i .\end{aligned}$$

94. $\tau^2+3\tau+2 = (\tau+1)(\tau+2)$ ist eine echte Zerlegung in $\mathbf{Z}[\tau]$; hingegen ist $1+\tau$ eine Einheit in $\mathbf{Z}[[\tau]]$ und $\tau^2+3\tau+2$ ist assoziiert zum (in $\mathbf{Z}[[\tau]]$) irreduziblen Element $\tau+2$.

95. Wir zerlegen $1+a\tau+b\tau^2 = (1-\alpha\tau)(1-\beta\tau)$ und finden $\alpha+\beta = a$, $\alpha\beta = b$, also

$$\alpha = \frac{a}{2}+\sqrt{\left(\frac{a}{2}\right)^2-b} \quad , \quad \beta = \frac{a}{2}-\sqrt{\left(\frac{a}{2}\right)^2-b} .$$

(α,β sind Lösungen der quadratischen Gleichung $x^2-ax+b=0$).
Wegen $b\leq\left(\frac{a}{2}\right)^2$ gilt $\alpha,\beta\in\mathbf{R}$, sogar $\alpha\geq\beta\geq 0$. Falls $\alpha>\beta$, dann gilt (Partialbruchzerlegung)

$$\begin{aligned}(1-c\tau)(1-a\tau+b\tau^2)^{-1} &= \frac{\alpha-c}{\alpha-\beta}(1-\alpha\tau)^{-1} + \frac{c-\beta}{\alpha-\beta}(1-\beta\tau)^{-1}\\ &= \sum_{i\geq 0}\left[\frac{\alpha-c}{\alpha-\beta}\,\alpha^i + \frac{c-\beta}{\alpha-\beta}\,\beta^i\right]\tau^i\end{aligned}$$

(vgl. Aufg. 93).

Wir zeigen $\alpha - c \geq 0$ und $c - \beta \geq 0$ (damit ist die Behauptung offensichtlich).
Wegen $\alpha + \beta = a$, $\alpha > \beta \geq 0$, also $\alpha > \frac{a}{2}$ und wegen $c \leq \frac{a}{2}$ (nach Voraussetzung) erhalten wir $\alpha > c$.
Die andere Behauptung $c - \beta > 0$ ersehen wir aus

$$c - \beta = c - (a - \alpha) = \alpha - (a - c) \geq \alpha - \frac{a}{2} > 0 .$$

Im Falle $\alpha = \beta = \frac{a}{2}$ folgt

$$(1 - c\tau)(1 - a\tau + b\tau^2)^{-1} = (1 - c\tau)[(1 - \tfrac{a}{2}\tau)^{-1}]^2 =$$

$$= (1 - c\tau)[\sum_{i\geq 0} (\tfrac{a}{2})^i \tau^i]^2 = 1 + \sum_{i\geq 1} (\tfrac{i+1}{2} a - ic)(\tfrac{a}{2})^{i-1}\tau^i .$$

Auch hierin sind wegen $\frac{a}{2} \geq c$ alle Koeffizienten positiv.

96. a) Sei $f = a_k\tau^k + \dots$, $a_k \neq 0$, d.h. $o(f) = k$, und genauso $g = b_j\tau^j + \dots$, $b_j \neq 0$, o.E. $k \geq j$. In $f - g = \sum_i (a_i - b_i)\tau^i$ sind die ersten j Koeffizienten Null; d.h. $o(f - g) \geq j = \mathrm{Min}\{o(f), o(g)\}$.

b) $fg = a_k b_j \tau^{k+j}$ + höhere Potenzen. Somit $o(fg) \geq k + j = o(f) + o(g)$. Hat R keine Nullteiler, so gilt $a_k b_j \neq 0$ und $o(fg) = k + j$.

97. Wir zeigen, daß alle Ideale von der Form $(\tau^k) = \tau^k K[[\tau]]$ sind. Insbesondere ist also $K[[\tau]]$ ein Hauptidealring.
Es sei $A \neq (0)$ ein echtes Ideal und $f = \sum_{i\geq 0} a_i\tau^i \in A$. Da f keine Einheit ist, haben wir $a_0 = 0$ (vgl. Aufg. 86) d.h. $f = \tau^j g$ mit einer Einheit g. Also ist $\tau^j = g^{-1} f \in A$.

Sei nun $k = \mathrm{Min}\{j \in \mathbf{N} ; \tau^j \in A\}$. Wegen $\tau^k \in A$ haben wir $(\tau^k) \subseteq A$, und aus $f = \tau^j g = \tau^k(\tau^{j-k}g) \in (\tau^k)$ ($k \leq j$ per Def.) sehen wir $A = (\tau^k)$.

Jede formale Potenzreihe läßt sich schreiben als $f = \alpha + g$ mit $g \in K[[\tau]]$, $\alpha \in K$. Zusammen mit der Voraussetzung gilt $fA \subseteq \alpha A + gA \subseteq A$, also ist A Ideal in $K[[\tau]]$, somit gibt es $k \in \mathbf{N}$ mit $A = (\tau^k)$.

98. Sei $P \subseteq R[[\tau]]$ ein Primideal und P^* das Ideal in R

$$P^* = \{a_0 \in R ; \sum_{i\geq 0} a_i\tau^i \in P\} ,$$

dann gilt:

Wird P^* von r Elementen erzeugt, so wird P entweder von $r+1$ Elementen erzeugt, falls $\tau \in P$, oder von r, falls $\tau \notin P$.

Beweis: Sei $P^* = (p_1,\dots,p_r)$. Ist $\tau \in P$, so ist $P = (p_1,\dots,p_r,\tau)$. Sei also $\tau \mid P$ und sei $f_j = \sum_{i\geq 0} a_{ji}\tau^i \in P$ mit $a_{jo} = p_j$ für $j = 1,2,\dots,r$, dann gilt $P = (f_1,\dots,f_r)$. Denn mit $g = b_o + b_1\tau + \dots$ aus P und $b_o = \sum_j \beta_j p_j$ gilt $g - \sum_j \beta_j f_j = \tau g_1 \in P$. Da P Primideal und $\tau \notin P$, ist $g_1 \in P$. In gleicher Weise schreiben wir $g_1 - \sum_j \gamma_j f_j = \tau g_2$ mit $g_2 \in P$, etc. Insgesamt ist $g = \sum_j h_j f_j$ mit $h_j = \beta_j + \gamma_j\tau + \dots$, $j = 1,2,\dots,r$. □

Ist $P^* = (p_1)$ Hauptideal in R, so gilt entweder $P = (p_1,\tau)$ und τ ist Primelement von $R[[\tau]]$ in P (τ ist stets Primelement) oder $P = (f_1)$ und f_1 ist Primelement (vgl. 3.6.5). Mit Aufg. 74 ist $R[[\tau]]$ ein ZPE-Ring.

99. Ist R noethersch, so ist jedes Ideal endlich erzeugt, mit dem Hilfssatz zur Lösung von Aufg. 98 ist jedes Primideal in $R[[\tau]]$ endlich erzeugt. Über Aufg. 55 folgt die Behauptung.

100. Das Polynom $f(\tau) - f(b)$ hat b als Wurzel, also ist $\tau - b$ Teiler von $f(\tau) - f(b)$ (nach 4.1.14). In $f(\tau) - f(b) = (\tau - b)h(\tau)$ wird $\tau = a$ eingesetzt.
Alternativ: Die Behauptung folgt aus

$$a^n - b^n = (a-b)(b^{n-1} + b^{n-2}a + \dots + ba^{n-2} + a^{n-1}) .$$

101. Sei $f = gh$ und o.E. $\text{Grad } g \leq \text{Grad}$. $2k+1 = \text{Grad } g + \text{Grad } h$ impliziert $\text{Grad } g < \text{Grad } h$, o.E. $\text{Grad } g < k$. Nach Voraussetzung gilt $g(u_i) = \pm 1$ für $2k+1$ Werte u_i, dann hat aber g an wenigstens $k+1$ Stellen den gleichen Wert 1 oder -1; nach 4.1.14 geht das nur für $g = 1$.

102. Nach 4.1.14 ist $\tau - \frac{a}{b}$ Teiler von f in $\mathbf{Q}[\tau]$, also

$$f = (\tau - \tfrac{a}{b})g(\tau) = (b\tau - a)\tfrac{1}{b}g(\tau) .$$

Nach 4.3.6, Korollar 3, ist $\frac{1}{b}g(\tau) \in \mathbf{Z}[[\tau]]$. Die Behauptung folgt daher mit 4.3.8.

103. Sei $f = a_o + a_1\tau + \ldots + a_n\tau^n = a_o - \tau g$, $g \in R[\tau]$ und seien a_o invertierbar sowie a_i nilpotent für $1 \le i \le n$. Dann ist g nilpotent (vgl. Aufg. 15) und $f = a_o(1 - \tau a_o^{-1}g)$ invertierbar (vgl. 3.2.2.d). Ist nun f invertierbar, dann sehen wir sofort, daß a_o invertierbar sein muß. Somit o.E. $a_o = 1$. $(1 - \tau g)(1 + \tau h) = 1$ liefert $h = g + \tau gh$. Hierin h wiederholt eingetragen zeigt

$$h = g + \tau g^2 + \tau^2 g^2 h = g + \tau g^2 + \tau^2 g^3 + \tau^3 g^3 h = g + \tau g^2 + \tau^3 g^4 + \ldots$$

Auf der rechten Seite können wir so beliebig hohe τ-Potenzen erzielen. Da Grad h jedoch endlich ist, muß g nilpotent sein. $g^k = 0$ zeigt insbesondere $g(0)^k = 0$, also $-g(0) = a_1$ ist nilpotent. Dann ist $-g - a_1 = \tau(a_2 + a_3 + \ldots)$ nilpotent, somit ist auch $a_2 + a_3\tau + \ldots + a_n\tau^{n-2}$ nilpotent. Eine einfache Induktion zeigt nun $a_2, \ldots, a_n$ nilpotent.

104. Sei $f = a_n\tau^n + a_{n-1}\tau^{n-1} + \ldots + a_1\tau + a_o$ und $g = b_m\tau^m + \ldots + b_o \neq 0$ mit $fg = 0$. Es ist entweder $a_i g = 0$ für alle i , in diesem Fall gilt $a_i b_j = 0$, somit ist insbesondere $b_m f = 0$; oder es gibt a_j mit $a_j g \neq 0$. Sei k mit Grad $a_k g = \text{Min}\{\text{Grad } a_j g \; ; \; a_j g \neq 0\}$. Grad $a_k g \ge$ Grad g geht nur für Grad $a_k g$ = Grad g ; in diesem Fall zeigt eine Gradbetrachtung, daß $0 = fg = a_n g\tau^n + \ldots + a_1 g\tau + a_o g$ unmöglich ist. Also haben wir $g_1 := a_k g$, Grad $g_1 <$ Grad g , $g_1 \neq 0$, mit $fg_1 = a_k fg = 0$. Dieses Verfahren fortgesetzt führt auf eine Konstante $c \neq 0$ mit $cf = 0$.

105.a) Aus (ii) folgt natürlich (i) , die Umkehrung gilt nicht: $R = \mathbf{Z} \times \mathbf{Z}_2$, $a_o = (1,1)$ ist Nichtnullteiler, $na_o \neq 0$ aber $2(1,1) = (2,0)$ ist Nullteiler.

(ii) und (iii) sind äquivalent: (iii) $\Rightarrow$ (ii): Man wähle $a_o = 1$. (iii) $\Rightarrow$ (ii): Gäbe es ein $a \in R$ und ein $n \in \mathbf{N}$ mit $na = 0$, dann wäre $(na)a_o = 0$ und $(na_o)a = 0$, d.h. $na_o = 0$ oder na_o ist Nullteiler; das ist ein Widerspruch.

b) $f \neq 0$ und $f(a_o) = 0$ bedeutet mit 4.1.9 $f = (\tau - a_o)f_1$ mit Grad $f_1 <$ Grad f . $2a_o$ ist eine weitere Wurzel von f , d.h. $f(2a_o) = a_o f_1(2a_o) = 0$. Da a_o kein Nullteiler ist, gilt $f_1(2a_o) = 0$, also $f_1 = (\tau - 2a_o)f_2$, etc. Das führt sofort nach endlich vielen Schritten auf einen Widerspruch. Also ist $f = 0$.

c) Mit $a_o = (1,1)$ gilt (i) . Trotzdem verschwindet f identisch.

$$f(r) = \begin{cases} (0,1)(n^2,0) + (0,1)(n,0) = 0 \text{ , falls } r = (n,0) \\ (0,1)(n^2,1) + (0,1)(n,1) = 0 \text{ , falls } r = (n,1) \end{cases}$$

für alle $n \in \mathbf{Z}$.

106. Betrachte das Polynom $g(\tau) = f(\tau + b) - f(\tau)f(b)$. Wegen $g(a) = 0$ für alle $a \in K$ und $|K| = \infty$ folgt nach 4.1.14 $g = 0$, also $f(\tau + b) = f(\tau)f(b)$. Für $f \neq 0$ zeigt ein Vergleich des höchsten Koeffizienten $f(b) = 1$, woraus wieder mit 4.1.14 $f(\tau) = 1$ folgt.

107.a) Aus der Definition ersehen wir

$$p_{n+1}(\tau) = \frac{1}{(n+1)!} \prod_{i=0}^{n} (\tau - i) .$$

Hiermit folgt sofort die Behauptung:

$$\begin{aligned} p_{n+1}(\tau + 1) - p_{n+1}(\tau) &= \frac{1}{(n+1)!} \left[\prod_{i=0}^{n}(\tau - (i-1)) - \prod_{i=0}^{n}(\tau - i) \right] \\ &= \frac{1}{(n+1)!} \prod_{i=0}^{n-1}(\tau - i)(\tau + 1 - (\tau - n)) \\ &= p_n(\tau) . \end{aligned}$$

b) Wird mit Induktion gezeigt: $p_o(\mathbf{Z}) \subseteq \mathbf{Z}$ ist trivial. Sei $p_n(\mathbf{Z}) \subseteq \mathbf{Z}$, dann folgt für alle $m \in \mathbf{Z}$ mit a)

$$p_{n+1}(m+1) - p_{n+1}(m) \in \mathbf{Z} .$$

Wegen $p_{n+1}(0) = 0$ zeigt diese Beziehung $p_{n+1}(1) \in \mathbf{Z}$, etc. (Man führe die Induktion aus.)

c) Eindeutigkeit: Sei $f(\tau) = \sum_{i\geq 0} a_i p_i(\tau)$, $a_i \in \mathbf{Z}$ und $a_i = 0$ für fast alle i sowie $m := \text{Max}\,\{i \,;\, a_i \neq 0\}$. Wegen $\text{Grad}\, p_i = i$ haben wir

$$f = \frac{a_m}{m!} \tau^m + \text{kleinere Potenzen} .$$

Das zeigt insbesondere: Ist $f = 0$, so sind alle $a_i = 0$.

Existenz: Mit Induktion nach Grad f : Grad $f = 0$ ist trivial. Sei Grad $f = n$, so hat nach Induktionsvoraussetzung

$h(\tau) = f(\tau+1) - f(\tau)$ wegen Grad h < Grad f die gewünschte Darstellung; d.h.

$$f(\tau+1) - f(\tau) = \sum_{i=0}^{\infty} a_{i+1} p_i(\tau) = \sum_{i=0}^{\infty} a_{i+1}[p_{i+1}(\tau+1) - p_{i+1}(\tau)].$$

Äquivalent dazu ist

$$(1) \qquad f(\tau+1) - \sum_{i=1}^{\infty} a_i p_i(\tau+1) = f(\tau) - \sum_{i=1}^{\infty} a_i p_i(\tau) .$$

Für Polynome $g \in \mathbf{C}[\tau]$ mit $g(\tau+1) = g(\tau)$ gilt $g(0) = g(1) = \ldots = g(n)$ für alle $n \in \mathbf{N}$, somit $g(\tau) = g(0)$.
Aus (1) folgt nun

$$f(\tau) - \sum_{i=1}^{\infty} a_i p_i(\tau) = f(0) =: a_0 p_0(\tau) .$$

Insgesamt also

$$f(\tau) = \sum_{i=0}^{\infty} a_i p_i(\tau) ,$$

wobei fast alle $a_i = 0$.

108.

$$\sum_{k=0}^{m+n} \binom{m+n}{k} \tau^k = (1+\tau)^{m+n} = (1+\tau)^m (1+\tau)^n$$

$$= \left(\sum_{i=0}^{m} \binom{m}{i} \tau^i\right)\left(\sum_{j=0}^{n} \binom{n}{j} \tau^j\right)$$

$$= \sum_{k=0}^{m+n} \left(\sum_{i=0}^{k} \binom{m}{i}\binom{n}{k-i}\right) \tau^k .$$

Ein Koeffizientenvergleich liefert die Behauptung.

109. Falls Grad f < Grad g, setze $f_0 = f$, $f_1 = \ldots = f_r = 0$. Sei Grad f ≥ Grad g. Division mit Rest gibt $f = hg + f_0$ mit Grad h < Grad f. Induktion nach Grad f liefert somit eine Zerlegung der gewünschten Art.

Eindeutigkeit: Es ist $-f_0 = f_1 g + \ldots + f_r g^r = qg$ (wie ein Gradvergleich zeigt) nur mit $q = 0$, d.h. $f_0 = 0$ möglich.
Eine Induktion zeigt wieder $f_0 = f_1 = \ldots = f_r = 0$. (Hierbei ist wesentlich, daß Grad g ≥ 1.)

110. In einem beliebigen kommutativen Ring R (mit 1) gilt

$$\mathrm{ggT}(a^n - 1, a^m - 1) = a^{(n,m)} - 1 .$$

Denn aus

$$(1) \qquad a^{dr} - 1 = (a^d - 1)(1 + a^d + a^{2d} + \ldots + a^{(r-1)d})$$

sehen wir sofort $(a^d - 1) \mid (a^k - 1)$ für jeden Teiler d von k. Sei $d = (m,n)$, dargestellt in der Form $d = un + vm$, dann erhalten wir aus (1)

$$a^d - 1 = a^{un}a^{vm} - 1 = a^{un}(a^{vm} - 1) + a^{un} - 1$$

$$= (a^m - 1)g + (a^n - 1)h$$

mit passenden $g,h \in R$. Jeder gemeinsame Teiler von $a^m - 1$ und von $a^n - 1$ teilt also $a^d - 1$. Damit ist die Behauptung bewiesen. Wir wenden sie zweimal an und erhalten

$$(\tau^{a^n - 1} - 1, \tau^{a^m - 1} - 1) = \tau^{a^{(m,n)} - 1} - 1$$

In anderer Form

$$(\tau^{a^n} - \tau, \tau^{a^m} - \tau) = \tau^{a^{(n,m)}} - \tau .$$

111. Für $n = 1,2$ erhalten wir sofort $(f,g) = (\tau - 1)^2$. Für $n > 2$ verifiziert man leicht

$$f = [n\tau - (n+1)]g + n^2(\tau - 1)^2$$

$$g = (\tau - 1)^2[\tau^{n-2} + 2\tau^{n-3} + \ldots + (n-2)\tau + (n-1)] .$$

Also ist $(\tau - 1)^2$ Teiler von f und g und jeder gemeinsame Teiler von f und g teilt $(\tau - 1)^2$; d.h. $(f,g) = (\tau - 1)^2$ für alle $n \in \mathbf{N}$.

112. Aus $p - (n\tau - (n+1))q = n^2$ (man kürze z.B. in der ersten Gleichung zur Lösung von Aufg. 111 den Faktor $(\tau - 1)^2$) folgt sofort die Behauptung.

Alternativ ist natürlich die Anwendung des euklidischen Algorithmus möglich.

113. a) Für $x = a + ib \in \mathbf{Z}[i]$ erhalten wir mit der binomischen Formel, dem kleinen Fermatschen Satz und mit $i^p = i^{4m+1} = i$:

$$x^p = (a+ib)^p \equiv a^p + i^p b^p \pmod{pR}$$
$$\equiv a + ib \pmod{pR} .$$

Also ist $\overline{x}^p = \overline{x}$.

b) Sei pR maximal, dann ist R/pR ein Körper mit p^2 Elementen, dessen multiplikative Gruppe $(R/pR)^*$ zyklisch ist (vgl. 4.1.17). Also gibt es $\overline{x} \neq 0$ mit $\operatorname{ord} x = p^2 - 1$, das steht im Widerspruch zu a) . (Man vergleiche auch III. Aufg. 63.)

c) Gemäß 3.6.7 ist p somit reduzibel; d.h. $p = x\overline{x}$ (vgl. die Lösung zu Aufg. 85). Mit $x = a + ib$ finden wir also

$$p = (a+ib)(a-ib) = a^2 + b^2 .$$

114. Für eine Primzahl q mit $(q-1)\,|\,(p-1)$ folgt (für $m \in \mathbf{Z}$)

$$m^p - m = m(m^{(q-1)k} - 1) = m(m^{q-1} - 1)(1 + m^k + \ldots + m^{(q-2)k})$$
$$= (m^q - m)n \quad \text{mit} \quad n \in \mathbf{N} .$$

Nach dem kleinen Fermatschen Satz ist q Teiler von $m^q - m$, folglich $q\,|\,(m^p - m)$ und $n_p\,|\,(m^p - m)$ für alle $m \in \mathbf{Z}$, woraus wir erkennen

$$(a) := (\{m^p - m \;;\; m \in \mathbf{Z}\}) \subseteq (n_p) .$$

Ist andererseits g ein Primteiler von a , dann ist g Teiler von $m^p - m$ für alle $m \in \mathbf{Z}$. In $\mathbf{Z}_g$ bedeutet das $\overline{m}^p = \overline{m}$ bzw. $m^{p-1} = 1$ für alle $m \in \mathbf{Z}_g \setminus \{0\}$.

Da die Gruppe $\mathbf{Z}_g^*$ zyklisch ist, gibt es $\overline{s} \in \mathbf{Z}_g^*$ mit $\operatorname{ord} \overline{s} = g - 1$ und $(g-1)\,|\,(p-1)$ (4.1.17 , Korollar und 1.6.15) . Damit hat a genau die Primfaktoren die in n_p vorkommen (möglicherweise in verschiedener Vielfachheit).

Wir sehen aber schnell ein, daß a quadratfrei ist; denn $q^2\,|\,a$ impliziert $q^2\,|\,(m^p - m)$ für alle m , insbesondere $q^2\,|\,(q^p - q)$ bzw. $q\,|\,(q^{p-1} - 1)$. Das ist ein Widerspruch; also $(a) = (n_p)$.

115. a) Offensichtlich braucht man den Beweis nur für die Basiselemente τ^k nachzuweisen (D ist K-linear).

$$D(\tau^k\tau^j) = D(\tau^{k+j}) = (k+j)\tau^{k+j-1} = k\tau^{k-1}\tau^j + \tau^k j\tau^{j-1}$$

$$= (D(\tau^k)\tau^j + \tau^k D(\tau^j) \ , \quad k,j \in \mathbf{N}_0 \ .$$

b) Wegen $D^i(\tau^j) = j(j-1)\dots(j-(i+1))\tau^{j-i} = i!\binom{j}{i}\tau^{j-i}$ haben wir

$$D^i(\tau^j)(\alpha) = i!\binom{j}{i}\alpha^{j-i} \ ;$$

somit

$$\tau^j = ((\tau - \alpha) + \alpha)^j = \alpha^j + \sum_{i=1}^{j} \binom{j}{i}\alpha^{j-i}(\tau - \alpha)^i$$

$$= \alpha^j + \sum_{i=1}^{j} \frac{D^i(\tau^j)(\alpha)}{i!}(\tau - \alpha)^i \ .$$

Da mit D auch D^i K-linear ist, folgt hieraus die Behauptung für beliebige Polynome.

c) Es genügt $d(K) = \{0\}$ und $d(\tau^j) = aj\tau^{j-1}$ $(j \geq 1)$ nachzuweisen. Zunächst gilt:

$$d(1) = (d(1))1 + 1(d(1)) = 2(d(1)) \ ,$$

also ist $d(1) = 0$. Aus der K-Linearität folgt $d(a) = ad(1) = 0$ für alle $a \in K$. Mit Induktion sieht man leicht $d(\tau^j) = a\tau d^{j-1}$ mit $a := d(\tau)$.

116. Wegen $f_0(-1) = 0$ und $f_2(1) = 0$ hat f_0 den Linearfaktor $\tau + 1$ und f_2 den Linearfaktor $\tau - 1$. (Nach 4.3.8 sind das auch die einzig möglichen Linearfaktoren.)

Sei $\tau^2 + a\tau + b \in \mathbf{Z}[\tau]$ ein quadratischer Faktor von f_k . Offenbar ist $b = \pm 1$ notwendig. Der Ansatz

$$f_k = (\tau^2 + a\tau + b)(\tau^3 + c\tau^2 + d\tau + b)$$

führt nach einem Koeffizientenvergleich auf

(1) $c^2 = d + b$, (2) $b = c(d - b)$, (3) $ab + bd = -k$,

(4) $a = -c$.

Wegen $b = \pm 1$ zeigt (2) $c = \pm 1$, $d - b = \mp 1$ und (1) gibt $d + b = 1$. Die Möglichkeit $d - b = 1$ führt auf $d = \frac{1}{2} \notin \mathbf{Z}$.

Somit bleibt nur $d+b=1$, $d-b=1$, also $d=0$, $b=1$, $c=-1$ und $a=1$. Aus (3) folgt nun $k=-1$. In der Tat, in diesem Fall gilt

$$f_{-1}(\tau) = (\tau^2+\tau+1)(\tau^3-\tau^2+1) .$$

Für alle anderen ganzen Zahlen k ist f_k irreduzibel über $\mathbf{Z}$ und damit auch irreduzibel über $\mathbf{Q}$.

117. a) $\tau^2+\tau+1$ hat in $\mathbf{Z}_2$ keine Wurzel, damit über $\mathbf{Z}_2$ keinen Linearfaktor; analog b) .

c) τ^3-a ist über $\mathbf{Z}_{11}$ stets reduzibel; denn die Abbildung $x \mapsto x^3$ ist auf $\mathbf{Z}_{11}$ injektiv und damit surjektiv.

118. a) A' besteht aus allen endlichen Summen der Form $\Sigma_i a_i f_i$ mit $a_i \in A$ und $f_i \in R[\tau]$. Dieses sind aber gerade alle Polynome mit Koeffizienten aus A.
$A' \cap R$ besteht aus den konstanten Polynomen aus A' , also ist mit obigem $A' \cap R = A$.

b) Offensichtlich ist $\Phi : R[\tau] \longrightarrow (R/A)[\tau]$ mit

$$\Phi\left(\sum_{i=0}^{n} a_i\tau^i\right) = \sum_{i=0}^{n} (a_i+A)\tau^i$$

ein Ringhomomorphismus mit Kern $\Phi = A'$. Der Homomorphiesatz gibt die Behauptung.

c) Es gilt: A Primideal $\Leftrightarrow$ R/A Integritätsring $\Leftrightarrow$

$\Leftrightarrow$ $(R/A)[\tau] = R[\tau]/A'$ Integritätsring $\Leftrightarrow$

$\Leftrightarrow$ A' Primideal .

119. $f(\tau) \mapsto f(0)$ definiert einen Epimorphismus von $R[\tau]$ auf R; somit ist R als epimorphes Bild eines noetherschen Ringes ebenfalls noethersch (vgl. Aufg. 56). Nun sei $r \in R$. Die aufsteigende Kette von Idealen

$$(r) \subseteq (r,r\tau) \subseteq (r,r\tau,r\tau^2) \subseteq \ldots$$

wird nach Voraussetzung stationär; also gibt es $n \in \mathbf{N}$, so daß

$$(r,r\tau,\ \ldots\ ,r\tau^n) = (r,r\tau,\ \ldots\ ,r\tau^{n+1}) .$$

Insbesondere gibt es Polynome $f_i \in R[\tau]$ und $n_j \in \mathbf{Z}$

(vgl. 3.1.21 , Korollar) mit

$$r\tau^{n+1} = \sum_{i=0}^{n} f_i(\tau) r^{\,i} + \sum_{j=0}^{n} n_j r \tau^j .$$

Ein Vergleich der Koeffizienten von τ^{n+1} zeigt, daß es $a \in R$ gibt mit $r = ar$.(Beachte, daß a von r abhängt.)

Da R noethersch ist, gibt es $r_1,\dots,r_m$, so daß $R = (r_1,\dots,r_m)$, und zu jedem r_j gibt es ein Element e_j mit $e_j r_j = r_j$ $(1 \le j \le m)$. Mit Induktion zeigen wir nun, daß es $e \in R$ gibt mit $er_j = r_j$ für $1 \le j \le m$ (e ist dann Einselement):
$m = 1$ ist klar. Seien $cr_j = r_j$ für $j=1,\dots,m-1$ und $e_m r_m = r_m$. Setze $e := c + e_m - ce_m$ und man sieht $er_j = r_j$ für $1 \le j \le m$.

120. (τ_1,τ_2) : $f(\tau_1,\tau_2) \mapsto f(0,0)$ definiert einen Epimorphismus von $R[\tau_1,\tau_2]$ auf R ; also $R[\tau_1,\tau_2]/(\tau_1,\tau_2) \cong R$. Im Falle $R = \mathbf{Z}$ ist der Faktorring ein Integritätsring (aber kein Körper), somit ist (τ_1,τ_2) Primideal in $\mathbf{Z}[\tau_1,\tau_2]$ (aber nicht maximal). Im Fall $R = \mathbf{Q}$ ist das Ideal maximal.

(τ_1) , $(\tau_1 + \tau_2)$: Nach dem Satz von Gauß ist sowohl $\mathbf{Z}[\tau_1,\tau_2]$ als auch $\mathbf{Q}[\tau_1,\tau_2]$ ZPE-Ring, somit sind die unzerlegbaren Elemente τ_1 , $\tau_1 + \tau_2$ prim und die Ideale (τ_1) und $(\tau_1 + \tau_2)$ sind in beiden Ringen Primideale.
Wegen (τ_1) , $(\tau_1 + \tau_2) \subsetneqq (\tau_1,\tau_2)$ sind sie nicht maximal.

$(\tau_1\tau_2)$ ist kein Primideal (und damit erst recht nicht maximal); denn $\tau_1 \notin (\tau_1\tau_2)$.

$(\tau_1,\tau_2,2)$ enthält über $\mathbf{Q}$ die Einheit 2 , somit gilt $(\tau_1,\tau_2,2) = \mathbf{Q}[\tau_1,\tau_2]$. Über $\mathbf{Z}$ jedoch ist das Ideal maximal; denn es ist $\mathbf{Z}[\tau_1,\tau_2]/(\tau_1,\tau_2,2) \cong \mathbf{Z}_2$.

$(\tau_1 + \tau_2^2, \tau_2 + \tau_1^2)$ enthält $\tau_1 + \tau_2^2 - (\tau_1^2 + \tau_2) = (\tau_1 - \tau_2)(1 - \tau_1 - \tau_2)$, jedoch nicht $\tau_1 - \tau_2$ und auch nicht $\tau_1 + \tau_2 - 1$; denn jedes Polynom im Ideal hat mindestens Grad 2 in τ_1 oder τ_2). Also ist das Ideal in beiden Ringen nicht prim.

121. Der Epimorphismus $f(\tau_1,\dots,\tau_n) \mapsto f(a_1,\dots,a_n)$ von $R[\tau_1,\dots,\tau_n]$ auf den Integritätsring R hat als Kern das Ideal $(\tau_1 - a_1,\dots,\tau_n - a_n)$ (man schreibe jedes Polynom f in Potenzen von $(\tau_1 - a_1),\ldots,(\tau_n - a_n)$). Nach 3.5.4 ist $(\tau_1 - a_1,\ldots,\tau_n - a_n)$ also ein Primideal in $R[\tau_1,\ldots,\tau_n]$.

122. a) $\tau_1^2 + \tau_2^2 + \tau_3^2 = (\tau_1 + \tau_2 + \tau_3)^2$ über $\mathbf{Z}_2$.

b) Der Ansatz $(a_1\tau_1 + a_2\tau_2 + a_3\tau_3)(b_1\tau_1 + b_2\tau_2 + b_3\tau_3)$ führt auf $a_1b_1 = a_2b_2 = a_3b_3 = 0$. Alle diese Fälle führen zu einem Widerspruch.

123. a) $f = \tau^4 - \tau^3 + \tau^2 - \tau = \tau(\tau - 1)(\tau^2 + 1)$.

b) Die maximalen Ideale sind von der Form $A/(f)$ mit einem maximalen Ideal $A \subseteq \mathbf{Z}_3[\tau]$, welches (f) enthält. $(f) \subseteq (g) = A$ ist gleichbedeutend mit $g|f$ und (g) maximal mit g irreduzibel. Also sind $(\tau)/(f)$, $(\tau - 1)/(f)$ und $(\tau^2 + 1)/(f)$ die gesuchten maximalen Ideale.

124. a) Eisenstein mit $p = 2$.

b) Die Wurzeln liegen nicht in $\mathbf{Q}$.

c) Es gibt keinen Linearfaktor $\tau \pm d$ mit $d \in \{1,2,4,8\}$.

d) Wie c) .

e) $\tau \longmapsto \tau + 1$, dann Eisenstein mit $p = 3$.

f) Eisenstein mit $p = 2$.

125. a) $(\tau - 1)(\tau^2 + \tau + 1)(\tau^6 + \tau^3 + 1)$.

b) Das Polynom ist irreduzibel: $\tau \mapsto \tau - 1$, dann Eisenstein mit $p = 7$.

c) Das Polynom ist irreduzibel: Es ist modulo 7 irreduzibel.

d) $3(\tau - 1)(2\tau + 1)(3\tau + 2)(\tau^3 + 2)^2$.

e) $(\tau^2 + 1)(\tau^3 - 2)$.

126. Aus der linearen Algebra ist die *Vandermondesche Determinante* bekannt:

$$\det V = \det \begin{pmatrix} 1 & 1 & \ldots & 1 \\ x_1 & x_2 & \ldots & x_n \\ \vdots & \vdots & & \vdots \\ x_1^{n-1} & x_2^{n-1} & \ldots & x_n^{n-1} \end{pmatrix} = \prod_{i<j} (x_j - x_i) \ , \quad x_i \in R' \ .$$

(Man beweist dies durch Induktion nach n und elementare Matrixumformungen.) Aus dieser Darstellung erhält man über den Determinanten-Multiplikationssatz:

$$(\det V)^2 = \det(V\cdot V^T) = \det \begin{pmatrix} s_0 & s_1 & \dots & s_{n-1} \\ s_1 & s_2 & \dots & s_n \\ \vdots & \vdots & \vdots & \vdots \\ s_{n-1} & s_n & \dots & s_{2n-2} \end{pmatrix} .$$

Zu zeigen ist noch, daß dieses Quadrat $p^2 \in R$: Dies folgt aber aus 4.4.4 ; denn

$$\prod_{i>j} (\tau_i - \tau_j)^2$$

ist ein symmetrisches Polynom und für die elementarsymmetrischen Polynome $s_0, s_1, \dots, s_n$ gilt für $k = 0,1,\dots,n$

$$s_k(x_1,\dots,x_n) = (-1)^k a_{n-k} .$$

Die a_i , $0 \le i \le n$, aber liegen in R .

127. a) $R'[\tau]$ ist ZPE-Ring, also ist die Faktorisierung von f und g eindeutig. f und g haben genau dann eine gemeinsame Nullstelle, wenn für ein Indexpaar $(k,j) \in \{1,2,\dots,n\} \times \{1,2,\dots,m\}$ $x_k = y_j$; d.h. genau wenn $R(f,g) = 0$.

b) Wir zeigen zunächst: Haben f und g eine gemeinsame Nullstelle, so verschwindet die $(n+m)$-reihige Determinante $\mathcal{R}(f,g)$: Dann existieren nämlich zwei Polynome $f_1, g_1 \in R[\tau]\setminus\{0\}$ vom Grad $<m$ bzw. $<n$, so daß

$$(*) \qquad fg_1 + gf_1 = 0$$

(man wähle einfach f_1 und g_1 aus $f = df_1$ und $-g = dg_1$ mit $d = \mathrm{ggT}(f,g) \in R[\tau]$) . Setzt man

$$f_1(\tau) = u_0\tau^{m-1} + \dots + u_{m-1} , \quad u_i \in R ,$$

$$g_1(\tau) = v_0\tau^{n-1} + \dots + v_{n-1} , \quad v_i \in R ,$$

so liefert (*) durch Koeffizientenvergleich ein $(n+m)$-reihiges homogenes lineares Gleichungssystem für die u_i, v_j , dessen Determinante $\mathcal{R}(f,g)$ ist. Also $R(f,g) = 0 \Rightarrow \mathcal{R}(f,g) = 0$.

Umgekehrt ergibt sich aus $\mathcal{R}(f,g) = 0$ über das gleiche lineare Gleichungssystem die Existenz von f_1 und g_1 mit Grad $f_1 < m$, Grad $g_1 < n$, $f_1 \neq 0$ oder $g_1 \neq 0$ und (*). Wegen (*) ist mit $f_1 \neq 0$ auch $g_1 \neq 0$ (und umgekehrt) und es gilt $f|gf_1$ und $g|fg_1$. Ein Gradvergleich liefert mit der ZPE-Eigenschaft, daß f und g mindestens eine Nullstelle gemein haben müssen.

Wir zeigen nun $R(f,g) = \mathcal{R}(f,g)$ (und damit $R(f,g) \in R$). Dazu stellen wir zunächst fest, daß auch $\mathcal{R}(f,g)$ durch $a_o{}^m b_o{}^n$ teilbar ist. Denn $a_i = (-1)^i s_i a_o$, $b_i = (-1)^i t_i b_o$ (s_i, t_i sind die elementarsymmetrischen Funktionen von x_j bzw. y_k).
Nehmen wir an, daß $x_1,x_2,\dots,x_n,y_1,y_2,\dots,{}_m$ transzendent über R sind, dann folgt aus dem bisherigen, daß $(y_k - x_i)|\mathcal{R}(f,g)$ im Ring $R[x_1,\dots,x_n,y_1,\dots,y_m]$. Man sieht unmittelbar, daß $\mathcal{R}(f,g)$ vom Gewicht nm in den $s_1,\dots,s_m,t_1,\dots,t_n$ ist; (vgl. Beweis von 4.4.4) also ist mit $q \in R$

$$\mathcal{R}(f,g) = q\, a_o^m b_o^n \prod_{k=1}^{m} \prod_{j=1}^{n} (y_k - y_j) .$$

q = 1 erkennt man, wenn $y_1 = \dots = y_m = 0$ gesetzt wird, aus

$$\mathcal{R}(f,g) = a_o{}^m b_o{}^n = q\, a_o{}^m b_o{}^n \left(\prod_{j=1}^{n}(-x_j)\right)^m = (-1)^{nm} q a_o{}^m b_o{}^n s_n{}^m .$$

128.

$$R(f,g) = \det\begin{pmatrix} 1 & 2 & 3 & 5 & 0 \\ 0 & 1 & 2 & 3 & 5 \\ 6 & 8 & 9 & 0 & 0 \\ 0 & 6 & 8 & 9 & 0 \\ 0 & 0 & 6 & 8 & 9 \end{pmatrix} = 2873 .$$

f und g haben also keine gemeinsame Nullstelle.

129. f und g haben genau eine Nullstelle gemein, wenn über K

$$(a\tau^2 + b\tau + c)f(\tau) = (d\tau^2 + e\tau + f)g(\tau)$$

eine Lösung besitzt, von der Form, daß der zugehörige Lösungsraum des Gleichungssystems für die Koeffizienten die Dimension 1 hat. Das bedeutet für die Koeffizienten von f und g :

$$\text{Rang}\begin{pmatrix} 1 & 0 & 0 & 1 & 0 & 0 \\ a_1 & 1 & 0 & b_1 & 1 & 0 \\ a_2 & a_1 & 1 & b_2 & b_1 & 1 \\ a_3 & a_2 & a_1 & b_3 & b_2 & b_1 \\ 0 & a_3 & a_2 & 0 & b_3 & b_2 \\ 0 & 0 & a_3 & 0 & 0 & b_3 \end{pmatrix} = 5 .$$

f und g haben genau zwei Nullstellen gemein, wenn $(\tau+a)f(\tau) = (\tau+b)g(\tau)$ genau eine Lösung $(a,b) \in K^2$ besitzt. D.h. wenn

$$\text{Rang}\begin{pmatrix} 1 & a_1 & a_2 & a_3 \\ 1 & b_1 & b_2 & b_3 \\ a_1-b_1 & a_2-b_2 & a_3-b_3 & 0 \end{pmatrix} = 2 .$$

130. Man setze in Aufg. 127 $g = Df = f'$ (vgl. Aufg. 115). Dann gilt mit $m = \text{Grad } f' = n-1$ und

$$f(\tau) = a_o(\tau - x_1) \ldots (\tau - x_n)$$

$$f'(\tau) = na_o(\tau - y_1) \ldots (\tau - y_{n-1})$$

$$R(f,f') = a_o^{2n-1} n^n \prod_{i=1}^{n} \prod_{j=1}^{n-1} (x_i - y_j) = a_o^{n-1} \prod_{i=1}^{n} f'(x_i) .$$

Mit

$$Df(\tau) = a_o[(\tau-x_1)D((\tau-x_2)\ldots(\tau-x_n)) + (\tau-x_2)\ldots(\tau-x_n)D(\tau-x_1)]$$

ergibt sich dann

$$R(f,f') = a_o^{2n-1}(-1)^{\binom{n}{2}} \prod_{i<j} (x_i - x_j)^2 .$$

Also ist

$$D = (-1)^{\binom{n}{2}} \frac{1}{a_o} R(f,f')$$

mit $R(f,g)$ aus Aufg. 127. (Man beachte $R(f,f')$ ist in R durch a_o teilbar.) Es gilt

$D(a_0\tau^2 + a_1\tau + a_2) = a_1^2 - 4a_0a_2$.

$D(a_0\tau^3 + a_1\tau^2 + a_2\tau + a_3) = a_1^2a_2^2 - 4a_1^3a_3 - 4a_0a_2^3 + 18a_0a_1a_2a_3 - 27a_0^2a_3^2$.

$D(\tau^4 + a_2\tau^2 + a_3\tau + a_4) = 16a_2^4a_4 - 4a_2^3a_3^2 - 128a_2^2a_4^2 + 144a_2a_3^2a_4 +$

$+ 256a_4^4 - 27a_3^4$.

III. KÖRPER

A. PRIMKÖRPER, KÖRPERERWEITERUNGEN

1. Sei $f : K \longrightarrow R$ Ringhomomorphismus und K Schiefkörper. Es ist $A = \text{Kern } f$ ein Ideal in K. Im Fall, daß A ein Element $a \neq 0$ enthält, liegt $1 = a^{-1}a$ in A, also ist $A = K$; denn K hat nur die Ideale (0) oder K. Es ist also nur $f = 0$ oder $\text{Kern } f = (0)$, d.h. f injektiv, möglich.

2. Nach 6.1.2 gilt $pa = 0$. Ist nun $m \equiv n \pmod p$, $n = m + kp$, so folgt $na = ma$. Ist umgekehrt $ma = na$, d.h. $(m-n)a = 0$, so ist $p = \text{ord } a$ (in $(K,+)$) ein Teiler von $m - n$, d.h. $m \equiv n \pmod p$.

3. Vgl. 3.2.17.

4. Nach dem kleinen Fermatschen Satz (angewandt auf die additive Gruppe $(K,+)$) gilt $0 = p^n \cdot 1 = (p \cdot 1)^n$, also $p \cdot 1 = 0$. Damit ist $\text{Char } K = \text{ord } 1$ (in $(K,+)$) ein von 1 verschiedener Teiler von p, also $\text{Char } K = p$.

5. $K^* = K \setminus \{0\}$ ist eine Gruppe mit $p^n - 1$ Elementen; aus dem kleinen Fermatschen Satz (1.7.7, Korollar 3) folgt $x^{p^n-1} = 1$ für alle $x \neq 0$ bzw. $x^{p^n} = x$ für alle $x \in K$. Das bedeutet $\sigma^n = \text{Id}$ bzw. $\text{ord } \sigma \leq n$.

Sei $m = \text{ord } \sigma$, $x = \sigma^m(x) = x$ für alle $x \in K$, dann hat das Polynom $\tau^{p^m} - \tau$ (vom Grad p^m) $|K| = p^n$ verschiedene Wurzeln, das geht nur für $n \leq m$ (4.1.14). Insgesamt $\langle\sigma\rangle = \text{ord } \sigma = m = n$.

6. Zum Körper K mit 3 Elementen gehören stets 0, 1 $(0 \neq 1)$. $K = \{0, 1, a\}$. Die Struktur von $(K,+)$ liegt fest (es ist eine abelsche additive Gruppe der Ordnung 3, also zyklisch, mit neutralem Element 0). $K^* = K \setminus \{0\} = \{1, a\}$ ist eine Gruppe mit 2 Elementen (1 ist neutrales Element), dadurch liegt $a^2 = 1$ fest. Es gibt also höchstens einen Körper mit drei Elementen. Da wir $\mathbb{Z}_3$ als Körper mit 3 Elementen kennen, ist dieser (bis auf eine Isomorphie) der einzige Körper mit 3 Elementen.

Ist K ein Körper mit 4 Elementen, also $K = \{0,1,a,b\}$, dann ist $K^* = \{1,a,b\}$ eine zyklische Gruppe, für die Multiplikation in K gibt es daher nur eine Möglichkeit. $(K,+)$ ist eine Gruppe der Ordnung 4, in der $2x = 0$ gilt für alle $x \in K$ (Char $K = 2$, vgl. Aufg. 4). Hierdurch ist $(K,+)$ eindeutig festgelegt (1.4.m). Wir geben nun einen Körper mit 4 Elementen an, der nach diesen Überlegungen (bis auf Isomorphie) der einzig mögliche ist:

In $K := \{(x,y) \;;\; x,y \in \mathbf{Z}_2\}$ setzen wir

$$(x,y) + (u,v) = (x+u, y+v)$$

$$(x,y) \cdot (u,v) = (xu - yv, xv + yu - yv) .$$

Man verifiziere, daß $(K,+,\cdot)$ ein Körper ist.

Bemerkung: Aber auch $\mathbf{Z}_2[\tau]/(\tau^2+\tau+1)$ ist ein Körper mit 4 Elementen.

7. Es ist $K[\tau]/(f)$ ein Körper, genau dann, wenn $f \in K[\tau]$ irreduzibel ist. Für $K = \mathbf{Q}$ existieren mit dem Eisensteinschen Kriterium irreduzible Polynome dritten Grades. Für $K = \mathbf{R}$ gibt es jedoch keine irreduziblen Polynome dritten Grades : Mit dem Zwischenwertsatz für stetige Funktionen in $\mathbf{R}$ zeigt man bekanntlich, daß jedes Polynom ungeraden Grades wenigstens eine reelle Nullstelle hat. Für Grad $f = 3$ ist also $\mathbf{R}[\tau]/(f)$ niemals ein Körper.

8. Für jeden Automorphismus gilt $\sigma(0) = 0$ und $\sigma(1) = 1$, also gilt stets $0,1 \in F$. Sind nun $a,b \in F$, so liegen wegen $\sigma(a-b) = \sigma(a) - \sigma(b) = a - b$ und $\sigma(ab^{-1}) = \sigma(a)\sigma(b)^{-1} = ab^{-1}$ (falls $b \neq 0$) auch $a-b$ und ab^{-1} in F.

Wegen $\sigma(1) = 1$ gilt $\sigma(n\cdot 1) = \sigma(1+1+\ldots+1) = n\sigma(1) = n\cdot 1$ für alle $n \in \mathbf{N}$, wegen $\sigma(-x) = -\sigma(x)$ sogar $\sigma(n\cdot 1) = n\cdot 1$ für alle $n \in \mathbf{Z}$. Das zeigt bereits die Behauptung im Fall Char $K = p \neq 0$; denn $P(K) = \{1\cdot\overline{1}, 2\cdot\overline{1}, \ldots, p\cdot\overline{1}\}$. Falls Char $K = 0$, besteht der Primkörper aus allen Elementen der Form $(m\cdot 1)(n\cdot 1)^{-1}$, $m,n \in \mathbf{Z}$. Wir finden $\sigma((m\cdot 1)(n\cdot 1)^{-1}) = \sigma(m\cdot 1)(\sigma(n\cdot 1))^{-1} = (m\cdot 1)(n\cdot 1)^{-1}$.

9. Da das Polynom $f(\tau+1) - f(\tau)f(1)$ unendlich viele Wurzeln hat (alle $a \in K$)), gilt $f(\tau+1) - f(\tau)f(1) = 0$. Ein Vergleich der höchsten Koeffizienten zeigt (falls $f \neq 0$) : $f(1) = 1$. Dann folgt (mit einer einfachen Induktion) $f(m\cdot 1) = f(1) = 1$. Das übliche Argument ($f(\tau) - 1$ hat unendlich viele Wurzeln) zeigt $f = 1$.

10. Es sei P eine Menge von Primzahlen und S_P die Menge aller endlichen Produkte von Elementen aus P (S_P ist die Menge der natürlichen Zahlen, in deren kanonischer Primfaktorisierung nur Primzahlen aus P vorkommen und $1 = p^0 \in S_P$) . Offensichtlich ist $U_P := \{r/s \; ; \; r \in \mathbf{Z} \, , \, s \in S_P\}$ ein Unterring von $\mathbf{Q}$, der 1 als Einselement hat. U_P ist der von 1 und $\{1/p \; ; \; p \in P\}$ erzeugte Unterring von .

Wir zeigen nun, daß jeder Unterring U von $\mathbf{Q}$ mit $1 \in U$ diese Form hat. Dazu betrachten wir $P(U) = \{p \in \mathbf{N} \; ; \; p \text{ Primzahl} \, , \, 1/p \in U\}$. Der von 1 und $\{1/p \; ; \; p \in P(U)\}$ erzeugte Ring $U_{P(U)}$ ist in U enthalten. Nun sei $r/s \in U$, o.E. $(r,s) = 1$, dann gibt es $k,l \in \mathbf{Z}$ mit $1 = kr + ls$ und folglich ist $1/s = k(r/s) + l\cdot 1$ in U . Ist p eine Primzahl mit $s = pq$, dann folgt $1/p = q(1/pq) = q(1/s) \in U$, daß in der Primfaktorisierung von s nur Primzahlen aus $P(U)$ auftreten; d.h. $U \subseteq U_{P(U)}$. Insgesamt ist also $U = U_{P(U)}$.

11. Analog zu 6.2.5 .

12. Sei $[M:K] = \infty$, dann gibt es unendlich viele über K linear unabhängige Elemente $a_1, a_2, \ldots \in M$. Zu jedem $m \in \mathbf{N}$ ist dann $K(a_1,\ldots,a_m)$ ein echter Zwischenkörper, der die über K linear unabhängigen Elemente $a_1,\ldots,a_m$ enthält, insbesondere also $[K(a_1,\ldots,a_n):K] \geq m$. Dies steht im Widerspruch zur Voraussetzung.

13. Wir müssen den kleinsten Unterkörper von $\mathbf{R}$ suchen, der $\mathbf{Q}$, $\sqrt{2}$ und $\sqrt{3}$ enthält. Wegen

$$L = \{a + b\sqrt{2} + c\sqrt{3} + d\sqrt{6} \; ; \; a,b,c,d \in \mathbf{Q}\} \subseteq \mathbf{Q}(\sqrt{2},\sqrt{3})$$

brauchen wir nur zu zeigen, daß L selbst bereits ein Körper ist. Offensichtlich ist L ein Unterring. Zu $w \in L$, $w \neq 0$, gibt es ein $w^{-1} \in L$:

Zuvor zeigen wir, daß 1 , $\sqrt{2}$, $\sqrt{3}$, $\sqrt{6}$ über $\mathbf{Q}$ linear unabhängig sind. Dazu sei

$$0 = w = a + b\sqrt{2} + (c + d\sqrt{2})\sqrt{3} \quad \text{mit } a,b,c,d \in \mathbf{Q} \, .$$

D.h.

$$0 = (c - d\sqrt{2})(a + b\sqrt{2}) + (c^2 - 2d^2)\sqrt{3}$$

und damit $\sqrt{3} = r + t\sqrt{2}$ mit $r, t \in \mathbb{Q}$ falls $c^2 - 2d^2 \neq 0$. Das führt jedoch auf $\sqrt{3} \in \mathbb{Q}$ oder $\sqrt{6} \in \mathbb{Q}$. Also muß $c^2 - 2d^2 = 0$, d.h. $c = d = 0$ sein (da $\sqrt{2} \notin \mathbb{Q}$); somit muß auch $a = b = 0$ sein.

Nun sei $0 \neq w = x + y\sqrt{3}$, $x = a + b\sqrt{2}$, $y = c + d\sqrt{2}$. Wegen

$$(x + y\sqrt{3})(x - y\sqrt{3}) = x^2 - 3y^2 \neq 0$$

(weil $\sqrt{3} \neq r + t\sqrt{2}$, siehe oben) haben wir in $\mathbb{C}$

$$w^{-1} = (x^2 - 3y^2)^{-1}(x - y\sqrt{3}) .$$

Nun schreiben wir $x^2 - 3y^2 = u + v\sqrt{2}$ und ersehen aus $0 \neq u^2 - 2v^2 = (u + v\sqrt{2})(u - v\sqrt{2})$

$$w^{-1} = \frac{1}{u^2-2v^2}(u - v\sqrt{2})(x - y\sqrt{3}) \in L .$$

(Das gibt gleichzeitig die Darstellung von w^{-1} als Linearkombination von 1, $\sqrt{2}$, $\sqrt{3}$, $\sqrt{6}$.) Gleichzeitig haben wir damit gezeigt, daß $[L:\mathbb{Q}] = 4$.

Sei $z = \sqrt{2} + \sqrt{3}$; offensichtlich ist $z \in L$ bzw. $\mathbb{Q}(z) \subseteq \mathbb{Q}(\sqrt{2}, \sqrt{3})$. Aus

$$(z - \sqrt{2})^2 = z^2 - 2z\sqrt{2} + 2 = 3 \in \mathbb{Q}$$

ersehen wir $\sqrt{2} \in \mathbb{Q}(z)$, ebenso $\sqrt{3} \in \mathbb{Q}(z)$; somit $\mathbb{Q}(\sqrt{2}, \sqrt{3}) \subseteq \mathbb{Q}(z)$.

14. $[K(u,v):K] = [K(u,v):K(u)][K(u):K] \leq m \cdot n$; denn (vgl. Bemerkung nach 6.3.2) $\mathrm{Grad}_{K(u)} v \leq \mathrm{Grad}_K v$. Andererseits ist wegen obiger Gradgleichung m Teiler von $t = [K(u,v):K]$, ebenso ist n ein Teiler von t und wegen $(m,n) = 1$ ist dann auch $m \cdot n$ ein Teiler von t (3.6.9, Korollar 3). Wegen $r \leq m \cdot n$ geht das nur für $r = n \cdot m$.

15. Es seien $\tau^m - a$ und $\tau^n - a$ irreduzibel. Wegen

$$0 = x^{mn} - a = (x^m)^n - a = (x^n)^m - a$$

ist x^m Wurzel von $\tau^n - a$ und x^n Wurzel von $\tau^m - a$, falls x Wurzel von $\tau^{nm} - a$ ist. Es folgt $[K(x^m):K] = n$ und $[K(x^n):K] = m$. Nach Aufg. 14 haben wir damit $[K(x^m, x^n):K] = m \cdot n$. Wegen $(n,m) = 1$ gibt es $r, s \in \mathbb{Z}$ mit $1 = rm + sn$, also $x = (x^m)^r (x^n)^s \in K(x^m, x^n)$, womit $K(x) = K(x^m, x^n)$ ersichtlich ist. Das Minimalpolynom von x hat also Grad mn, ist Teiler von $\tau^{mn} - a$, kann also nur mit

$\tau^{mn} - a$ übereinstimmen. Insbesondere ist dann $\tau^{nm} - a$ irreduzibel. Nun sei $\tau^{nm} - a$ irreduzibel und $\tau^m - a = g(\tau)h(\tau)$, dann folgt aus

$$\tau^{nm} - a = (\tau^n)^m - a = g(\tau^n)h(\tau^n)$$

sofort $g \in K$ oder $h \in K$. Also ist $\tau^m - a$ irreduzibel. Ebenso folgt die Irreduzibilität von $\tau^n - a$.

16. Wegen $K \subseteq K(a) \subseteq L$ folgt aus dem Gradsatz 6.2.6 , Korollar 1 , daß $[K(a):K]$ ein Teiler der Primzahl $p := [L:K]$ ist. Folglich gilt $[K(a):K] = 1$ oder $[K(a):K] = p$. Im ersten Fall haben wir $K(a) = K$ bzw. $a \in K$. Falls jedoch $a \in L \setminus K$ (d.h. $K(a) \neq K$) , bleibt nur die Möglichkeit $[K(a):K] = [L:K]$ bzw. $K(a) = L$ (vgl. 6.2.6 , Korollar 2) .

17. a) Nach Definition ist $K(A)$ der kleinste Körper in L , der $K \cup A$ enthält. Es sei

$$M := \left\{ x \in L \ ; \ \begin{array}{l} \text{es gibt endlich viele } a_1,\dots,a_n \in A \text{ und Polynome} \\ f,g \in K[\tau_1,\dots,\tau_n] \text{ mit } x = \dfrac{f(a_1,\dots,a_n)}{g(a_1,\dots,a_n)} \end{array} \right\} .$$

Offensichtlich ist $M \subseteq K(A)$; außerdem prüft man sofort nach, daß M ein Körper ist, der $K \cup A$ enthält, also $M = K(A)$.

b) Sei $x \in K(A)$, nach a) dargestellt in der Form

$$x = f(a_1,\dots,a_n)/g(a_1,\dots,a_n) ,$$

so liegt x in $K(a_1,\dots,a_n)$; damit hat man

$$K(A) \subseteq \bigcup_{\substack{B \subseteq A \\ |B| < \infty}} K(B) \subseteq K(A) .$$

18. Sei $u \in K(x) \setminus K$, $u = \frac{g(x)}{h(x)}$ mit $g,h \in K[\tau]$, $(g,h) = 1$, und $f \in K[\tau]$, $f = \Sigma_i a_i \tau^i$ ein Polynom vom Grad n mit $f(u) = 0$. Wir multiplizieren mit $h(x)^n$ und erhalten in $K(x)$

$$a_n g(x)^n + a_{n-1} h(x) g(x)^{n-1} + \dots + a_o h(x)^n = 0$$

bzw.

$$(1) \qquad a_n g(\tau)^n + a_{n-1} h(\tau) g(\tau)^{n-1} + \dots + a_o h(\tau)^n = 0$$

im Polynomring $K[\tau]$.

Falls h ein nicht-konstantes Polynom ist, teilt jeder irreduzible Faktor von h auch das Polynom g (aus (1) ersichtlich), im Widerspruch zu $(f,g) = 1$. Also $h \in K$ und eine Betrachtung des höchsten Koeffizienten der linken Seite von (1) zeigt $a_n = 0$; das ist ein Widerspruch zu Grad $f = n$.

19. Analog 6.2.11, vgl. auch Aufg. 32.

20. Nach Voraussetzung gibt es $a_i \in K(u)$, nicht alle gleich 0, mit

(1) $$a_n v^n + \ldots + a_1 v + a_o = 0 .$$

Hierin ist wenigstens ein $a_i \in K(u) \setminus K$, da sonst v algebraisch über K. Es wird (1) mit den Nennern der a_i multipliziert, das ergibt

$$\sum_{i=0}^{n} p_i(u) v^i = 0 \quad \text{mit} \quad p_i \in K[\tau] .$$

Wir ordnen nach Potenzen von u und erhalten mit $s \geq 1$

$$\sum_{j=1}^{s} q_j(v) u^j = 0 \quad \text{mit} \quad q_j \in K[\tau] .$$

Für $g_i \neq 0$ ist auch $g_i(v) \neq 0$ (da v transzendent), also ist u algebraisch über $K(v)$.

21. Für $a = \sqrt{2 + \sqrt[3]{2}}$ gilt $(a^2 - 2)^3 = 2$; d.h. a ist Wurzel des irreduziblen Polynoms

$$\tau^6 - 6\tau^4 + 12\tau^2 - 10$$

(Eisenstein mit $p=2$). Dieses ist nach 6.3.2 Minimalpolynom von a.

Für $a = \sqrt{3} + \sqrt[5]{3}$ gilt $(a - \sqrt{3})^5 = 3$, d.h. $\sqrt{3} \in \mathbf{Q}(a)$ und $\sqrt[5]{3} \in \mathbf{Q}(a)$. $\tau^2 - 3$ und $\tau^5 - 3$ sind irreduzibel über $\mathbf{Q}$ (Eisenstein mit $p = 3$); mit Aufg. 14 ist $[\mathbf{Q}(a):\mathbf{Q}] = 10$. Andererseits ist a Nullstelle von

$$\tau^{10} - 15\tau^8 + 90\tau^6 - 6\tau^5 - 270\tau^4 - 180\tau^3 + 405\tau^2 - 270\tau - 234 .$$

Wegen 6.3.3 ist dieses Polynom daher Minimalpolynom von a über $\mathbf{Q}$.

Für $a = \sqrt[3]{2} + i\sqrt[5]{2}$ ergibt sich in derselben Weise $[\mathbf{Q}(a):\mathbf{Q}] = 30$. Das Minimalpolynom zu bestimmen, soll dem Leser bleiben.

22. $\tau^2 - p \in \mathbf{Q}[\tau]$ ist irreduzibel, also Minimalpolynom von $\sqrt{p}$ über $\mathbf{Q}$; d.h. $[\mathbf{Q}(\sqrt{p}):\mathbf{Q}] = 2$. $\tau^3 - q$ ist irreduzibel über $\mathbf{Q}(\sqrt{p})$, weil es über $\mathbf{Q}(\sqrt{p})$ keinen Linearfaktor abspaltet ($\sqrt[3]{q} \notin \mathbf{Q}(\sqrt{p})$). Aus dem Gradsatz folgt

$$[\mathbf{Q}(\sqrt{p},\sqrt[3]{q}):\mathbf{Q}] = [\mathbf{Q}(\sqrt{p})(\sqrt[3]{q}):\mathbf{Q}(\sqrt{p})][\mathbf{Q}(\sqrt{p}):\mathbf{Q}] = 3\cdot 2 = 6 .$$

Für $a := \sqrt{p}\cdot\sqrt[3]{q}$ gilt offenbar $\mathbf{Q}(a) \subseteq \mathbf{Q}(\sqrt{p},\sqrt[3]{q})$. Aus $a^3 = pq\sqrt{p}$ und $a^4 = p^2q\sqrt[3]{q}$ sehen wir $\sqrt{p},\sqrt[3]{q} \in \mathbf{Q}(a)$. Das zeigt die Gleichheit $\mathbf{Q}(a) = \mathbf{Q}(\sqrt{p},\sqrt[3]{q})$. Wir wissen bereits Grad $a = 6$; das Polynom $\tau^6 - p^3q^2$ hat aber a als Wurzel, somit ist es das Minimalpolynom von a (und insbesondere auch irreduzibel).

23. a) $a \in L$ algebraisch $\Rightarrow$ $a^{-1} \in K(a) = K[a]$ (mit 6.3.3).
$a^{-1} = f(a) \in K[a]$ $\Rightarrow$ $p(\tau) := \tau f(\tau) - 1$ ist ein von Null verschiedenes Polynom über K mit $p(a) = 0$, also ist a algebraisch.

b) Sei $L:K$ algebraisch und R ein Unterring von L mit $K \subseteq R \subseteq L$. Für $0 \neq a \in R$ gilt mit a) $a^{-1} \in K[a] \subseteq R$, also ist R ein Körper. In der anderen Richtung ist für $0 \neq a \in L$ nach Voraussetzung der Unterring $K[a]$ ein Körper, insbesondere $a^{-1} \in K[a]$, somit a algebraisch über K .

c) Ist $L:K$ algebraisch, so wähle man $A = L$. Sei $L = K(A)$ und jedes $a \in A$ algebraisch über K . Zu $x \in L$ gibt es endlich viele algebraische Elemente $a_1,\ldots,a_n \in A$ mit $x \in K(a_1,\ldots,a_n)$ (vgl. Aufg. 16.b). Nach 6.3.6 ist x algebraisch über K .

24. Nach Eisenstein (mit $p = 2$) ist f irreduzibel über $\mathbf{Q}$ und damit Minimalpolynom jeder seiner Wurzeln; somit $[\mathbf{Q}(a):\mathbf{Q}] = 5$. Mit f ist auch $h(\tau) := f(\tau - r)$ irreduzibel, wegen $h(a+r) = 0$ ist h das Minimalpolynom von $a + r$.

25. Es ist $\tau^5 - 3$ Minimalpolynom von $a := \sqrt[5]{3}$. Mit $a^5 = 3$, $a^6 = 3a$ etc. werden die Potenzen von a "reduziert". Zu $g(\tau) = \tau^2 - 2\tau - 4$ bestimmen wir mit dem Euklidischen Algorithmus $r,s \in \mathbf{Q}[\tau]$ so daß $r(\tau^5 - 3) + sg = 1$ und finden

$$(a^2 - 2a - 4)^{-1} = \frac{1}{2071}(-328 + 104a - 134a^2 + 93a^3 - 80a^4).$$

Ein Ansatz mit unbestimmten Koeffizienten wie in Aufg. 26 ist auch möglich.

26. Nach Eisenstein (mit $p = 3$) ist h über $\mathbb{Q}$ irreduzibel, also Grad $a = 3$ und $1, a, a^2$ ist $\mathbb{Q}$-Basis von $\mathbb{Q}(a) = \mathbb{Q}[a]$ (6.3.3).

Aus $a^3 = 6a^2 - 9a - 3$ (d.h. $h(a) = 0$) findet man die höheren Potenzen

$$a^4 = 6a^3 - 9a^2 - 3a = 27a^2 - 57a - 18 ,$$

$$a^5 = 105a^2 - 261a - 81 \quad \text{etc} .$$

Damit kann $3a^4 - 2a^3 + 1$ ausgerechnet werden.

Zur Bestimmung von $(a+2)^{-1}$ machen wir einen Ansatz mit unbestimmten Koeffizienten:

$$(a+2)(\alpha a^2 + \beta a + \gamma) - 1 = 0$$

ist äquivalent mit $8\alpha + \beta = 0$, $-9\alpha + 2\beta + \gamma = 0$, $-3\gamma + 2\gamma = 1$.
Hierbei wird die Darstellung für a^3 verwendet und die Tatsache, daß $1, a, a^2$ linear unabhängig sind über $\mathbb{Q}$. Damit folgt

$$(a+2)^{-1} = \frac{1}{47}(a^2 - 8a + 25) .$$

27. Für $a = \frac{m}{n} \in \mathbb{Q}$, $i = \sqrt{-1} \in \mathbb{C}$ gilt $(\exp(a\pi i))^{2n} = 1$. Damit sind

$$\cos(a\pi) = \frac{1}{2}\big(\exp(a\pi i) + \exp(-a\pi i)\big)$$

$$\sin(a\pi) = \frac{1}{2i}\big(\exp(a\pi i) - \exp(-a\pi i)\big)$$

enthalten in der über $\mathbb{Q}$ algebraischen Erweiterung (vgl. 6.3.6)

$$L = \mathbb{Q}(i, \exp(a\pi i)) .$$

28. Es werden nur algebraische Elemente adjungiert, also ist $L:\mathbb{Q}$ algebraisch (vgl. Aufg. 23.c). Ferner gibt es zu jedem $n \in \mathbb{N}$ einen Zwischenkörper, nämlich $\mathbb{Q}(a_n)$, mit $[\mathbb{Q}(a_n):\mathbb{Q}] = n$ ($\tau^n - 2$ ist Minimalpolynom von a_n über $\mathbb{Q}$). Daher kann der Grad $[L:\mathbb{Q}]$ nicht endlich sein.

29. Wegen $K(a^2) \subseteq K(a)$ brauchen wir nur $a \in K(a^2)$ zu zeigen (o.E. $a \notin K$). Nach Voraussetzung kann man das Minimalpolynom von a in der Form $\tau g(\tau^2) + f(\tau^2)$ schreiben (man faßt jeweils gerade und ungerade τ-Potenzen zusammen) mit $g \neq 0$ und $g(a^2) \neq 0$.
Somit gilt

$$a = -\frac{f(a^2)}{g(a^2)} \in K(a^2) .$$

30. Es ist $\tau^3 - 2\tau + 1 = (\tau - 1)(\tau^2 + \tau - 1)$, daher gilt:
Falls $a = 1$, ist $a + b$ Nullstelle von

$$h(\tau) = 2(\tau - 1)^3 + (\tau - 1)^2 - 1 .$$

Falls a Nullstelle von $\tau^2 + \tau + 1$, so gilt für $c := a + b$ mit $a^2 = 1 - a$

$$2b^3 + b^2 - 1 = 2(c - a)^3 + (c - a)^2 - 1 = 0 ,$$

d.h.

(*) $$-a(6c^2 + 8c + 5) + (2c^3 + c^2 + 6c + 2) = 0 .$$

Aus dieser Gleichung und ihrem Quadrat kann a eliminiert werden und a ist in diesem Fall Nullstelle von

$$\bar{h}(\tau) = 4\tau^6 + 16\tau^5 + 21\tau^4 - 22\tau^3 - 19\tau^2 - 10\tau + 11 .$$

(Beide Klammerausdrücke in (*) sind $\neq 0$, da $2\tau^3 + \tau^2 - 1$ irreduzibel über $\mathbb{Q}$ ist.)

In jedem Falle ist $a + b$ Nullstelle von $h\bar{h} \in \mathbb{Q}[\tau]$.
(Man beachte, daß jedoch $h\bar{h}$ nicht das Minimalpolynom von $a + b$ ist.)

31. a) Sei $z \in \mathbb{C}$ über $\mathbb{Q}$ algebraisch und $a_0 + a_1 z + \ldots + a_m z^m = 0$, $a_i \in \mathbb{Q}$. Wir multiplizieren mit dem Produkt der Nenner der a_i und sehen, daß o.E. $a_i \in \mathbb{Z}$ angenommen werden kann. Nun multiplizieren wir mit a_m^{m-1} und erkennen $a_m z \in A$.

b) Für $a = \frac{p}{q}$, $p,q \in \mathbb{Z}$ und $(p,q) = 1$ gelte

$$(\tfrac{p}{q})^m + k_{m-1}(\tfrac{p}{q})^{m-1} + \ldots + k_1\tfrac{p}{q} = -k_0 , \quad k_i \in \mathbb{Z} .$$

Multiplizieren wir mit q^m , so folgt $p^m = kq$ mit $k \in \mathbb{Z}$. Wegen $(p,q) = 1$ geht das nur für $q = \pm 1$, d.h. $a \in \mathbb{Z}$.

c) Sei $a \in A$ und $p \in \mathbb{Z}[\tau]$ ein normiertes Polynom mit $p(a) = 0$, dann ist $a + m$ Wurzel des normierten Polynoms $p_1(\tau) = p(\tau - m)$ aus $\mathbb{Z}[\tau]$, somit $a + m \in A$.
Für das normierte Polynom $p_2(\tau) = p(\frac{1}{m}\tau)m^{\mathrm{Grad}\, p} \in \mathbb{Z}[\tau]$ gilt ebenso $p_2(ma) = 0$, also ist auch ma ganz algebraisch.

d) und e) Vgl. 9.6.10 und 9.6.11 .

f) $\exp(\frac{2\pi i}{360})$ ist Nullstelle von $\tau^{360}-1$ also ganz algebraisch über $\mathbf{Z}$.

Ist $z = \exp(\frac{2\pi i}{360})$, so gilt

$$2\cos(\frac{2\pi}{360}) = z + \bar{z} = z + z^{-1} = z + z^{359} .$$

Da $z \in A$ ist wegen e) somit auch $2\cos(\frac{2\pi}{360}) \in A$.

$\cos^2(\frac{2\pi}{8}) = \frac{1}{2}$; wegen e) und b) kann daher $\cos(\frac{\pi}{4})$ nicht ganz algebraisch sein über $\mathbf{Z}$. Es gilt bekanntlich

$$\cos(\frac{\pi}{4}) = \mathrm{Re}\ (\cos(\frac{\pi}{4}) + i\cdot\sin(\frac{\pi}{4}))$$
$$= \mathrm{Re}\ (\cos(\frac{2\pi}{360} + i\cdot\sin(\frac{2\pi}{360}))^{45}$$
$$= g(\cos(\frac{2\pi}{360})) \quad \text{mit} \quad g \in \mathbf{Z}[\tau] .$$

Wäre $\cos(\frac{2\pi}{360}) \in A$, so auch $\cos(\frac{\pi}{4})$ (wegen e)). Das ist ein Widerspruch.

32.a) Vgl. Aufg. 18 .

b) Offensichtlich ist x Wurzel des Polynoms

$$m(\tau) = uh(\tau) - g(\tau) \in K(u)[\tau] ,$$

insbesondere x algebraisch über $K(u)$ und Grad $m(\tau)$ = Grad u = Max {Grad h,Grad g} , sofern $m \neq 0$. Ist $a_i \in K$ ein von Null verschiedener Koeffizient von h und $b_i \in K$ der entsprechende Koeffizient von g , so würde $m = 0$ sofort $ua_i - b_i = 0$ bzw. $u = a_i^{-1}b_i \in K$ nachsichziehen, im Widerspruch zur Voraussetzung. Wir zeigen nun, daß $m \in K(u)[\tau]$ irreduzibel und das Minimalpolynom von x über $K(u)$ ist:
Sei m reduzibel über $K(u)$, dann ist es nach dem Satz von Gauß (4.3.6, Korollar 1) reduzibel über $K[u]$. In einer Faktorisierung von m in $K[u,\tau] = K[\tau][u]$ muß ein Faktor linear in u sein, der andere von u unabhängig.

$$m(\tau) = uh(\tau) - g(\tau) = (uk(\tau) - l(\tau))s(\tau)$$

liefert $h = ks$ und $g = ls$, folglich $s \in K$ (folgt aus a) und $(h,g) = 1$) . Also ist m irreduzibel. Damit ist auch die Beziehung für Grad u erledigt, wenn man $K(x) = K(u,x)$ beachtet.

c) Wegen $K \subsetneq M$ gibt es $r \in M$, so daß

$$K \subsetneq K(r) \subseteq M \subseteq K(x) = L .$$

Mit b) ist $K(x):K(r)$ algebraisch und damit ist auch $K(x):M$ algebraisch, als jeweils einfache Erweiterung. Das Minimalpolynom von x über M sei

$$m_x(\tau) = \tau^n + a_1\tau^{n-1} + \ldots + a_n \in M[\tau] .$$

Die a_i sind rationale Ausdrücke in x, da $M \subseteq K(x)$. Multipliziert man mit dem Hauptnenner, so erhält man ein (bzgl. x) primitives Polynom

$$(*) \qquad p(x,\tau) = b_0(x)\tau^n + b_1(x)\tau^{n-1} + \ldots + b_n(x) \in K[\tau,x] .$$

Mit m_x ist offenbar auch p irreduzibel und zwar als Polynom sowohl in x als auch in τ. Bezüglich x sei der Grad von p gleich m (bzgl. τ ist er n). Da x nicht algebraisch über K ist, muß ein a_i, $1 \le i \le n$, von x abhängen, etwa

$$v := \frac{b_j(x)}{b_0(x)} = \frac{g(x)}{h(x)} \quad \text{mit} \quad (g,h) = 1 \quad \text{und} \quad 1 \le \operatorname{Grad} v \le m .$$

Das Minimalpolynom von x über $K(v)$ ist nach b)

$$f(\tau) = g(\tau) - v\,h(\tau) \in K(v)[\tau] .$$

Es gilt dann $K(v) \subseteq M$ und $f(x) = m_x(x) = 0$; also gilt $m_x | f$ und mit 4.3.6 hat man mit p von $(*)$ in $K[\tau,x]$:

$$h(x)g(\tau) - g(x)h(\tau) = q(x,\tau)p(x,\tau) .$$

In x hat die linke Seite einen Grad $\le m$, die rechte dagegen $\ge m$; also ist q von x unabhängig. Außerdem ist die linke Seite (bis auf einen Faktor -1) symmetrisch in x und τ, daher muß $q \in K$ und $\operatorname{Grad} v = m = n$ sein. Mit b) hat man also ($L = K(x)$)

$$[L:K(v)] = n = [L:M] .$$

Da $K(v) \subseteq M$, hat man schließlich mit dem Gradsatz (6.2.6 , Korollar 2) , daß $M = K(v)$, d.h. $M:K$ ist einfach transzendent.

Bemerkung: *Damit sind alle Unterkörper einer einfach transzendenten Erweiterung charakterisiert; sie besitzen stets ein primitives Element. Für allgemeine transzendente Erweiterungen ist die Existenz eines primitiven Elementes nicht gesichert.*

d) Folgt aus b), denn Grad $u = 1$ gilt genau dann, wenn

$$u = \frac{ax+b}{cx+d} \in L \setminus K .$$

Dieses ist genau dann der Fall, wenn $ad - bc \neq 0$.

e) Sei $u = \sigma(x)$, dann zeigen die Voraussetzungen $K(x) = \sigma(K(x)) = K(u)$; der Rest folgt mit d).

33. Wegen 6.3.6 und der Gradformel (6.2.6, Korollar 3) genügt es, die Behauptung für $L = K(a)$ mit über K algebraischem a zu beweisen. Sei $K(\tau)[\eta]$ der Polynomring in der Unbestimmten η über $K(\tau)$ ($K \subseteq K(\tau)$) und $m(\eta) \in K[\eta]$ Minimalpolynom von a über K. Insbesondere ist $m(\eta)$ Polynom über $K(\tau)$ mit a als Wurzel; d.h. a ist algebraisch über $K(\tau)$ mit $\text{Grad}_{K(\tau)} \leq \text{Grad}_K a = \text{Grad } m$. Das über K irreduzible Polynom m bleibt aber auch über $K(\tau)$ irreduzibel. Nach dem Satz von Gauß (4.3.6, Korollar 1) liefert eine Zerlegung von m über $K(\tau)$ bereits eine Zerlegung von m in $K[\tau,\eta]$. Weil m von τ unabhängig ist, sind dann auch die Faktoren von τ unabhängig (vgl. den Schluß in Aufg. 33) und die Faktorisierung ist trivial, da m in $K[\eta]$ irreduzibel ist. Damit ist $m(\eta)$ auch als Minimalpolynom von a über $K(\tau)$ nachgewiesen, und es folgt $[K(a,\tau):K(\tau)] = \text{Grad } m = [K(a):K]$.

34. Für $z := \exp(2\pi i/7)$ haben wir $z^7 - 1 = 0$ und nach der Eulerschen Formel $a = z + \bar{z}$. Da $\bar{z} = z^{-1}$ gilt $z\bar{z} = 1$, d.h. $\bar{z} = z^6$. Ferner sehen wir aus

$$0 = z^7 - 1 = (z-1)(z^6 + z^5 + z^4 + z^3 + z^2 + z + 1)$$

und $z \neq 1$ sofort $z^6 + z^5 + \ldots + 1 = 0$. Hiermit ist

$$a^3 + a^2 - 2a - 1 = (z+\bar{z})^3 + (z+\bar{z})^2 - 2(z+\bar{z}) - 1 = 0 ,$$

wenn wir zusätzlich $\bar{z}^2 = z^{12} = z^5$ und $\bar{z}^3 = z^{18} = z^4$ beachten. Also ist a Wurzel des Polynoms

$$f(\tau) = \tau^3 + \tau^2 - 2\tau - 1 .$$

Es ist f irreduzibel über $\mathbb{Q}$, da es über $\mathbb{Z}_2$ irreduzibel ist. Also Grad $a = 3$ und folglich ist a nicht konstruierbar (vgl. 6.4.1, Korollar 2).

35. Wegen $(3,n) = 1$ gibt es $k,j \in \mathbf{Z}$ mit $k3 + jn = 1$, somit

$$\frac{2\pi}{3n} = \frac{(3k + jn)2\pi}{3n} = k\cdot\frac{2\pi}{n} + j\cdot\frac{2\pi}{3} \quad .$$

Da nun $\frac{2\pi}{3}$ ($\simeq 120°$) konstruierbar und $\frac{2\pi}{n}$ vorgegeben ist, können wir die gewünschte Winkeldreiteilung durchführen.

36. a) Erst führen wir neue Koordinaten ein: $x = \xi + \frac{1}{2}$, $y = \eta - \frac{1}{4}$, so daß wir o.E. mit $T = \{(x,x^2) \ ; \ x \in \mathbf{R}\}$ beginnen können. Ein konstruierter Kreis mit der Gleichung $x^2 + y^2 + ax + by + c = 0$ und $a,b,c \in L$, wobei L aus $\mathbf{Q}$ durch Adjunktion der Koordinaten bereits konstruierter Punkte entsteht, geschnitten mit der Parabel T liefert Punkte, deren x-Koordinate die Gleichung 4.ten Grades

$$x^4 + (1+b)x^2 + ax + c = 0$$

erfüllen. Die Nullstellen dieser Gleichung finden wir aus zweiten und dritten Wurzeln von rationalen Ausdrücken von a,b,c . Zusammen mit 6.4.1 , Korollar , zeigt das, daß die Koordinaten der konstruierten Punkte in einem Zwischenkörper L von $\mathbf{R}:\mathbf{Q}$ liegen mit $[L:\mathbf{Q}] = 2^k 3^j$, $k,j \in \mathbf{N}$. Falls $\sqrt[m]{2} \in L$, dann folgt aus $\mathbf{Q} \subseteq \mathbf{Q}(\sqrt[m]{2}) \subseteq L$, dem Gradsatz und $[\mathbf{Q}(\sqrt[m]{2}):\mathbf{Q}] = m$, daß m von der Form ist, wie behauptet.

b) $\sqrt[3]{2}$ ist Wurzel von $\tau(\tau^3 - 2) = \tau^4 - 2$. Nach den Überlegungen von a) konstruiere man also

(1.) den Punkt $(1,\frac{1}{2})$,
(2.) den Kreis K um $(1,\frac{1}{2})$ durch $(0,0)$ $(x^2 + y^2 - 2x - y = 0)$,
(3.) die Schnittpunkte von K und T ($(0,0)$ und $(\sqrt[3]{2},\sqrt[3]{4})$) ,
(4.) das Lot von $(\sqrt[3]{2},\sqrt[3]{4})$ auf die x-Achse .

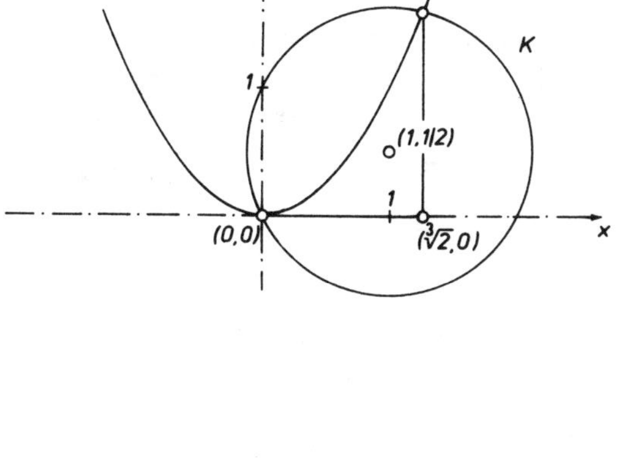

37. Wir nehmen an, f habe eine konstruierbare Wurzel x_o, aber keine rationale Wurzel. Gemäß 6.4.1 gibt es eine Körpererweiterung $L_1 = \mathbf{Q}(\sqrt{\beta_1},\dots,\sqrt{\beta_n})$ von $\mathbf{Q}$ mit $x_o \in L_1$. Wir schreiben $L_1 = L(\sqrt{\beta_n})$, $\beta_n \in L$, $x_o = u + v\sqrt{\beta_n}$, und wählen n minimal, also $\sqrt{\beta_n} \notin L$. (Nach Voraussetzung ist $n \geq 1$.)

$$a(u+v\sqrt{\beta_n})^3 + b(u+v\sqrt{\beta_n})^2 + c(u+v\sqrt{\beta_n}) + d = 0$$

führt auf $A + B\sqrt{\beta_n} = 0$ mit

$$A = a(u^3 + 3uv^2\beta_n) + b(u^2 + v^2\beta_n) + cu + d \in L$$

$$B = a(3u^2v + v^3\beta_n) + 2buv + cv \in L ,$$

also $A = 0$ und $B = 0$ (da $1, \beta_n$ über L linear unabhängig). Wegen $f(u - v\sqrt{\beta_n}) = A - B\sqrt{\beta_n}$ (offensichtlich, da A gerade und B ungerade in v) ist auch $x_1 = u - v\sqrt{\beta_n}$ Wurzel von f. Ist x_2 die dritte Wurzel, so gilt $f(\tau) = a(\tau - x_o)(\tau - x_1)(\tau - x_2)$ (4.1.14) und ein Koeffizientenvergleich zeigt

$$b = -a(x_o + x_1 + x_2) = -a(2u + x_2) ,$$

woraus $x_2 \in L$ folgt. Also liegt eine konstruierbare Wurzel bereits in $\mathbf{Q}(\sqrt{\beta_1},\dots,\sqrt{\beta_{n-1}}) = L$, im Widerspruch zur Minimalität von n (alle Elemente aus L sind konstruierbar).

B. Zerfällungskörper, endliche Körper

38. Im Zerfällungskörper $K(\alpha_1,\dots,\alpha_n)$ faktorisiert man $f = a_n(\tau - \alpha_n) \dots (\tau - \alpha_n)$, führt Koeffizientenvergleich durch (und zwar am Koeffizienten von τ^{n-1}) und sieht

$$s_1 = \alpha_1 + \alpha_2 + \dots + \alpha_n = -a_{n-1} \in K .$$

Das heißt $\alpha_n \in K(\alpha_1,\dots,\alpha_{n-1})$; damit folgt die Behauptung.

39. Die Zerfällungskörper sind $\mathbf{Q}(\sqrt{-a})$ und $\mathbf{Q}(\sqrt{-b})$. Es sei $\sigma : \mathbf{Q}(\sqrt{-a}) \longrightarrow \mathbf{Q}(\sqrt{-b})$ ein Isomorphismus. Wegen $\sigma(k) = k$ für alle $k \in \mathbf{Q}$ (vgl. Aufg. 8) ist σ vollständig bestimmt durch

$$\sigma(\sqrt{-a}) = \alpha + \beta\sqrt{-b} , \quad \alpha,\beta \in \mathbf{Q}.$$

Dann gilt

$$-a = \sigma(\sqrt{-a})^2 = \alpha^2 - b\beta^2 + 2\alpha\beta\sqrt{-b} \in \mathbf{Q} .$$

Insbesondere folgt daraus, da 1 , $\sqrt{-b}$ linear unabhängig über $\mathbf{Q}$ sind, daß $\alpha\beta = 0$, also $\alpha = 0$ oder $\beta = 0$.
Im Falle $\beta = 0$ hätten wir $\sigma(\mathbf{Q}(\sqrt{-a})) = \mathbf{Q}$, also muß $\alpha = 0$ sein; d.h. $\frac{a}{b} = \beta^2$. In diesem Falle sind wegen $\sqrt{-a} = \pm\beta\sqrt{-b}$ die Körper $\mathbf{Q}(\sqrt{-a})$ und $\mathbf{Q}(\sqrt{-b})$ (als Unterkörper von $\mathbf{C}$) sogar gleich.
Damit ist gezeigt: Die beiden Zerfällungskörper in $\mathbf{C}$ sind genau dann isomorph, wenn sie gleich sind; das ist genau dann der Fall, wenn $\frac{a}{b}$ ein Quadrat in $\mathbf{Q}$ ist.

40. Es gilt: $[L:\mathbf{Q}] = 3 \Leftrightarrow -4a^3 - 27b^2$ ist ein Quadrat in $\mathbf{Q}$.
Notwendigkeit: Mit dem Beispiel zu 4.4.4 (oder II.Aufg. 130) gilt

$$(x_1 - x_2)^2(x_1 - x_3)^2(x_2 - x_3)^2 = -4a^3 - 27b^2 \in \mathbf{Q} .$$

Ist $w := (x_1 - x_2)(x_1 - x_3)(x_2 - x_3) \notin \mathbf{Q}$, so hat der Zerfällungskörper L von $\tau^3 + a\tau + b$ (weil $L = \mathbf{Q}(x_1, x_2, x_3)$) einen Zwischenkörper $\mathbf{Q}(w)$ mit $[\mathbf{Q}(w):\mathbf{Q}] = 2$. Das steht mit der Gradformel im Widerspruch zu $[L:\mathbf{Q}] = 3$.

Hinlänglichkeit: $w = (x_1 - x_2)(x_1 - x_3)(x_2 - x_3) = \pm\sqrt{-4a^3 - 27b^2} \in \mathbf{Q}$, dann liefert ein Koeffizientenvergleich in

$$f = (\tau - x_1)(\tau - x_2)(\tau - x_3) = \tau^3 + a\tau + b$$

die Beziehungen

$$\begin{aligned} x_2 + x_3 &= -x_1 \in \mathbf{Q}(x_1) , \\ x_2x_3 &= a - x_1x_2 - x_1x_3 = a + x_1^2 \in \mathbf{Q}(x_1) , \\ (x_1 - x_2)(x_1 - x_3) &= 3x_1^2 + a \in \mathbf{Q}(x_1) , \\ x_2 - x_3 &= \frac{\pm w}{3x_1^2 + a} \in \mathbf{Q}(x_1) . \end{aligned}$$

D.h. x_2 und x_3 liegen bereits in $L = \mathbf{Q}(x_1)$. Da f irreduzibel ist, folgt $[L:\mathbf{Q}] = 3$.

41. a) Das Polynom $\tau^4 + 1$ hat in $\mathbf{C}$ die Wurzeln $\pm\rho$, $\pm i\rho$ mit $\rho = \exp(\pi i/4)$ und $i = \sqrt{-1}$. Wegen $\rho^2 = i$ ist $\mathbf{Q}(\rho, i\rho) = \mathbf{Q}(\rho)$ der gesuchte Zerfällungskörper und es gilt $[\mathbf{Q}(\rho):\mathbf{Q}] = 4$.
($\tau^4 + 1$ ist über $\mathbf{Q}$ irreduzibel.)

b) Die Wurzeln von $\tau^6 + 1$ sind $\rho_k = \exp(\frac{(2k+1)\pi i}{6})$ mit $0 \le k \le 5$.

Mit $\rho_o := \exp(\frac{\pi i}{6})$ ersehen wir $\rho_1 = \rho_o^{3}$, $\rho_2 = \rho_o^{5}$, $\rho_3 = \rho_o^{7}$, $\rho_4 = \rho_o^{9}$. Also ist $L = \mathbf{Q}(\rho_o,\rho_1,\rho_2,\rho_3,\rho_4) = \mathbf{Q}(\rho_o)$ der gesuchte Zerfällungskörper.
Wegen $\tau^6 + 1 = (\tau^4 - \tau^2 + 1)(\tau^2 + 1)$ erkennen wir ρ_o als Wurzel des irreduziblen Polynoms $\tau^4 - \tau^2 + 1$. Es folgt $[L:\mathbf{Q}] = 4$.

c) Die Wurzeln von $f = \tau^4 - 2\tau^2 + 2$ sind $\pm\sqrt{1+i}$ und $\pm\sqrt{1-i}$, der Zerfällungskörper demzufolge $L = \mathbf{Q}(\sqrt{1+i},\sqrt{1-i})$. Da f irreduzibel ist (Eisenstein mit $p = 2$) gilt $[\mathbf{Q}(\sqrt{1+i}):\mathbf{Q}] = 4$. Der Grad $[\mathbf{Q}(\sqrt{1+i},\sqrt{1-i}):\mathbf{Q}(\sqrt{1+i})]$ ist 1 oder 2, je nachdem, ob $\sqrt{1-i}$ in $\mathbf{Q}(\sqrt{1+i})$ liegt oder nicht. Nehmen wir an

$$\begin{aligned}\sqrt{1-i} &= c_o + c_1\sqrt{1+i} + c_2(1+i) + c_3(1+i)\sqrt{1+i}, \quad c_i \in \mathbf{Q},\\ &= b + c\sqrt{1+i} \quad \text{mit } b,c \in \mathbf{Q}(i);\end{aligned}$$

dann folgt $\quad b^2 = 1 - i + c^2(1+i) - 2c\sqrt{2}$,

insbesondere $\sqrt{2} \in \mathbf{Q}(i)$ bzw. $\sqrt{2} \in \mathbf{Q}$, also ein Widerspruch (vgl. Aufg. 39).
Somit gilt $\sqrt{1-i} \notin \mathbf{Q}(\sqrt{1+i})$ und wir haben

$$[L:\mathbf{Q}] = [\mathbf{Q}(\sqrt{1-i},\sqrt{1+i}):\mathbf{Q}(\sqrt{1+i})][\mathbf{Q}(\sqrt{1+i}):\mathbf{Q}] = 8 .$$

d) $\tau^5 - 1 = (\tau - 1)(\tau^4 + \tau^3 + \tau^2 + \tau + 1)$ hat die Wurzeln $\rho_k = \exp(\frac{2k\pi i}{5})$ (5.Einheitswurzeln in $\mathbf{C}$). Offenbar ist $\rho_k = \rho_1^{k}$ und es gilt: $\mathbf{Q}(\rho_1)$ ist Zerfällungskörper mit $[\mathbf{Q}(\rho_1):\mathbf{Q}] = 4$.

42. Mit $x_1 + x_2 + x_3 = 0$ und $x_1x_2x_3 = -1$ folgt $x_1x_2(x_1 + x_2) = 1$; d.h. für $r := x_2/x_1$ gilt $r^2 + r = x_1^{-3}$. Minimalpolynom von r über $\mathbf{Q}(x_1)$ ist also $\tau^2 + \tau - x_1^{-3}$; denn mit Aufg. 40 und $w^2 = -4 - 27 \notin \mathbf{Q}$ ist $[\mathbf{Q}(x_1,x_2):\mathbf{Q}] = 6$ und es gilt $[\mathbf{Q}(x_1):\mathbf{Q}] = 3$ sowie $\mathbf{Q}(x_1,x_2) = \mathbf{Q}(x_1,r)$.
Aus $(r^2 + r)^i = x_1^{-3i}$, $i=1,2,3$, können wir mit $x_1^{3} + x_1 + 1 = 0$ alle Potenzen von x_1 eliminiert werden. Insbesondere ergibt sich:

$$x_1 = 2 + 4(r^2 + r) + (r^2 + r)^2 \in \mathbf{Q}(r)$$

und das Minimalpolynom von r über $\mathbf{Q}$ lautet

$$\tau^6 + 3\tau^5 + 7\tau^4 + 9\tau^3 + 7\tau^2 + 3\tau + 1 .$$

(Wegen $x_1 \in \mathbf{Q}(r)$ ist $\mathbf{Q}(x_1,x_2) = \mathbf{Q}(x_1,r) = \mathbf{Q}(r)$.)

43. Die Wurzeln von $\tau^4 - 2 \in \mathbf{Q}[\tau]$ sind $a_1 = \sqrt[4]{2}$, $a_2 = -\sqrt[4]{2}$, $a_3 = i\sqrt[4]{2}$, $a_4 = -i\sqrt[4]{2}$; es gilt damit

$$\mathbf{Q}(a_1,a_2) = \mathbf{Q}(a_1) \quad \text{mit} \quad [\mathbf{Q}(a_1):\mathbf{Q}] = 4$$

$$\mathbf{Q}(a_1,a_3) = \mathbf{Q}(\sqrt[4]{2},i) \quad \text{mit} \quad [\mathbf{Q}(a_1,a_3):\mathbf{Q}] = 8 .$$

Da jeder Homomorphismus von $\mathbf{Q}(a_1)$ in $\mathbf{Q}(a_1,a_3)$ insbesondere $\mathbf{Q}$-linear ist (vgl. Aufg. 8), können diese Körper nicht isomorph sein; sie haben verschiedene $\mathbf{Q}$-Dimension .

44. Die Wurzeln von $\tau^3 - 2 \in \mathbf{Q}[\tau]$ sind $a_1 = \sqrt[3]{2}$, $a_2 = \sqrt[3]{2}\cdot\exp(\frac{2\pi i}{3})$, $a_3 = \sqrt[3]{2}\cdot\exp(\frac{2\pi i}{3})$. Offensichtlich ist $\mathbf{Q}(a_1) \neq \mathbf{Q}(a_2)$ und auch $\mathbf{Q}(a_1) \neq \mathbf{Q}(a_3)$, weil $\mathbf{Q}(a_1) \subseteq \mathbf{R}$, die anderen beiden Körper jedoch nicht reelle Zahlen enthalten. Im Falle $\mathbf{Q}(a_2) = \mathbf{Q}(a_3)$ wäre $a_3 \in \mathbf{Q}(a_2)$, dann auch $a_2{}^2 a_3{}^{-1} = \sqrt[3]{2} = a_1 \in \mathbf{Q}(a_2)$, was $\mathbf{Q}(a_1) = \mathbf{Q}(a_2)$ nach einem Gradvergleich implizieren würde.

45. Der Zerfällungskörper eines irreduziblen Polynoms zweiten Grades entsteht durch Adjunktion einer Wurzel an den Grundkörper (vgl. Aufg. 38), also ist $L = K(\alpha)$ mit $[L:K] = 2$. Für $K = \mathbf{Z}_p$ folgt $|L| = p^2$ (vgl. 6.2.5). Wegen $x^{p^2} = x$ für alle $x \in L$ (kleiner Fermatscher Satz) ist L die Wurzelmenge des Polynoms $\tau^{p^2} - \tau$ über $\mathbf{Z}_p$, also L Zerfällungskörper dieses Polynoms und damit bis auf Isomorphie eindeutig (6.5.6 , Korollar).

46. Über $\mathbf{Z}_2$ gilt $\tau^6 + 1 = (\tau^3 + 1)^2 = (\tau + 1)(\tau^2 + \tau + 1)^2$. Wir brauchen also nur eine Wurzel a des über $\mathbf{Z}_2$ irreduziblen Polynoms $\tau^2 + \tau + 1$ an $\mathbf{Z}_2$ zu adjungieren, um den gesuchten Zerfällungskörper zu erhalten. Es ist $[\mathbf{Z}_2(a):\mathbf{Z}_2] = 2$.

47. Der Beweis läuft analog zum Beweis von Satz 6.5.4 (das ist die schwächere Aussage $[L:U] \leq (\text{Grad } f)!$). Man hat nur zu berücksichtigen, daß für alle $d \in \mathbf{N}$ mit $d < n$ sowohl $d!$ als auch $(n-d)!$ ein Teiler von $n!$ ist; es gilt nämlich $n! = \binom{n}{d} d!(n-d)!$.

48. a) f hat nur einfache Wurzeln, da f irreduzibel über $\mathbf{Q}$ ist.

b) $f' = 5\tau^4 + 18\tau^2 + 3$ und $(f',f) = 1$ (explizit mit dem Euklidischen Algorithmus zu verifizieren) .

c) $f' = 4\tau^3 - 15\tau^2 + 12\tau + 4$ und $(f',f) = \tau^2 - 4\tau + 4 = (\tau - 2)^2$. Daher hat f eine dreifache Nullstelle bei 2 .

49. Hat f mehrfache Wurzeln, dann gibt es ein Polynom g mit $f(\tau) = g(\tau^p)$. Mit f ist auch g irreduzibel. Hat g mehrfache Wurzeln, so ist $g(\tau) = \hat{g}(\tau^p)$ etc. Nach endlich vielen Schritten hat man $f(\tau) = h(\tau^{p^e})$, wobei das Polynom h nur noch einfache Wurzeln besitzt. Sei $h = (\tau - \alpha_1) \ldots (\tau - \alpha_r)$, dann gilt $f(\tau) = (\tau^{p^e} - \alpha_1) \ldots (\tau^{p^e} - \alpha_r)$ und wir sehen, daß f lauter p^e - fache Wurzeln hat. Denn ist β_i Wurzel von $\tau^{p^e} - \alpha_i$, d.h. $\alpha_i = \beta_i^{p^e}$, dann gilt (wegen $\operatorname{Char} K = p$)

$$f(\tau) = [(\tau - \beta_1)\ldots(\tau - \beta_r)]^{p^e} .$$

Auch sind die β_i wegen $\beta_i^{p^e} = \alpha_i$ paarweise verschieden.

50. Es sei L ein Zerfällungskörper von f über K und

$$f = a \prod_{i=1}^{r} (\tau - \alpha_i)^{k_i}$$

die Faktorisierung in L (mit $\alpha_i \neq \alpha_j$ für $i \neq j$) . Für jede Wurzel von α von f mit der Vielfachheit k , $f = (\tau - \alpha)^k g$, $g(\alpha) \neq 0$, gilt

$$f' = k(\tau - \alpha)^{k-1} g + (\tau - \alpha)^k g' .$$

Damit hat f' die Wurzel α in der Vielfachheit $k-1$. Diese Überlegungen zeigen

$$f' = \prod_{i=1}^{r} (\tau - \alpha_i)^{k_i - 1} h$$

mit $h(\alpha_i) \neq 0$. Also ist

$$\operatorname{ggT}(f,f') = \prod_{i=1}^{r} (\tau - \alpha_i)^{k_i - 1} ,$$

und wir finden

$$\frac{f}{g} = a(\tau - \alpha_1)\ldots(\tau - \alpha_r) .$$

51. $\mathbb{Z}_p^*$ ist zyklische Gruppe der Ordnung $p-1$. Hat man ein erzeugendes Element g , dann sind g^k mit $(k,p-1) = 1$ die anderen erzeugenden Elemente (vgl. 1.6.16 , Korollar 2) .

Mit $\mathbf{Z}_7^* = \langle\bar{3}\rangle$, $\mathbf{Z}_{17}^* = \langle\bar{3}\rangle$ und $\mathbf{Z}_{41}^* = \langle\bar{2}\rangle$ finden wir so sämtliche Erzeugenden.

52. Nach dem Hauptsatz für endliche abelsche Gruppen handelt es sich um eine direkte Summe zyklischer Gruppen, da aber jedes Element $\neq 0$ die additive Ordnung p hat, kann es sich nur um $\mathbf{Z}_p \oplus \mathbf{Z}_p \oplus \ldots \oplus \mathbf{Z}_p$ handeln.
(Alternativ: K ist n-dimensionaler Vektorraum über $\mathbf{Z}_p$, somit $(K,+) \cong \mathbf{Z}_p{}^n$.)

53. Es sei $w := \sum_{x \in K} x$. Mit $a \in K \setminus \{0,1\}$ erhalten wir

$$aw = \sum_{x \in K} ax = \sum_{x \in K} x = w ,$$

also $w = 0$.

54. Für $f(\tau) = \sum_{b \in K} \sigma(b)[1 - (\tau - b)^{q-1}] \in K[\tau]$ gilt $f(a) = \sigma(a)$ für alle $a \in K$.
Denn für $a \neq b$, also $a - b \in K^*$ haben wir $(a - b)^{q-1} = 1$ (kleiner Fermatscher Satz) und damit $f(a) = \sigma(a)$.

55. Offensichtlich gibt es p^2 normierte quadratische Polynome

$$\tau^2 + a\tau + b \in \mathbf{Z}_p[\tau] .$$

Ein solches Polynom ist genau dann reduzibel, wenn es in der Form $(\tau - a_1)(\tau - a_2)$, $a_1, a_2 \in \mathbf{Z}_p$, darstellbar ist. Wegen der ZPE-Eigenschaft von $\mathbf{Z}_p[\tau]$ ist also die Anzahl der reduziblen normierten quadratischen Polynome in diesem Fall gleich

$$|\{\{a_1,a_2\} ; a_1,a_2 \in \mathbf{Z}_p\}| = p + \binom{p}{2} = \frac{p(p+1)}{2} .$$

Die gesuchte Anzahl ist damit

$$p^2 - \frac{p(p+1)}{2} = \frac{p(p-1)}{2} .$$

56. Sei $\tau^p - \tau = fg$ und u eine Wurzel von f , dann ist u in $K = GF(p^n)$, da dieser Körper ja aus der Menge aller Wurzeln von $\tau^{p^n} - \tau$ besteht (vgl. Beweis zu 6.7.2). $\mathbf{Z}_p(u)$ ist Zwischenkörper der Erweiterung $K:\mathbf{Z}_p$, somit ist $[\mathbf{Z}_p(u):\mathbf{Z}_p] = \text{Grad } f$ ein Teiler von $[K:\mathbf{Z}_p] = n$ (vgl. 6.3.2 , 6.3.3 und den Gradsatz).

Sei umgekehrt f irreduzibel und $k = \text{Grad}\, f$ Teiler von n . Für jede Wurzel u von f gilt $[\mathbf{Z}_p(u):\mathbf{Z}_p] = k$ (6.3.3) , somit ist $|\mathbf{Z}_p(u)| = p^k$ (6.2.5) und ferner hat man $u^{p^k} = u$ (kleiner Fermatscher Satz). Aus $n = kj$ folgt nun

$$u^{p^j} = u^{p^{kj}} = [u^{p^k}]^{p^{k(j-1)}} = u^{p^{k(j-1)}} = \dots = u .$$

Damit ist jede Wurzel von f auch Wurzel von $\tau^{p^n} - \tau$, d.h. f teilt $\tau^{p^n} - \tau$.

57.a) Sei $f \in I(d,p)$ mit $d | n$, dann ist f Teiler von $\tau^{p^n} - \tau$ (vgl. Aufg. 56). Da verschiedene irreduzible Polynome teilerfremd sind, haben wir sofort:

$$g := \prod_{d|n} \prod_{f \in I(d,p)} f$$

ist ein Teiler von $\tau^{p^n} - \tau$.
Umgekehrt kommt (ebenfalls von Aufg. 56) jeder irreduzible Faktor von $\tau^{p^n} - \tau$ bereits in g vor, somit ist $g = \tau^{p^n} - \tau$.

b) Ein Gradvergleich in a) zeigt

$$p^n = \prod_{d|n} |I(d,p)|d \quad . \tag{1}$$

Für $I(1,p) = \{\tau + a \; ; \; a \in \mathbf{Z}_p\}$ sehen wir $|I(1,p)| = p$. Hiermit erhalten wir aus (1) für $n = 2$: $|I(2,p)| = \frac{1}{2}p(p-1)$ und weiter mit $n = 3$ aus (1) : $|I(3,p)| = \frac{1}{3}p(p^2-1)$.

c) Mit der Möbius'schen Umkehrformel [4]) erhält man aus (1)

$$I(k,p) = \frac{1}{k} \prod_{d|k} \mu(\tfrac{k}{d})\, p^d .$$

Hierbei ist μ die *Möbius'sche Funktion*: Für $m \in \mathbf{N}$ ist

$$\mu(m) = \begin{cases} 0 & \text{, falls } m \text{ nicht quadratfrei ,} \\ 1 & \text{, falls } m = 1 \text{ ,} \\ (-1)^r & \text{, falls } m \text{ quadratfrei und } r \text{ die Anzahl der Primfaktoren von } m \text{ ist.} \end{cases}$$

[4]) *H.Halder, W.Heise, Einführung in die Kombinatorik. München: Hanser 1976* .

58. Ist $f = \tau^p - \tau + a$, so gilt für jedes $n \in \mathbb{N}$

$$\tau^{p^n} \equiv (\tau - a)^{p^{n-1}} \equiv \tau^{p^{n-1}} - a \pmod f$$

und damit

$$\tau^{p^n} \equiv \tau - na \pmod f .$$

Daraus ergibt sich für $n = p$: $f | \tau^{p^p} - \tau$; mit $n = 1,2,...,p-1$ folgt daraus $(f, \tau^{p^n} - \tau) = 1$ (jeweils in $\mathbf{Z}_p[\tau]$). Zusammen mit Aufg. 57.a folgt die Behauptung.

59. Sei Char K = 2 , dann hat K 2^n Elemente und für jedes $w \in K$ gilt $w^{2^n} = w$, insbesondere ist jedes Element in K ein Quadrat. Mit $x^{-1} = a^2$ erhalten wir $1 + xa^2 + y0 = 1 + 1 = 0$.

Nun sei Char K $\neq 2$; dann gibt es $\frac{1}{2}(|K| + 1)$ verschiedene Quadrate in K (analog zu II.Aufg. 18) und die Mengen $A = \{1 + xu^2 ; u \in K\}$ und $B = \{-yv^2 ; v \in K\}$ haben jeweils $\frac{1}{2}(|K| + 1)$ verschiedene Elemente. Wegen $|A| + |B| > |K|$ haben wir $A \cap B \neq \emptyset$, also gibt es $a,b \in K$ mit $1 + xa^2 = -yb^2$. Nun wende man das Ergebnis auf $-x^{-1}$ und $y = -x^{-1}$ an und hält so $1 - x^{-1}(a^2 + b^2) = 0$ mit geeigneten $a,b \in K$. Das ist die Behauptung. (Vgl. II.Aufg. 20 .)

60. Sei a eine Wurzel von $f = \tau^{2^n} + \tau + 1$, d.h. $a^{2^n} = a + 1$ (wegen Char K = 2) . Es folgt

$$a^{2^{2n}} = (a + 1)^{2^n} = a^{2^n} + 1 = a + 1 + 1 = a .$$

Es kann also $a \in GF(2^{2n})$ gewählt werden. $\mathbf{Z}_2(a)$ ist ein Zwischenkörper von $GF(2^{2n}):\mathbf{Z}_2$, insbesondere ist Grad $a = [\mathbf{Z}_2(a):\mathbf{Z}_2]$ ein Teiler von $[GF(2^{2n}):\mathbf{Z}_2] = 2n$.

Für $n \geq 3$ ist damit Grad $a \leq 2n < 2^n =$ Grad f , und das Minimalpolynom von a über $\mathbf{Z}_2$ ist ein echter Teiler von f .
(Z.B. ist in $\mathbf{Z}_2[\tau]$ für n = 3 die Primfaktorisierung

$$\tau^8 + \tau + 1 = (\tau^2 + \tau + 1)(\tau^6 + \tau^5 + \tau^3 + \tau^2 + 1) .)$$

$\tau^2 + \tau + 1$ und $\tau^4 + \tau + 1$ sind über $\mathbf{Z}_2$ irreduzibel, das zeigt man durch direkten Ansatz mit unbestimmten Koeffizienten.

61. $f = \tau^4 - 10\tau^2 + 1$ hat in $\mathbb{C}$ die Wurzel $\sqrt{2}+\sqrt{3}$. Wegen $\mathbb{Q}(\sqrt{2}+\sqrt{3}) = \mathbb{Q}(\sqrt{2},\sqrt{3})$ und $[\mathbb{Q}(\sqrt{2},\sqrt{3}):\mathbb{Q}] = 4$ (vgl. Aufg. 39) ist f Minimalpolynom von $\sqrt{2}+\sqrt{3}$, insbesondere irreduzibel über $\mathbb{Q}$.

Über $\mathbb{Z}_2$ ist $\tau^4 - 10\tau^2 + 1 = \tau^4 + 1 = (\tau+1)^4$ und

über $\mathbb{Z}_3$ ist $\tau^4 - 10\tau^2 + 1 = \tau^4 + 2\tau + 1 = (\tau^2+1)^2$.

Über $\mathbb{Z}_p$, $p > 3$, hat f die Wurzeln $\sqrt{2}+\sqrt{3}$, $\sqrt{2}-\sqrt{3}$, $-\sqrt{2}+\sqrt{3}$ und $-\sqrt{2}-\sqrt{3}$; quadratische Teiler von f über dem Zerfällungskörper sind damit $\tau^2 - (5+2\sqrt{6})$, $\tau^2 + 2\sqrt{2}\tau - 1$, $\tau^2 + 2\sqrt{3}\tau + 1$. Unter den Zahlen $2,3,6 \in \mathbb{Z}_p$ ist wenigstens ein Quadrat; sind nämlich 2 und 3 keine Quadrate, so ist (mit II.Aufg. 18) 6 als Produkt zweier Nichtquadrate ein Quadrat in $\mathbb{Z}_p$. Damit ist wenigstens ein quadratischer Faktor von f bereits in $\mathbb{Z}_p[\tau]$.

62. a) Sei $a \in K$ mit $a^4 + a^3 + a^2 + a + 1 = 0$. Division durch a^2 zeigt $a^2 + a + 1 + a^{-1} + a^{-2} = 0$. Für $b := a + a^{-1}$ gilt damit $b^2 = -b + 1$ und es folgt

$$(2b+1)^2 = 4b^2 + 4b + 1 = 5 .$$

b) $\mathbb{Z}_p$ ist eine zyklische Gruppe der Ordnung $p-1$. Nach Voraussetzung ist 5 Teiler von $p-1$ und es gibt folglich in $\mathbb{Z}_p$ ein Element a der Ordnung 5. Aus $0 = a^5 - 1 = (a-1)(a^4 + \ldots + a + 1)$ sehen wir (wegen $a \neq 1$), daß a Wurzel ist von $\tau^4 + \ldots + \tau + 1$. Die Behauptung folgt mit a).

63. $\mathbb{Z}[i^3] = \mathbb{Z}[i]$, da $i^3 = -i$. $\mathbb{Z}[i]$ ist euklidischer Ring, also (a) maximales Ideal (vgl. 3.6.7) in $\mathbb{Z}[i]$ und $\mathbb{Z}[i]/(a)$ ist ein Körper K. $z \longmapsto \bar{z}z$, $z \in \mathbb{Z}[i]$, ist Gradfunktion (vgl. II.Aufg. 82), daher liegt ein vollständiges Repräsentantensystem für die Restklassen nach (a) in der Kreisscheibe $\{z \in \mathbb{C} ; |z|^2 < |a|^2\}$; das bedeutet

$$(*) \qquad |K| < \pi \cdot |a|^2 .$$

Es gilt $a\bar{a} \in (a) \cap \mathbb{N}$, also ist $\operatorname{Char} K$ ein Teiler von $a\bar{a}$. Wir unterscheiden drei Fälle:

(1) $a\bar{a} = 2$; dann ist $a \sim 1+i$ und $\operatorname{Char} K = 2$. Wegen $n \equiv n \cdot i \pmod{a}$ für alle $n \in \mathbb{N}$, ist $\{0,1\}$ ein mögliches Vertretersystem der Restklassen, d.h. $K \cong GF(2)$.

(2) $a\bar{a} = p$, p Primzahl und (da $p = 3$ nicht möglich) $p \geq 5$; dann ist $\text{Char } K = p$ und $|K| = p^n$ (vgl. 6.2.5). Wegen (*) muß $p^n < \pi p$ sein, das ist für $p \geq 5$ nur mit $n = 1$ erfüllbar; d.h. $K = GF(p)$. Ein mögliches Vertretersystem für die Restklassen nach (a) ist

$$\{x + iy \in \mathbf{Z}[i] \; ; \; |x| + |y| < |a| - 1\} .$$

(3) $a\bar{a}$ ist reduzibel in $\mathbf{Z}$, etwa $a\bar{a} = p_1 p_2 \cdots p_k$, p_i Primzahl, $k \geq 2$; dann ist (da mit a auch $\bar{a}$ irreduzibel in $\mathbf{Z}[i]$ und $\mathbf{Z}[i]$ ein ZPE-Ring ist) $k = 2$ und $a\bar{a} = p^2$, wobei wegen 3.7.3 (vgl. II. Aufg. 113) p eine Primzahl mit $p \equiv 3 \pmod 4$ sein muß.

Es ist also $a \sim p$ und es gilt

$$x + iy \equiv u + iv \pmod a \quad \Leftrightarrow \quad x \equiv u \;,\; y \equiv v \pmod p .$$

Das bedeutet $K \cong \mathbf{Z}_p(i) \cong GF(p^2)$. Ein mögliches Vertretersystem ist

$$\{x + iy \in \mathbf{Z}[i] \; ; \; 0 \leq |x|, |y| \leq \frac{|a|-1}{2}\} .$$

In allen drei Fällen ist also $|K| = |a|^2$.

Je ein Beispiel zu Fall (2) und (3) :

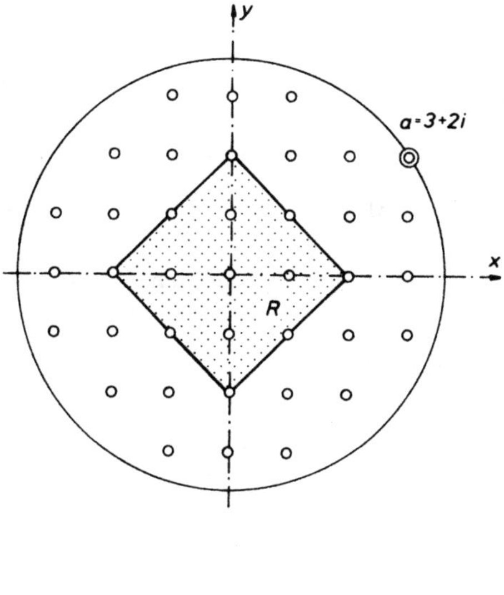

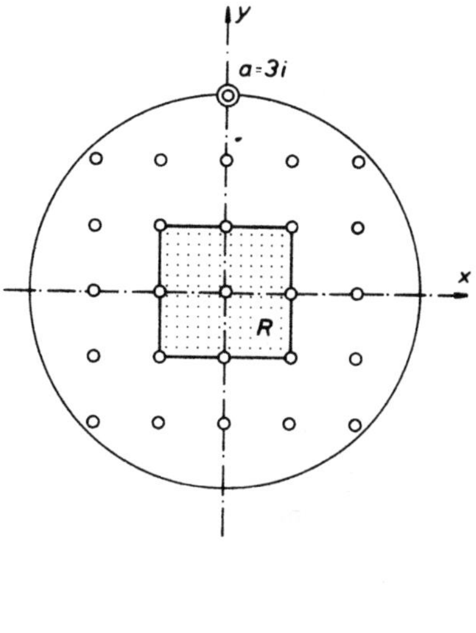

C. KREISTEILUNG

64. a) Es sei ζ eine primitive 2m-te Einheitswurzel. Wegen $\operatorname{ord}\zeta = 2m$ ist $\zeta^m \neq 1$ und daher folgt aus $(\zeta^m)^2 = 1$ stets $\zeta^m = -1$. Somit ist $(-\zeta)^m = (-1)^m \zeta^m = 1$, da m ungerade. Also ist $-\zeta$ primitive m-te Einheitswurzel.

Zu den $r = \varphi(2m) = \varphi(2)\varphi(m) = \varphi(m)$ primitiven 2m-ten Einheitswurzeln $\zeta_1,\ldots,\zeta_r$ ist $-\zeta_1,\ldots,-\zeta_r$ ein voller Satz primitiver m-ter Einheits m-ter Einheitswurzeln. Das zeigt

$$\Phi_{2m}(\tau) = \prod_{i=1}^{r} (\tau - \zeta_i) = (-1)^{\varphi(m)} \prod_{i=1}^{r} (\tau - \zeta_i)$$

$$= \prod_{i=1}^{r} (-\tau + \zeta_i) = \Phi_m(-\tau) .$$

Bemerkung: Verwendet wurde, daß für $m \geq 3$ stets $\varphi(m)$ gerade ist (vgl. Lösung von II. Aufg. 67).

b) Sei ζ primitive mp-te Einheitswurzel, d.h. $\zeta^{pm} = 1$; dann ist offensichtlich ζ^p eine primitive m-te E.W. (Einheitswurzel), d.h. ζ ist Wurzel von $\Phi_m(\tau^p)$. Somit sind alle Wurzeln von $\Phi_{pm}(\tau)$ auch Wurzeln von $\Phi_m(\tau^p)$, also ist $\Phi_{pm}(\tau)$ ein Teiler von $\Phi_m(\tau^p)$. Weil beide Polynome normiert sind und den gleichen Grad haben, sind sie gleich. Es gilt nämlich

$$\operatorname{Grad} \Phi_{mp} = \varphi(mp) = \varphi(m'p^k) \quad (\text{mit } (m',p) = 1,\ k > 1)$$

$$= \varphi(m')\varphi(p^k) = \varphi(m')(p^k - p^{k-1}) ;$$

und

$$\operatorname{Grad} \Phi_m(\tau^p) = \varphi(m)p = \varphi(m')\varphi(p^{k-1})p = \varphi(m')(p^k - p^{k-1}) .$$

c) Mit $m = p^{k-1}$ erhalten wir aus b) mit einer einfachen Induktion

$$\Phi_{p^k}(\tau) = \Phi_p(\tau^{p^{k-1}}) ,$$

das ist der Sonderfall $r = 1$ in d). Nach 6.8.4, Korollar 1, ist $\Phi_p(\tau)$ bekannt und wir erhalten

$$\Phi_{p^k}(\tau) = \tau^{p^{(k-1)}(p-1)} + \ldots + \tau^{p^{k-1}} + 1 .$$

d) Nach b) folgt mit $m = p_1^{k_1} \dots p_{r-1}^{k_{r-1}}$

$$\Phi_{mp_r^{k_r}}(\tau) = \Phi_{mp_r^{k_r-1}}(\tau^{p_r}) = \dots = \Phi_{mp_r}(\tau^{p_r^{k_r-1}}) .$$

Der gleiche Schluß, für die anderen Primfaktoren angewandt, zeigt die Behauptung.

e) Sei ζ primitive n-te Einheitswurzel. Wegen $(p,n) = 1$ ist auch ζ^p primitive n-te E.W. , also ist jede Wurzel von $\Phi_n(\tau)$ auch Wurzel von $\Phi_n(\tau^p)$, d.h. $\Phi_n(\tau) | \Phi_n(\tau^p)$. Nun sei ρ primitive pn-te E.W. , dann ist ρ^p primitive n-te E.W. , somit (der gleiche Schluß wie oben) $\Phi_{np}(\tau) | \Phi_n(\tau^p)$. Weil Φ_n und Φ_{np} keine gemeinsame Wurzel haben, sind sie teilerfremd und folglich ist das Produkt $\Phi_{np}(\tau)\Phi_n(\tau)$ Teiler von $\Phi_n(\tau^p)$. Ein Gradvergleich

$$\varphi(np) + \varphi(n) = \varphi(n)\varphi(p) + \varphi(n) = \varphi(n)p$$

zeigt die Gleichheit

$$\Phi_{np}(\tau)\Phi_n(\tau) = \Phi_n(\tau^p) .$$

Alternativ mit Induktion:

$$\Phi_n(\tau^p) = \frac{\tau^{pn} - 1}{\prod\limits_{\substack{d|n \\ d<n}} \Phi_d(\tau^p)} = \frac{\prod\limits_{d|pn} \Phi_d(\tau)}{\prod\limits_{\substack{d|n \\ d<n}} \Phi_d(\tau) \prod\limits_{\substack{d|n \\ d<n}} \Phi_{pd}(\tau)}$$

$$= \Phi_n(\tau)\ \Phi_{pn}(\tau) .$$

Ergänzung: Für verschiedene Primzahlen p,q zeigt diese Formel

$$\Phi_{pq}(\tau) = \frac{\Phi_p(\tau^q)}{\Phi_p(\tau)} = \frac{\tau^{pq} - 1}{\tau^q - 1} \cdot \frac{\tau - 1}{\tau^p - 1}$$

65. Mit 6.8.4 , 6.8.5 und den Identitäten der Aufg. 64 erhält man (Φ_p , p Primzahl , wird nicht aufgeführt) :

$$\Phi_{10}(\tau) = \Phi_5(-\tau) = \tau^4 - \tau^3 + \tau^2 - \tau + 1 ,$$

$$\Phi_{12}(\tau) = \Phi_{6\cdot 2}(\tau) = \Phi_6(\tau^2) = \Phi_3(-\tau^2) = \tau^4 - \tau^2 + 1 ,$$

$$\Phi_{14}(\tau) = \Phi_{2\cdot 7}(\tau) = \Phi_7(-\tau^2) = \tau^{12} - \tau^{10} + \tau^8 - \tau^6 + \tau^4 - \tau^2 + 1 \quad ,$$

$$\Phi_{15}(\tau) = \Phi_{3\cdot 5}(\tau) = \Phi_3(\tau^5)/\Phi_3(\tau) = \tau^8 - \tau^7 + \tau^5 - \tau^4 + \tau^3 - \tau + 1 \quad ,$$

$$\Phi_{16}(\tau) = \Phi_{2^4}(\tau) = \Phi_2(\tau^{2^3}) = \tau^8 + 1 \quad ,$$

$$\Phi_{18}(\tau) = \Phi_{2\cdot 9}(\tau) = \Phi_9(-\tau) = \tau^6 - \tau^3 + 1 \quad ,$$

$$\Phi_{20}(\tau) = \Phi_{2\cdot 10}(\tau) = \Phi_{10}(\tau^2) = \tau^8 - \tau^6 + \tau^4 - \tau^2 + 1 \quad ,$$

$$\Phi_{21}(\tau) = \Phi_{3\cdot 7}(\tau) = \Phi_3(\tau^7)/\Phi_3(\tau) = \tau^{12} - \tau^{11} + \tau^9 - \tau^8 + \tau^6 - \tau^4 + \tau^3 - \tau + 1 \,,$$

$$\Phi_{22}(\tau) = \Phi_{2\cdot 11}(\tau) = \Phi_{11}(-\tau) = \tau^{10}-\tau^9+\tau^8-\tau^7+\tau^6-\tau^5+\tau^4-\tau^3+\tau^2-\tau+1 \quad ,$$

$$\Phi_{24}(\tau) = \Phi_{2\cdot 12}(\tau) = \Phi_{12}(\tau^2) = \tau^8 - \tau^4 + 1 \quad ,$$

$$\Phi_{25}(\tau) = \Phi_5(\tau^5) = \tau^{20} + \tau^{15} + \tau^{10} + \tau^5 + 1 \quad ,$$

$$\Phi_{26}(\tau) = \Phi_{13}(-\tau) = \tau^{12}-\tau^{11}+\tau^{10}-\tau^9+\tau^8-\tau^7+\tau^6-\tau^5+\tau^4-\tau^3+\tau^2-\tau+1 \quad ,$$

$$\Phi_{27}(\tau) = \Phi_3(\tau^9) = \tau^{18} + \tau^9 + 1 \quad ,$$

$$\Phi_{28}(\tau) = \Phi_{14\cdot 2}(\tau) = \Phi_{14}(\tau^2) = \tau^{24} - \tau^{20} + \tau^{16} - \tau^{12} + \tau^8 - \tau^4 + 1 \quad ,$$

$$\Phi_{30}(\tau) = \Phi_{15\cdot 2}(\tau) = \Phi_{15}(-\tau) = \tau^8 + \tau^7 - \tau^5 - \tau^4 - \tau^3 + \tau + 1 \quad .$$

66. a) $\Phi_3(\tau) = \tau^2 + \tau + 1$

$= (\tau - 2)(\tau + 3)$ über $\mathbf{Z}_7$,

$= (\tau - 3)(\tau + 4)$ über $\mathbf{Z}_{13}$,

$= (\tau - 7)(\tau + 8)$ über $\mathbf{Z}_{19}$.

b) $\Phi_3(\tau) = \tau^2 + 1$

$= (\tau + 2)(\tau - 2)$ über $\mathbf{Z}_5$,

$= (\tau + 5)(\tau - 5)$ über $\mathbf{Z}_{13}$,

$= (\tau + 4)(\tau - 4)$ über $\mathbf{Z}_{17}$.

c) $\Phi_5(\tau) = \tau^4 + \tau^3 + \tau^2 + \tau + 1$

$= (\tau + 2)(\tau + 6)(\tau - 4)(\tau - 3)$ über $\mathbf{Z}_{11}$,

$\Phi_{12}(\tau) = \tau^4 - \tau^2 + 1$

$= (\tau^2 - 5\tau + 1)(\tau^2 + 5\tau + 1)$ über $\mathbf{Z}_{11}$.

d) $\Phi_7(\tau) = \tau^6 + \tau^5 + \tau^4 + \tau^3 + \tau^2 + \tau + 1$

$= (\tau^3 + \tau^2 + 1)(\tau^3 + \tau + 1)$ über $\mathbf{Z}_2$.

Beide Faktoren sind irreduzibel über $\mathbf{Z}_2$ (sie haben in $\mathbf{Z}_2$ keine Wurzel und damit keinen Linearfaktor über $\mathbf{Z}_2$). Ist ζ eine primitive E.W. mit $\tau^3 + \tau^2 + 1$ als Minimalpolynom, so haben auch ζ^2 und ζ^4 dieses Minimalpolynom; ζ^3 , ζ^5 und ζ^6 haben $\tau^3 + \tau + 1$ als Minimalpolynom.

67. a) Folgt sofort aus $0 = \zeta^n - 1 = (\zeta - 1)(\zeta^{n-1} + \ldots + \zeta + 1)$.

b) Sei ζ primitive n-te E.W. und o.E. $\zeta_i = \zeta^i$, dann haben wir

$$\zeta_1^k + \ldots + \zeta_n^k = \zeta^k + \zeta^{2k} + \ldots + \zeta^{(n-1)k} + 1$$

$$= (1 - \zeta^{nk})(1 - \zeta^k)^{-1} = 0 .$$

(Wegen $\zeta^n = 1$ und $\zeta^k \neq 1$.)

68. Sei $d = (l,k)$, $m = \text{kgV}(l,k)$, $m = lt = ks$ mit $(t,s) = 1$. Ist ζ_m primitive m-te E.W. , dann sind $\zeta_k := \zeta_m^s$ und $\zeta_l := \zeta_m^t$ primitive k-te bzw. l-te E.Wn. . Offensichtlich ist (per Def.)

$$\mathbf{Q}(\zeta_k)(\zeta_l) = \mathbf{Q}(\zeta_k, \zeta_l) \subseteq \mathbf{Q}(\zeta_m) .$$

Wegen $(t,s) = 1$ gibt es u,v mit $ut + vs = 1$ in $\mathbf{Z}$, somit ist

$$\zeta_m = (\zeta_m^t)^u (\zeta_m^s)^v = \zeta_k^v \zeta_l^u \in \mathbf{Q}(\zeta_k, \zeta_l) .$$

Insgesamt

$$\mathbf{Q}(\zeta_k)(\zeta_l) = \mathbf{Q}(\zeta_m) .$$

Ein Gradvergleich zeigt

$$\varphi(m) = [\mathbf{Q}(\zeta_m):\mathbf{Q}] = [\mathbf{Q}(\zeta_k)(\zeta_l):\mathbf{Q}(\zeta_k)][\mathbf{Q}(\zeta_k):\mathbf{Q}]$$

$$= [\mathbf{Q}(\zeta_k)(\zeta_l):\mathbf{Q}(\zeta_k)]\varphi(k) .$$

Jede primitive l-te E.W. ζ_l erzeugt $\mathbf{Q}(\zeta_l)$, d.h. Grad ζ_l (über $\mathbf{Q}(\zeta_k)) = \varphi(m)/\varphi(k)$. Also zerfällt Φ_l in lauter irreduzible Faktoren von gleichem Grad $\varphi(m)/\varphi(k)$. Ist A die Anzahl der Faktoren, so finden wir durch Gradvergleich und II. Aufg. 67

$$A\,\frac{\varphi(m)}{\varphi(k)} = \varphi(l) \quad \text{bzw.} \quad A = \frac{\varphi(l)\varphi(k)}{\varphi(m)} = \varphi(d) .$$

Bemerkung: *Das obige Ergebnis zeigt, daß* $\Phi_l(\tau)$ *über* $\mathbb{Q}(\zeta_k)$ *genau dann irreduzibel ist, wenn* $\varphi((l,k)) = 1$ *; das ist genau dann der Fall, wenn* $(l,k) = 1$ *oder* $(l,k) = 2$.

69. Sei $n = p^2 m$, p Primzahl , also n nicht quadratfrei, dann gilt (vgl. Aufg. 64.b) mit $r = \varphi(mp)$

$$\Phi_n(\tau) = \Phi_{mp}(\tau^p) = \tau^{pr} + a_{r-1}\tau^{p(r-1)} + \ldots + a_1\tau^p + a_o$$

das bedeutet

$$\sum_{i=1}^{\varphi(n)} \zeta_i = 0 .$$

Also sind die primitiven n-ten E.Wn. ζ_i über $\mathbb{Q}$ linear abhängig.
Es sei umgekehrt $n = p_1 p_2 \ldots p_r$ quadratfrei (d.h. p_i Primzahlen mit $p_i \neq p_j$ für $i \neq j$) . Wir beweisen die Behauptung mit Induktion nach r :

$r = 1$: Ist ζ primitive p-te E.W. , dann sind $\zeta, \zeta^2, \ldots, \zeta^{p-1}$ genau alle primitiven E.Wn. in $\mathbb{Q}(\zeta)$. Aus

$$\sum_{i=1}^{p-1} \alpha_i \zeta^i = 0$$

ersehen wir

$$\sum_{i=1}^{p-1} \alpha_i \zeta^{i-1} = 0$$

(man kürze ζ), somit sind alle $\alpha_i = 0$, denn $1, \zeta, \ldots, \zeta^{p-2}$ bilden eine Basis von $\mathbb{Q}(\zeta)$ über $\mathbb{Q}$ (vgl. 6.8.4 , Korollar 1 und 6.3.3).

Nun sei $n = p_1 \ldots p_{r-1} p = mp$ und $\rho_1, \ldots, \rho_{p-1}$ seien die primitiven p-ten E.Wn. und $\zeta_1, \ldots, \zeta_{\varphi(m)}$ die primitiven p-ten E.Wn. .
Dann sind $\rho_i \zeta_j$ $(1 \le i \le p-1$, $1 \le j \le \varphi(m))$ genau sämtliche n-ten primitiven E.Wn. ; denn $\operatorname{ord} \rho_i \zeta_j = pm = n$ (vgl. I. Aufg. 38) und $\varphi(n) = \varphi(p)\varphi(m) = (p-1)\varphi(m)$, auch sind die $\rho_i \zeta_j$ paarweise verschieden. Aus Aufg. 68 entnehmen wir, daß Φ_p über $\mathbb{Q}(\zeta)$ irreduzibel ist (ζ prim. m-te E.W.), insbesondere sind $\rho_1, \ldots, \rho_{p-1}$ linear unabhängig über $\mathbb{Q}(\zeta)$ (vgl. den Fall $r = 1$) .
Da nach Induktionsvoraussetzung $\zeta_1, \ldots, \zeta_{\varphi(m)}$ linear unabhängig über $\mathbb{Q}$ sind, ersehen wir nun (vgl. den Beweis des Gradsatzes), daß die $\rho_i \zeta_j$ über $\mathbb{Q}$ linear unabhängig sind.

70. Nach Aufg. 68 ist $\Phi_m(\tau)$ über $\mathbb{Q}(\zeta_n)$ irreduzibel, somit ist $1, \zeta_m, \ldots, \zeta_m^{\varphi(m)-1}$ über $\mathbb{Q}(\zeta_n)$ linear unabhängig (wegen $(m,n) = 1$ kann man dies auch ohne Aufg. 68 direkt zeigen).
Sei nun $x \in \mathbb{Q}(\zeta_n) \cap \mathbb{Q}(\zeta_m)$, dann ist

$$x = \alpha_o + \alpha_1\zeta_m + \ldots + \alpha_r\zeta_m^r \qquad (r = \varphi(m) - 1 , \quad \alpha_i \in \mathbb{Q})$$

$$= \beta_o + \beta_1\zeta_n + \ldots + \beta_s\zeta_n^s \qquad (s = \varphi(n) - 1 , \quad \beta_i \in \mathbb{Q}) .$$

Da die ζ_m^j über $\mathbb{Q}(\zeta_n)$ linear unabhängig sind, folgt

$$\alpha_o = \beta_o + \beta_1\zeta_n + \ldots + \beta_s\zeta_n^s \quad , \quad \alpha_1 = \ldots = \alpha_r = 0 .$$

Insbesondere ist also $x = \alpha_o \in \mathbb{Q}$.

71. Es gibt $k,l \in \mathbb{Z}$ mit $d = km + ln$; aus $\zeta^n = 1$ folgt $\zeta^d = (\zeta^k)^m$, also ist ζ^d (und damit auch $\zeta^{2d}, \ldots, \zeta^n$) m-te Potenz einer n-ten E.W. . Ist umgekehrt $c = (\zeta^r)^m$ die m-te Potenz einer n-ten E.W. , dann ist c wegen $m = dm'$ eine Potenz von ζ^d . Also sind $\zeta^d, \zeta^{2d}, \ldots, \zeta^n$ genau die m-ten Potenzen von n-ten E.Wn. .
Sei $n = n'd$, dann ist $(\zeta^{sn'})^m = 1$ für $s = 1,2,\ldots, d-1$ und wir sehen

$$c = (\zeta^r)^m = (\zeta^{r+n'})^m = \ldots = (\zeta^{r+(d-1)n'})^m ,$$

wobei offenbar $\zeta^{r+sn'} \neq \zeta^{r+tn'}$ für $0 \leq s,t \leq d-1$, $s \neq t$. Also ist c eine m-te Potenz von d verschiedenen n-ten E.Wn. .

72.a) Sei $[L:K] = k$, $\ell = \text{Min}\,\{m \in \mathbb{N} ; n | q^m - 1\}$. Es ist $q = p^r$ (p Primzahl) . Wegen 6.6.2 und $(n,q) = 1$ hat $\tau^n - 1$ in L n verschiedene Wurzeln. Die Gruppe der n-ten E.Wn. ist zyklisch, insbesondere gibt es in L ein Element a mit $\text{ord}\, a = n$. Wegen $[L:K] = k$ gilt $|L| = q^k$; damit ist $a^{q^k-1} = 1$. Es folgt $n | q^k-1$ (1.6.15 , Korollar), insbesondere $\ell \leq k$. Sei andererseits $s \in \mathbb{N}$ und $n | q^s-1$, dann gilt für die primitive n-te E.W. wegen $a^n = 1$ erst recht $a^{q^s-1} = 1$, bzw. $a^{q^s} = a$. Es folgt $a \in GF(q^s)$ bzw. $L = K(a) \subseteq GF(q^s)$. Dann ist $[L:K]$ ein Teiler von $[GF(q^s):K] = s$, insbesondere $k \leq s$ und somit $k \leq \ell$.

b) Es ist Φ_n genau dann irreduzibel, wenn es Minimalpolynom einer primitiven n-ten E.W. ist; das ist genau dann der Fall, wenn $\varphi(n) = [L:K] = \text{Min}\,\{m \in \mathbb{N} ; n | q^m - 1\} = \ell$ (nach a)) . Nun ist (per Def.) ℓ nichts anderes als $\operatorname{ord}\bar{q}$ in $\mathbf{Z}_n^*$. $\operatorname{ord}\bar{q} = \varphi(n) = |\mathbf{Z}_n^*|$ bedeutet, daß $\bar{q}$ erzeugendes Element ist.

c) Φ_{12} ist bereits über jedem Primkörper der Charakteristik $\neq 0$ reduzibel, da $\mathbf{Z}_{12}^*$ nicht zyklisch ist.

73. Über $\mathbf{Q}$: $L = \mathbf{Q}(\exp(\frac{2\pi i}{9}))$ mit $[L:\mathbf{Q}] = \varphi(9) = 6$.
Über $\mathbf{Z}_3$: $\tau^9 - 1 = (\tau - 1)^9$, also $L = \mathbf{Z}_3$, $[L:\mathbf{Z}_3] = 1$.
Über $\mathbf{Z}_2$: $\Phi_9(\tau) = \tau^6 + \tau^3 + 1$ ist gemäß Aufg. 72.b irreduzibel über $\mathbf{Z}_2$, da $\bar{2}$ erzeugendes Element ist von $\mathbf{Z}_9^*$. $[L:\mathbf{Z}_2] = 6$.

(Ohne Bezug auf Aufg. 72 kann man direkt - aber weniger elegant - argumentieren, daß Φ_9 über $\mathbf{Z}_2$ keine Faktoren abspaltet, indem man entsprechende Ansätze mit unbestimmten Koeffizienten macht.)

74. Wegen $(\tau - \zeta)(\tau - \zeta^{-1}) = \tau^2 - (\zeta + \zeta^{-1})\tau + 1 \in \mathbf{Q}(\zeta + \zeta^{-1})[\tau]$ hat ζ über $\mathbf{Q}(\zeta + \zeta^{-1})$ den Grad ≤ 2 . Für $n > 2$ ist $\zeta = \exp(\frac{2\pi i}{n}) \in \mathbf{C} \setminus \mathbf{R}$. Wegen $\zeta + \zeta^{-1} = \zeta + \bar{\zeta} \in \mathbf{R}$ ist $\mathbf{Q}(\zeta + \zeta^{-1}) \subseteq \mathbf{R}$; insbesondere ist $\zeta \notin \mathbf{Q}(\zeta + \zeta^{-1})$. Damit haben wir Grad $\zeta = 2$ über $\mathbf{Q}(\zeta + \zeta^{-1})$. Und aus der Gradrelation folgt

$$\varphi(n) = [\mathbf{Q}(\zeta):\mathbf{Q}] = [\mathbf{Q}(\zeta):\mathbf{Q}(\zeta + \zeta^{-1})][\mathbf{Q}(\zeta + \zeta^{-1}):\mathbf{Q}]$$

$$= 2[\mathbf{Q}(\zeta + \zeta^{-1}):\mathbf{Q}] .$$

Das ist die Behauptung.

75. Gemäß 6.8.9 ermittle man alle Zahlen $n \leq 100$, die darstellbar sind in der Form

$$n = 2^\alpha 3^\beta 5^\gamma 17^\delta \quad \text{mit} \quad \alpha \in \mathbf{N}_0 , \ \beta,\gamma,\delta \in \{0,1\} .$$

Das gibt genau 25 Möglichkeiten :

2, 3, 4, 5, 6, 8, 10, 12, 15, 16, 17, 20, 24, 30, 32,
34, 40, 48, 51, 60, 64, 68, 80, 85 und 96 .

76. a) Durch Winkelhalbierung.

b) Nach Voraussetzung gibt es $k,j \in \mathbf{Z}$ mit $kn_1 + jn_2 = 1$ und

$$\exp(\frac{2\pi i}{n_1 n_2}) = \exp(\frac{2\pi i(kn_1+jn_2)}{n_1 n_2}) = \exp(\frac{2k\pi i}{n_1}) \cdot \exp(\frac{2j\pi i}{n_2})$$

Ist als Produkt von gegebenen Zahlen konstruierbar.

77. Nach II. Aufg. 114 wird das Ideal erzeugt von

$$n_p = \prod_{\substack{q-1 \mid p-1 \\ q \text{ prim}}} q \quad .$$

Es ist $p-1 = 2^{2^k}$ und $q-1 \mid p-1$ genau dann, wenn $q-1 = 2^r$ mit $r \le 2^k$. Da $q = 2^r + 1$ nur dann Primzahl ist, wenn $r = 2^n$ (vgl. Bem. nach 6.7.9'), durchläuft q alle Fermatschen Primzahlen $\le p$.

78. Bemerkung: *Man muß wirklich einmal "zu Fuß" versucht haben,*

$$(2^{32}+1):641 = 6\,700\,417$$

zu ermitteln, um den folgenden Schluß von G.T. BENNETT richtig zu würdigen.

$$\begin{aligned} F_5 &= 2^{32}+1 = 5^4\cdot 2^{28} + 2^{32} - (5^4\cdot 2^{28} - 1) \\ &= (5^4+2^4)\cdot 2^{28} - ((5\cdot 2^7)^4 - 1) \\ &= 641\cdot 2^{28} - (5\cdot 2^7+1)((5\cdot 2^7)^3 - (5\cdot 2^7)^2 + 5\cdot 2^7 - 1) \\ &= 641\cdot(2^{28} - 5^3\cdot 2^{21} + 5^2\cdot 2^{14} - 5\cdot 2^7 + 1) \quad . \end{aligned}$$

Dabei ist verwendet worden: $641 = 5^4 + 2^4 = 5\cdot 2^7 + 1$.

D. Normale und separable Erweiterungen

79. Sei $f \in K[\tau]$ ein irreduzibles Polynom und $a \in L$ Wurzel von f, a geschrieben in der Form

$$a = \frac{g(a_1,\dots,a_n)}{h(a_1,\dots,a_n)}$$

mit $g,h \in K[\tau_1,\dots,\tau_n]$, $a_i \in A$ (vgl. Aufg. 17). Insbesondere ist $a \in K(a_1,\dots,a_n)$. Jedes $a_i \in A$ hat den Grad 2 über K . Sei f_i Minimalpolynom von a_i über K ; dann ist Grad $f_i = 2$ und $L' = K(a_1,\dots,a_n)$ ist Zerfällungskörper von $f_1 f_2 \cdots f_n$ über K (mit jeweils einer Wurzel eines quadratischen Polynoms liegt auch die andere in L') und $[L':K]$ ist endlich. Nach 6.9.2 ist $L':K$ normal, f hat dann alle Wurzeln in $L' \subseteq L$, somit ist $L:K$ normal.

80. $\alpha := (1+i)\sqrt[4]{5}$ ist Wurzel des Polynoms $\tau^4 + 20$, welches nach Eisenstein mit $p = 5$ über $\mathbb{Q}$ irreduzibel ist. Die Wurzel $(1-i)\sqrt[4]{5}$ von $\tau^4 + 20$ liegt jedoch nicht in $L = \mathbb{Q}(\alpha)$; denn $(1+i)\sqrt[4]{5}$ und $(1-i)\sqrt[4]{5} \in L$ impliziert $\sqrt[4]{5} \in L$ und $i \in L$ bzw. $\mathbb{Q}(i,\sqrt[4]{5}) \subseteq L$, was wegen $[L:\mathbb{Q}] = 4$ und $[\mathbb{Q}(i,\sqrt[4]{5}):\mathbb{Q}] = 8$ einen Widerspruch liefert. $L:\mathbb{Q}$ ist nicht normal. Aus der Faktorisierung

$$\tau^4 + 20 = (\tau^2 + 2i\sqrt{5})(\tau^2 - 2i\sqrt{5})$$

über $\mathbb{Q}(i\sqrt{5})$ sehen wir $[L:\mathbb{Q}(i\sqrt{5})] \leq 2$, also $L:\mathbb{Q}(i\sqrt{5})$ normal (vgl. Aufg. 79). Aus dem gleichen Grund (Grad $i\sqrt{5} = 2$ über $\mathbb{Q}$) ist auch $\mathbb{Q}(i\sqrt{5}):\mathbb{Q}$ normal.

81. a) Nach 6.9.3 ist $GF(p^n):\mathbb{Z}_p$ für jede Primzahl p und jedes $n \in \mathbb{N}$ eine normale Erweiterung, daher ist $L:\mathbb{Z}_p$ und mit 6.9.5 auch $L:K$ normal. f hat also alle Wurzeln in L und es gilt $[L:K] = n$.

b) $w^2 = -4a^3 - 27b^2 = (x_1 - x_2)^2(x_1 - x_3)^2(x_2 - x_3)^2 \in L$, wenn x_1, x_2, x_3 die Wurzeln von $\tau^3 + a\tau + b$ in L sind (vgl. Aufg. 40). Ist w^2 kein Quadrat in K, so ist $\tau^2 - w^2$ irreduzibel über K und $[K(w):K] = 2$. Mit a) gilt $[L:K] = 3$, falls $\tau^3 + a\tau + b$ irreduzibel ist; wegen $K(w) \subseteq L$ hat man somit einen Widerspruch zum Gradsatz.

82. a) $\Rightarrow$ b) : Sei μ_a das Minimalpolynom von a über $K(a^p)$ und m_a Minimalpolynom über K. Nach 6.3.2 ist $\mu_a | m_a$ und mit 6.9.15 hat somit μ_a zusammen mit m_a nur einfache Wurzeln. Außerdem ist μ_a ein Teiler von $f = \tau^p - a^p \in K(a^p)[\tau]$ (wieder mit 6.3.2). Über L haben wir jedoch $f = (\tau - a)^p$. Jeder irreduzible Faktor von f zerfällt über L in der Form $(\tau - a)^r$ (ZPE-Eigenschaft beachten!), hat er darüberhinaus nur einfache Wurzeln, so gilt $r = 1$, d.h. $\mu_a = \tau - a \in K(a^p)[\tau]$ bzw. $a \in K(a^p)$; das zeigt $K(a) = K(a^p)$.

b) $\Rightarrow$ c) : Seien $u_1, \dots, u_r \in K(a)$ über K linear unabhängig. Wir ergänzen zu einer Basis bzw. nehmen o.E. gleich an, daß $u_1, \dots, u_r$ eine Basis von $K(a)$ über K sei. Jedes $x \in K(a) = K(a^p)$ schreiben wir in der Form $x = \Sigma_i\, \alpha_i a^{pi}$ und $a^i = \Sigma_j\, \beta_{ij} u_j$, somit ist $a^{pi} = \Sigma_j\, \beta_{ij}^p u_j^p$ und dies in die Darstellung von x eingetragen liefert $x = \Sigma_{i,j}\ \alpha_i \beta_{ij}^p u_j^p$. Wir sehen, daß $u_1^p, \ldots, u_r^p$ den r-dimensionalen Vektorraum $K(a)$ über K erzeugt und somit eine Basis ist.

c) ⇒ d) : Es sei $b \in K(a)$ über K nicht separabel. Für das Minimalpolynom m_b von b über K gilt dann $m_b' = 0$ bzw. mit

$$m_b(\tau) = \alpha_0 + \alpha_1\tau^p + \alpha_2\tau^{2p} + \ldots + \alpha_r\tau^{rp}$$

$(\alpha_r \neq 0)$ folgt

$$0 = \alpha_0 + \alpha_1 b^p + \alpha_2 b^{2p} + \ldots + \alpha_r b^{rp} .$$

Insbesondere sind $b^0, b^p, \ldots, (b^r)^p$ linear abhängig über K und folglich sind auch (nach Voraussetzung) $b^0, b^1, \ldots, b^r$ linear abhängig über K . Hieraus folgt $rp = \text{Grad}\ b < r$, also ein Widerspruch; d.h. $K(a):K$ ist separabel.

d) ⇒ a) : Trivial.

83. Sei $a \in L$ mit Minimalpolynom m_a . Ist a separabel, so haben wir $m_a' \neq 0$. Falls a nicht separabel ist, dann gibt es $g_1 \in K$ mit $m_a(\tau) = g_1(\tau^p)$ (vgl. 6.6.1 , Korollar 3) . g_1 ist irreduzibel und hat als Wurzel a^p , also ist g_1 Minimalpolynom von a^p . Entweder ist a^p separabel oder es gibt $g_2 \in K[\tau]$ mit $g_1(\tau) = g_2(\tau^p)$, etc.

$$m_a(\tau) = g_1(\tau^p) = g_2(\tau^{p^2}) = \ldots = g_e(\tau^{p^e}) .$$

Sei e der höchste Exponent, der auf diese Weise auftritt, d.h. $g_e'(\tau) \neq 0$, dann ist g_e Minimalpolynom von a^{p^e} und a^{p^e} ist separabel.

84. L:K ist algebraisch. Sei $a \in L$ mit Minimalpolynom m_a über K . Ist a nicht separabel, dann hat m_a die Form $m_a(\tau) = h(\tau^p)$ (6.9.15 und 6.6.1 , Korollar 3) , insbesondere $\text{Grad}\ a = p\cdot\text{Grad}\ h$ und $p\cdot\text{Grad}\ h = [K(a):K]$ ist Teiler von $[L:K]$. Das ist ein Widerspruch zu $p \nmid [L:K]$. Somit ist L:K separabel.

85. a) Der Beweis läuft mit einer Induktion nach n unter Verwendung von Aufg. 82 .

b) Sei $K \subseteq M \subseteq L$, L:M und M:K separabel. Für $x \in L$ gilt

$M(x) = M(x^p)$ (da x über M separabel), insbesondere ist mit $\alpha_i \in M$

$$x = \sum_{i=1}^{r} \alpha_i x^{pi} \in K(\alpha_1,\ldots,\alpha_r)(x^p) .$$

Da die α_i über K separabel sind, gilt nach a) $K(\alpha_1,\ldots,\alpha_r) = K(\alpha_1^p,\ldots,\alpha_r^p)$. Insgesamt folgt $x \in K(\alpha_1^p,\ldots,\alpha_r^p,x^p)$ und somit ist x über K separabel (wieder nach a)).

c) Das Minimalpolynom von $a \in M$ über K hat nur einfache Nullstellen, da mit $M \subseteq L$ auch $a \in L$ und $L:K$ separabel; also ist $M:K$ separabel. Das Minimalpolynom von $b \in L$ über M ist ein Teiler vom Minimalpolynom über K und hat damit ebenfalls nur einfache Nullstellen; also ist $L:M$ separabel.

86.a) Aus $f' = -1$ und 6.6.1 folgt die Behauptung.

b) Sei $\alpha \in K$ eine Wurzel. Wegen $\operatorname{Char} K = p$ und dem kleinen Fermatschen Satz gilt für alle $\bar{n} \in \mathbb{Z}_p$

$$(\alpha + \bar{n})^p = \alpha^p + \bar{n}^p = \alpha^p + \bar{n} ,$$

damit

$$f(\alpha + \bar{n}) = \alpha^p + \bar{n} - \alpha - \bar{n} + a = f(\alpha) = 0 ,$$

also hat f in K bereits sämtliche p Wurzeln und zerfällt damit über K in Linearfaktoren.

c) Es sei $\alpha \in L$ eine Wurzel von f in einer geeigneten Erweiterung $L:K$. Nach b) zerfällt f über L in

$$f(\tau) = \prod_{1 \le n \le p} (\tau - (\alpha + \bar{n})) .$$

Ein irreduzibler Faktor $g \in K[\tau]$ von f zerfällt dann über L ebenfalls in der Form

$$g(\tau) = (\tau - (\alpha+\bar{n}_1)) \ldots (\tau - (\alpha+\bar{n}_r))$$

(folgt aus der ZPE-Eigenschaft von $L[\tau]$). Der zweithöchste Koeffizient von g ist dann

$$-r\alpha - \sum_{i=1}^{r} \bar{n}_i \in K .$$

Im Falle $1 \le r \le p-1$ folgt daraus $\alpha \in K$. Wenn also f in K keine

Wurzel hat, dann ist f irreduzibel.

87.a) Hat $f = \tau^p - a \in K[\tau]$ in K die Wurzel b, so gilt $a = b^p$ und es folgt $f = (\tau - b)^p$, insbesondere ist f dann reduzibel über K. Nun sei g ein irreduzibler Faktor von f, über dem Zerfällungskörper $L:K$ von f zerfällt er in der Form $g = (\tau - b)^k$. Hieraus folgt $-kb \in K$ und für $1 \leq k \leq p-1$ sogar $b \in K$. Hat f in K keine Wurzel, dann ist f irreduzibel.

b) Sei u Wurzel von f; dann gilt $[K(u):K] = p$ genau dann, wenn f irreduzibel ist. Das ist genau dann der Fall, wenn $u \notin K$. In diesem Fall ist u nicht separabel über K (u ist p-fache Wurzel des irreduziblen Polynoms f), folglich $K(u) \neq K(u^p)$ (vgl. Aufg. 82). Umgekehrt bedeutet $K(u) \neq K(u^p)$ insbesondere $u \notin K$.

88. Für eine Wurzel b aus einem Zerfällungskörper $L:K$ von f gilt $b = a^{p^n}$ bzw. $f = \tau^{p^n} - a = (\tau - b)^{p^n}$. Ein irreduzibler Faktor g zerfällt über L in der Form $g = (\tau - b)^k$. Da nach Voraussetzung $b \notin K$ und g irreduzibel ist, folgt $g'(\tau) = 0$ (vgl. 6.6.1, Korollar 1). b ist nicht separabel; gemäß Aufg. 83 gibt es ein $e \in \mathbf{N}$ mit $g(\tau) = h(\tau^{p^e})$, $h'(\tau) \neq 0$ und h ist Minimalpolynom des separablen Elements $w = b^{p^e}$. Ferner gilt $k = p^e \cdot \text{Grad}\, h$, insbesondere $e \leq n$.

Sei $e < n$, dann ist wegen $w^{p^{n-e}} = b^{p^e p^{n-e}} = b^{p^n} = a$ w Wurzel des Polynoms $q(\tau) = \tau^{p^{n-e}} - a = (\tau - w)^{p^{n-e}} \in K[\tau]$. Das Minimalpolynom h von w ist Teiler von q, da es nur einfache Wurzeln hat, geht nur $h = \tau - w$, insbesondere $w \in K$ und $a = w^{p^{n-e}} \in K^p$; das ist ein Widerspruch. Somit gilt $e = n$. Die Gleichung $k = p^e \text{Grad}\, h$ ist damit nur für $k = p^n$ lösbar; der irreduzible Teiler g hat also gleichen Grad wie f, folglich ist f irreduzibel.

89.a) Seien $a,b \in L_s(K)$, d.h. separabel über K, dann ist b auch separabel über $K(a)$ und $K(a):K$, $K(a)(b):K(a)$ sind separable Erweiterungen. Aus Aufg. 85 ersehen wir, daß $K(a,b):K$ separabel ist. Damit sind die Elemente $a \pm b$, ab, ab^{-1} $(b \neq 0)$ aus $K(a,b)$ separabel über K, d.h. in $L_s(K)$.

b) $x \in L_s(K)$, d.h. x sei separabel über K; dann ist x auch separabel über jedem Zwischenkörper, insbesondere $x \in L_s(L_s(K))$.

Nun sei $x \in L$ separabel über $L_s(K)$, dann ist $L_s(K)(x)$ separabel über $L_s(K)$, L_s separabel über K, also $L_s(K)(x)$ separabel über K (vgl. Aufg. 85), also gilt $L_s(L_s(K)) \subseteq L_s(K)$.

c) Ist eine Wurzel eines irreduziblen Polynoms über K separabel, so ist f separabel und damit sind alle Wurzeln von f separabel (vgl. 6.9.15).

90. Dem Beweis von 6.9.17 folgend, finden wir $z = \sqrt{a} + \sqrt{b}$ als primitives Element.
(Alternativ: Wähle $z = \sqrt{a} + \sqrt{b}$; offenbar $\mathbb{Q}(z) \subseteq \mathbb{Q}(\sqrt{a}, \sqrt{b})$. Wegen $a = z^2 - 2z\sqrt{b} + b$ und $\sqrt{a} = z - \sqrt{b}$ ersehen wir $\sqrt{b}, \sqrt{a} \in \mathbb{Q}(z)$ bzw. $\mathbb{Q}(\sqrt{a}, \sqrt{b}) \subseteq \mathbb{Q}(z)$, also ist z primitives Element.)

91. Wegen $\tau^3 - 2 = (\tau - \sqrt[3]{2})(\tau - \sqrt[3]{2}\zeta)(\tau - \sqrt[3]{2}\zeta^2)$ mit $\zeta = \exp(\frac{2\pi i}{3})$ sehen wir $L = \mathbb{Q}(\sqrt[3]{2}, \zeta)$. Wieder dem Beweis von 6.9.17 folgend finden wir $z = \sqrt[3]{2} + \zeta$ als primitives Element.
(Explizit: $(z - \zeta)^3 = 2 = z^3 - 3\zeta z^2 + 3\zeta^2 z - 1$, hierin $\zeta^2 = -\zeta - 1$ eingetragen läßt uns ζ als Element von $\mathbb{Q}(z)$ erkennen. Dann ist auch $\sqrt[3]{2} = z - \zeta$ in $\mathbb{Q}(z)$.)

92. Sei $z \in K(u,v)$ primitives Element von $K(u,v):K$ mit $z = \Sigma_{i,j}\, a_{ij}\, u^i v^j$ $(a_{ij} \in K)$. Dann gilt wegen $\mathrm{Char}\, K = p$ $z^p = \Sigma_{i,j}\, a_{ij}^p\, u^{pi} v^{pj} \in K$, insbesondere ist z Wurzel des Polynoms $\tau^p - z^p \in K[\tau]$, und $p \geq \mathrm{Grad}_K z = [K(z):K] = p^2$; das ist ein Widerspruch.

Bemerkung: *Sei $L = \mathbb{Z}_p(x,y)$ der Körper der rationalen Funktionen in den unabhängigen Unbestimmten x,y und $K = \mathbb{Z}_p(x^p, y^p)$, dann gilt $x^p, y^p \in K$, $L = K(x,y)$ und $[L:K] = p^2$. Mit obigem Ergebnis ist $L:K$ nicht einfach.*
Im Satz vom primitiven Element kann auf die Voraussetzung "separabel" nicht verzichtet werden.

93. Es ist v Wurzel von $\tau^{p^e} - a \in K[\tau]$, $a = v^{p^e}$. Alle Wurzeln dieses Polynoms sind gleich v. Dem Beweis von 6.9.17 folgend, ist die Menge $\{(b_j - b)(a - a_i)^{-1}\}$ zu betrachten, die hier wegen $v = b = b_j$ nur aus dem Nullelement besteht. Also können wir $y = 1$ wählen und finden $u + v$ als primitives Element. Wegen $u \neq 0$ gilt offenbar $K(u,v) = K(u,uv)$. Da u über $K(uv)$ separabel ist, haben wir $K(u,v) = K(u^{p^e}, uv)$ (nach Aufg. 82). Mit $v^{p^e} = a \in K$ (nach Voraussetzung) gilt $u^{p^e} = a^{-1}(uv)^{p^e}$, also $K(u^{p^e}, uv) = K(uv)$; insgesamt $K(u,v) = K(uv)$.

94. Für jedes $a \in L$ gibt es $m \in \mathbf{N}$ und $k \in K$, so daß a Wurzel von $f = \tau^{p^m} - k \in K[\tau]$; daher ist $L:K$ algebraisch und das Minimalpolynom von a ist ein Teiler von f, insbesondere von der Form $m_a = (\tau - a)^h$ (vgl. Aufg. 88). Ist k keine p-te Potenz in K, so ist (wieder mit Aufg. 88) f irreduzibel, d.h. $m_a = f$; ist k eine p-te Potenz in K, etwa $k = b^{p^e}$ ((b $\in K$, $e < m$ und b keine p-te Potenz in K oder $e = m$), dann ist $m_a = \tau^{p^{m-e}} - b$. Insgesamt sind alle irreduziblen normierten Polynome über K, die in L eine Wurzel besitzen, von der Gestalt $\tau^{p^n} - b$, $b \in K$. Daher ist $L:K$ normal; denn jedes irreduzible Polynom, das in L eine Wurzel hat, besitzt nur diese eine Wurzel und zerfällt somit ganz in Linearfaktoren $m_a = (\tau - a)^{p^n}$.

Für jeden Automorphismus σ von $L:K$ gilt $m_a(\sigma(a)) = 0$, also mit obigem $\sigma(a) = a$ für jedes $a \in A$.

95. Es sei m_i der minimale Exponent, so daß $a_i^{p^{m_i}} =: b_i \in K$, dann ist $\tau^{p^{m_i}} - b_i$ das Minimalpolynom von a_i über K. Für $e = \operatorname{Max}\{m_1, m_2, \ldots, m_n\}$, o.E. $e = m_1$, gilt $a_i^{p^e} \in K$ $(1 \leq i \leq n)$ und für jedes $x \in K(a_1, \ldots, a_n)$ ist

$$x = \sum \alpha_{i_1 \ldots i_n} a_1^{i_1} \ldots a_n^{i_n}$$

und es gilt

$$x^{p^e} = \sum \alpha_{i_1 \ldots i_n}^{p^e} a_1^{i_1 p^e} \ldots a_n^{i_n p^e} \in K,$$

insbesondere $[K(x):K] \leq p^e$ und $x \in L$ ist primitives Element. Da jedoch bereits $[K(a_1):K] = p^e$, so ist ersichtlich, daß $L = K(x) = K(a_1)$.

96. a) Sei $\operatorname{Char} K = p \neq 0$ (der Fall $\operatorname{Char} K = 0$ ist trivial). Ist die Frobeniusabbildung in L mit $x \mapsto x^p$ nicht surjektiv, dann gibt es $a \in L$, so daß $f = \tau^p - a$ keine Wurzel in L hat. Der Zerfällungskörper $M:L$ von f ist separabel über K, da $K \subseteq L \subseteq M$, $L:K$ algebraisch und K vollkommen (vgl. 6.9.14). Nach Aufg. 85.c ist damit auch $M:L$ und somit f separabel. Nach Aufg. 92 ist f irreduzibel über L. Das ist ein Widerspruch; denn f hat eine p-fache Wurzel.

b) Annahme: K ist nicht vollkommen, dann gibt es ein irreduzibles Polynom $f = \tau^p - a \in K[\tau]$. Da L vollkommen ist, zerfällt f in L vollständig (die Frobeniusabbildung ist in L surjektiv). Da $L:K$ separabel ist, bedeutet dies wieder den gleichen Widerspruch wie in a); denn f hat eine p-fache Wurzel.

97. a) Die Frobeniusabbildung $x \mapsto x^p$ ist ein Monomorphismus, daher ist K^p als Bild von K isomorph zu K und insbesondere ein Körper.

b) Es sei K' ein zu K isomorpher, aber elementfremder Körper. Wegen $K' \cong K'^p$ (vgl. a)) gilt $K \cong K'^p$. Hiernach läßt sich K in K' so einbetten, daß K'^p durch K ersetzt wird. Mit $L = K'$ folgt die Behauptung.

c) Der Durchschnitt von Körpern ist stets wieder ein Körper. V ist vollkommen; denn jedes Element aus V ist p^n-te Potenz in K für beliebiges $n \in \mathbb{N}$. Daher ist die Frobeniusabbildung auf V surjektiv. Ist L ein beliebiger vollkommener Unterkörper von K, so gilt für jedes $n \in \mathbb{N}$

$$L = L^{p^n} \subseteq K^{p^n},$$

also $L \subseteq V$.

E. Galoistheorie

98. Zur Basis $a_1, \ldots, a_n$ von $L:K$ bilden die durch $f_i(a_j) = \delta_{ij}$ erklärten Elemente $f_i \in \mathrm{Hom}_K(L,L)$ eine L-Basis (vgl. Beweis von Formel (3) nach 7.1.1). Für diese Basis ist die Aussage trivial, da $(f_i(a_j))_{i,j}$ die Einheitsmatrix ist. Ist nun $A_1, \ldots, A_n$ eine beliebige Basis, dann gibt es eine invertierbare $n \times n$-Matrix (α_{ij}) mit $A_i = \Sigma_j \alpha_{ij} f_j$ (Basistransformation). Es folgt $A_i(a_k) = \Sigma_j \alpha_{ij} f_j(a_k) = \alpha_{ik}$; also ist $(A_i(a_k)) = (\alpha_{ik})$ und damit invertierbar.

99. a) (Vgl. 7.2.1.) $a = \sqrt[3]{2}$ ist Wurzel von $\tau^3 - 2 \in \mathbb{Q}[\tau]$. Für ein $\sigma \in G(L:\mathbb{Q})$ ist auch $\sigma(a)$ Wurzel von $\tau^3 - 2$ in L, also $\sigma(a) = a$.

Jedes $x \in L$ schreibt man in der Form $x = x_o + x_1 a + x_2 a^2$, $x_i \in \mathbb{Q}$, und sieht nun $\sigma(x) = x_o + x_1\sigma(a) + x_2\sigma(a)^2 = x$, d.h. $G(L:\mathbb{Q}) = \{Id\}$.

b) $L:\mathbb{Q}$ ist normal und separabel, also gilt $|G(L:\mathbb{Q})| = [L:\mathbb{Q}] = 4$ (vgl. 7.1.5). Das Minimalpolynom von ζ ist $\tau^4 + \tau^3 + \tau^2 + \tau + 1$ (vgl. 6.8) mit den Wurzeln $\zeta, \zeta^2, \zeta^3, \zeta^4$. Dem Beweis von 7.1.5 folgend, finden wir in $\varphi_i : L \to L$ mit $i=1,2,3,4$ und

$$\varphi_i(x) = \begin{cases} \zeta^i , & \text{falls } x = \zeta , \\ x , & \text{falls } x \in \mathbb{Q} , \end{cases}$$

die 4 Elemente der Galois-Gruppe. Wir sehen $G(L:\mathbb{Q}) = \langle\varphi_2\rangle \cong \mathbb{Z}_4$. Die Untergruppen hiervon sind (vgl. 1.6.17) $\{Id\}$, G , $\{Id,\varphi_4\}$; die zugehörigen Fixkörper bestimmt man leicht zu L , $\mathbb{Q}$, $\mathbb{Q}(\zeta^2 + \zeta^3)$.

Den Zwischenkörper $\mathbb{Q}(\zeta^2 + \zeta^3)$ findet man wie folgt: $x = \varphi(x)$ für alle $\varphi \in \{Id,\varphi_4\}$ ist gleichbedeutend mit $x = \varphi_4(x)$. Wir schreiben $x = x_o + x_1\zeta + x_2\zeta^2 + x_3\zeta^3$, verwenden $\varphi_4(\zeta) = \zeta^4 = -1 - \zeta - \zeta^2 - \zeta^3$, und finden, daß $x = \varphi_4(x)$ gleichbedeutend ist mit $x = x_o + x_2(\zeta^2 + \zeta^3)$, $x_o, x_2 \in \mathbb{Q}$.

c) Man verfahre analog zu b) und finde $G(\mathbb{Q}(\zeta):\mathbb{Q}) \cong \mathbb{Z}_{10}$; erzeugendes Element ist $\sigma : \zeta \mapsto \zeta^2$. Es gibt genau zwei nicht-triviale Untergruppen: $U_1 = \langle\sigma^2\rangle$, $U_2 = \langle\sigma^5\rangle$. Fixkörper dazu sind $F(\mathbb{Q}(\zeta);U_2) = \mathbb{Q}(\zeta + \zeta^{-1})$; $F(\mathbb{Q}(\zeta);U_1) = \mathbb{Q}(\zeta + \zeta^4 + \zeta^5 + \zeta^9 + \zeta^3)$.

<u>100</u>.a) Das Polynom f ist irreduzibel, da es über $\mathbb{Q}$ keinen Linearfaktor hat (vgl. 4.3.8) ; also ist f das Minimalpolynom von a über $\mathbb{Q}$. Aus $a^3 = 3a - 1$ berechnen wir

$$(a^2 - 2)^3 = 3a^2 - 7 = 3(a^2 - 2) - 1 ;$$

d.h. $a^2 - 2$ ist Wurzel von f , und damit ist a Wurzel von $f(\tau^2 - 2)$. Also ist $f(\tau)$ ein Teiler von $f(\tau^2 - 2)$ (vgl. 6.3.2) .

b) Nach a) sind die Wurzeln a und $a^2 - 2$ von f bekannt. Die Summe der Wurzeln von f ist Null. Also ist $2 - a - a^2$ die dritte Wurzel von f . Insbesondere liegen alle Wurzeln von f in $\mathbb{Q}(a)$ und $\mathbb{Q}(a):\mathbb{Q}$ ist als Zerfällungskörper von f normal. (Alternativ: Die Diskriminante $-4(-3)^3 - 27 = 81$ ist ein Quadrat in $\mathbb{Q}$; mit Aufg. 40 folgt die Behauptung.)

c) Mit der in 7.2 beschriebenen Methode hat man

$$\sigma_1(a) = a \quad , \quad \sigma_2(a) = a^2 - 2 \quad , \quad \sigma_3(a) = 2 - a - a^2 \quad .$$

Aus $f(a) = 0$ folgt ${\sigma_2}^2 = \sigma_3$, ${\sigma_2}^3 = \sigma_1$, d.h. $G(\mathbf{Q}(a):\mathbf{Q}) \cong \mathbf{Z}_3$.

101. Es gilt $\tau^p - a = (\tau - b)^p$ über $K(b)$. Für $\sigma \in G(K(b):K)$ ist $\sigma(b)$ unter den Wurzeln von $\tau^p - a$ zu suchen, also $\sigma(b) = b$, d.h. $\sigma = \mathrm{Id}$ bzw. $G(K(b):K) = \{\mathrm{Id}\}$. (Man vergleiche Aufg. 94 .)

102. Da die Automorphismen den Primkörper elementweise festlassen, müssen wir die Galois-Gruppe von $\mathbf{Q}(\sqrt{2},\sqrt{3}):\mathbf{Q}$ bestimmen. Wir folgen dem Muster von 7.2.5 :

Die Automorphismen $\sigma_1 = \mathrm{Id}$ und $\sigma_2 : \sqrt{2} \mapsto -\sqrt{2}$ von $\mathbf{Q}(\sqrt{2})$ werden fortgesetzt auf $\mathbf{Q}(\sqrt{2},\sqrt{3})$:

$$\sigma_{11} = \mathrm{Id} \;, \qquad \sigma_{21} : \begin{cases} \sqrt{2} \mapsto -\sqrt{2} \\ \sqrt{3} \mapsto \sqrt{3} \end{cases} ,$$

$$\sigma_{12} : \begin{cases} \sqrt{2} \mapsto \sqrt{2} \\ \sqrt{3} \mapsto -\sqrt{3} \end{cases} , \qquad \sigma_{22} : \begin{cases} \sqrt{2} \mapsto -\sqrt{2} \\ \sqrt{3} \mapsto -\sqrt{3} \end{cases} .$$

Aus ${\sigma_{ij}}^2 = \mathrm{Id}$ für $i,j=1,2$ erkennen wir $G(\mathbf{Q}(\sqrt{2},\sqrt{3}):\mathbf{Q}) \cong \mathbf{Z}_2 \times \mathbf{Z}_2$.

(Alternativ: $\mathbf{Q}(\sqrt{2},\sqrt{3}) = \mathbf{Q}(\sqrt{2}+\sqrt{3})$. Das primitive Element $\sqrt{2}+\sqrt{3}$ hat als Minimalpolynom $\tau^4 - 10\tau^2 + 1$, dieses hat die Wurzeln $\sqrt{2}+\sqrt{3}$, $\sqrt{2}-\sqrt{3}$, $-\sqrt{2}+\sqrt{3}$, $-\sqrt{2}-\sqrt{3}$. Weiter wie in 7.2.5.)

103. Die Wurzeln von f in $\mathbf{C}$ sind

$$x_1 = \sqrt{a + \sqrt{a^2 - c}} \;, \qquad x_2 = -\sqrt{a + \sqrt{a^2 - c}} \;,$$

$$x_3 = \sqrt{a - \sqrt{a^2 - c}} \;, \qquad x_4 = -\sqrt{a - \sqrt{a^2 - c}} \;.$$

a) Falls $4 = [L:\mathbf{Q}] = [\mathbf{Q}(x_i):\mathbf{Q}]$, so gilt $L = \mathbf{Q}(x_i)$ $(1 \le i \le 4)$, insbesondere $x_3 = \alpha + \beta x_1$ mit $\alpha,\beta \in M$ und $(x_3 - \beta x_1)^2 = \alpha^2 \in M$. Wegen ${x_3}^2, {x_1}^2 \in M$ ersehen wir hieraus $x_3 x_1 = \sqrt{c} \in M$.

b) In jedem Fall gilt $L = \mathbf{Q}(x_1,x_3)$. Falls $\sqrt{c} \in \mathbf{Q}$ haben wir wegen $x_1 x_3 = \sqrt{c} \in \mathbf{Q}$ sogar $L = \mathbf{Q}(x_1)$. Die Automorphismen sind bekannt durch $\sigma(x_1) = x_i$. Aus $x_1 x_3 = x_2 x_4 = c \in \mathbf{Q}$, $0 = x_1 + x_2 = x_3 + x_4$

sehen wir $\sigma_i(\sigma_i(x_1)) = x_1$ folglich $\sigma^2 = \mathrm{Id}$ für alle $\sigma \in G(L:\mathbf{Q})$. Für $|G(L:\mathbf{Q})| = [L:\mathbf{Q}] = 4$ bedeutet das $G(L:\mathbf{Q}) \cong \mathbf{Z}_2 \times \mathbf{Z}_2$.

c) Aus $\sqrt{c} \in M$ und $\sqrt{c} \notin \mathbf{Q}$ folgt $\sqrt{c} = \alpha\sqrt{a^2 - c}$ mit $\alpha \in \mathbf{Q}$. Sei $\sigma \in G(L:\mathbf{Q})$; dann ist $\sigma(x_1)$ wieder unter den Wurzeln von f zu suchen, d.h. $\sigma(x_1) \in \{x_1, x_2, x_3, x_4\}$. Sei $\sigma(x_1) = x_1$, dann folgt

$$a + \sqrt{a^2 - c} = x_1{}^2 = \sigma(x_1^2) = a + \sigma(\sqrt{a^2 - c}) ,$$

d.h. $\sigma(\sqrt{a^2 - c}) = \sqrt{a^2 - c}$ bzw. $\sigma(\sqrt{c}) = \sqrt{c}$ (wegen $\sqrt{c} = \alpha\sqrt{a^2 - c}$). Dasselbe Ergebnis folgt für $\sigma(x_1) = x_2$ und analog finden wir $\sigma(\sqrt{c}) = -\sqrt{c}$, falls $\sigma(x_1) \in \{x_3, x_4\}$. Aus $x_1x_3 = x_2x_4 = \sqrt{c}$ und $x_1 + x_2 = x_3 + x_4 = 0$ erhalten wir wieder neben $\sigma(x_2) = -\sigma(x_1)$

$$\sigma(x_3) = c\sigma(x_1{}^{-1}) \quad , \quad \sigma(x_4) = c\sigma(x_2{}^{-1}) \quad , \text{ falls } \sigma(x_1) \in \{x_1, x_2\},$$

$$\sigma(x_3) = -c\sigma(x_1{}^{-1}) \quad , \quad \sigma(x_4) = -c\sigma(x_2{}^{-1}) \quad , \text{ falls } \sigma(x_1) \in \{x_3, x_4\}.$$

Also ist σ vollständig bestimmt durch $\sigma(x_1)$, das bedeutet $|G(L:\mathbf{Q})| = 4$. Der durch $\sigma(x_1) = x_3$ eindeutig bestimmte Automorphismus hat die Ordnung 4, somit gilt $G(L:\mathbf{Q}) \cong \mathbf{Z}_4$.

d) $\mathbf{Q}(\sqrt{2}, \sqrt{3}):\mathbf{Q}$ ist Zerfällungskörper von $\tau^4 - 10\tau + 1$. Hier haben wir $\sqrt{c} = 1 \in \mathbf{Q}$, somit den Fall aus b), vgl. Aufg. 102.

104. a) $f = \tau^8 - 3$ ist über $\mathbf{Z}_5$ irreduzibel. Denn sei a eine Wurzel von f mit Grad $a = n \leq 4$, dann gilt wegen $\mathbf{Z}_5(a) \cong GF(5^n)$ neben $a^8 = 3$ auch noch $a^{5^n - 1} = 1$. Daraus erhält man wegen $a^{32} = 3^4 = 1$ für $1 \leq n \leq 4$ die Beziehung $a^8 = 1$; das ist aber wegen $3 \neq 1$ nicht möglich.
Also hat f keinen echten irreduziblen Faktor über dem Grundkörper. Wegen 6.9.3.a) ist $L = \mathbf{Z}_5(a)$ und $[L:\mathbf{Z}_5] = 8$.

Die Galois-Gruppe ist gemäß 7.2.4 $G(L:\mathbf{Z}_5) \cong \mathbf{Z}_8$; erzeugendes Element ist $\sigma : a \mapsto a^5$.

b) Die Wurzeln von f über $\mathbf{Q}$ sind $a, a\zeta, a\zeta^2, \ldots, a\zeta^7$ mit $a = \sqrt[8]{3}$ und ζ einer primitiven 8-ten Einheitswurzel, z.B. $\zeta = (1 + i)/\sqrt{2}$. Wegen $\mathbf{Q}(\zeta) = \mathbf{Q}(i, \sqrt{2})$ sehen wir $L = \mathbf{Q}(a, i, \sqrt{2})$. Es gilt $[\mathbf{Q}(a):\mathbf{Q}] = 8$, da f irreduzibel über $\mathbf{Q}$ ist (Eisenstein mit $p = 3$); ferner $[\mathbf{Q}(a, \sqrt{2}):\mathbf{Q}(a)] = 2$, da $\sqrt{2} \notin \mathbf{Q}(a)$, und schließlich $[\mathbf{Q}(a,\sqrt{2},i):\mathbf{Q}(a,\sqrt{2})] = 2$, da $i \notin \mathbf{Q}(a,\sqrt{2}) \subseteq \mathbf{R}$. Insgesamt ist also $[L:\mathbf{Q}] = 32$.

Die Galois-Gruppe $G(L:\mathbf{Q})$ ist eine nicht-abelsche Gruppe der Ordnung 32 , sie wird erzeugt von den Automorphismen

$$\alpha : \begin{cases} a \mapsto a\zeta \\ i \mapsto i \\ \sqrt{2} \mapsto \sqrt{2} \end{cases}, \quad \beta : \begin{cases} a \mapsto a \\ i \mapsto -i \\ \sqrt{2} \mapsto \sqrt{2} \end{cases}, \quad \gamma : \begin{cases} a \mapsto a \\ i \mapsto i \\ \sqrt{2} \mapsto -\sqrt{2} \end{cases}$$

Das ergibt

$$G(L:\mathbf{Q}) = G(\alpha,\beta,\gamma \mid \alpha^8 = \beta^2 = \gamma^2 = Id \, , \beta\gamma = \gamma\beta \, , \beta\alpha = \alpha^7\beta \, , \gamma\alpha = \alpha^5\gamma) .$$

105. Es ist K Zwischenkörper der Galois-Erweiterung $L:\mathbf{Z}_p$ mit $[L:\mathbf{Z}_p] = mn$ und Galois-Gruppe $G = \mathbf{Z}_{mn}$ (vgl. 7.2.4) . Nach dem Hauptsatz ist $G(L:K)$ eine Untergruppe von G vom Index $[G:G(L:K)] = [K:\mathbf{Z}_p] = n$. Die einzige Untergruppe einer zyklischen Gruppe G der Ordnung mn mit Index n ist isomorph zu $\mathbf{Z}_m$, d.h. $G(L:K) \cong \mathbf{Z}_m$.

106. Offensichtlich ist L Zerfällungskörper des über $\mathbf{Q}$ irreduziblen Polynoms $\tau^4 - 2$, welches die Wurzeln $\pm\sqrt[4]{2}$, $\pm\sqrt[4]{2}i$ hat. Zur Abkürzung sei $a = \sqrt[4]{2} \in \mathbf{R}$. Wegen $[\mathbf{Q}(a):\mathbf{Q}] = 4$ und $[\mathbf{Q}(a,i):\mathbf{Q}(a)] = 2$ (weil $\mathbf{Q}(a) \subseteq \mathbf{R}$) , gilt $[L:\mathbf{Q}] = 4\cdot 2 = 8$. Da $L:\mathbf{Q}$ galoisch ist, gilt $|G(L:\mathbf{Q})| = 8$. Der Gradsatz liefert $[\mathbf{Q}(i,a):\mathbf{Q}(i)] = 4$, also ist $\tau^4 - 2$ auch das Minimalpolynom von a über $\mathbf{Q}(i)$. Als eine Fortsetzung der Identität auf $\mathbf{Q}(i)$ haben wir $\sigma \in G(L:\mathbf{Q})$, bestimmt durch $\sigma(i) = i$ und $\sigma(a) = a\cdot i$. Wir verifizieren $\operatorname{ord} \sigma = 4$. Das Element $\tau \in G(L:\mathbf{Q})$, bestimmt durch $\tau(i) = -i$ und $\tau(a) = a$ liegt offenbar nicht in $\langle \sigma \rangle$. Wegen $|G| = 8$ gilt somit

$$G = \{Id,\sigma,\sigma^2,\sigma^3,\tau,\sigma\tau,\sigma^2\tau,\sigma^3\tau\} .$$

Mit $\sigma^4 = \tau^2 = Id$ und $\tau\sigma = \sigma^3\tau$ können wir alle Produkte in G berechnen, und es gilt $G \cong D_4$ (vgl. I.Aufg. 24).

Die Untergruppen von G sind

$U_o = \{Id\}$, $U_1 = \{Id,\sigma^2\}$, $U_2 = \{Id,\tau\}$, $U_3 = \{Id,\sigma\tau\}$,
$U_4 = \{Id,\sigma^2\tau\}$, $U_5 = \{Id,\sigma^3\tau\}$, $U_6 = \langle \sigma \rangle$, $U_7 = \{Id,\sigma^2,\tau,\sigma^2\tau\}$,

$U_8 = \{Id, \sigma^2, \sigma\tau, \sigma^3\tau\}$ und $U_9 = G \cong D_4$.

Die zugehörigen Fixkörper lauten dann (mit $F_i := F(L,U_i)$) :

$F_o = L$, $F_1 = \mathbb{Q}(i,\sqrt{2})$, $F_2 = \mathbb{Q}(\sqrt[4]{2})$, $F_3 = \mathbb{Q}(\sqrt[4]{2} + i\sqrt[4]{2})$,
$F_4 = \mathbb{Q}(i\sqrt[4]{2})$, $F_5 = \mathbb{Q}(\sqrt[4]{2}(1-i))$, $F_6 = \mathbb{Q}(i)$, $F_7 = \mathbb{Q}(\sqrt{2})$,
$F_8 = \mathbb{Q}(i\sqrt{2})$, $F_9 = \mathbb{Q}$.

(Diese Körper werden gemäß Beispiel 7.3.5 oder Satz 7.4.1 bestimmt.) Da $L:\mathbb{Q}$ galoisch ist, haben wir damit alle Zwischenkörper angegeben.

Verbandsdiagramm der Untergruppen von $G(L:\mathbb{Q}) \cong D_4$:

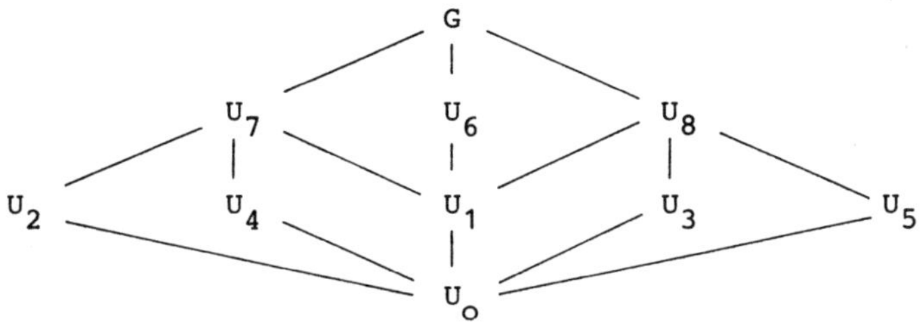

Verbandsdiagramm der Unterkörper von $\mathbb{Q}(\sqrt[4]{2},i)$:

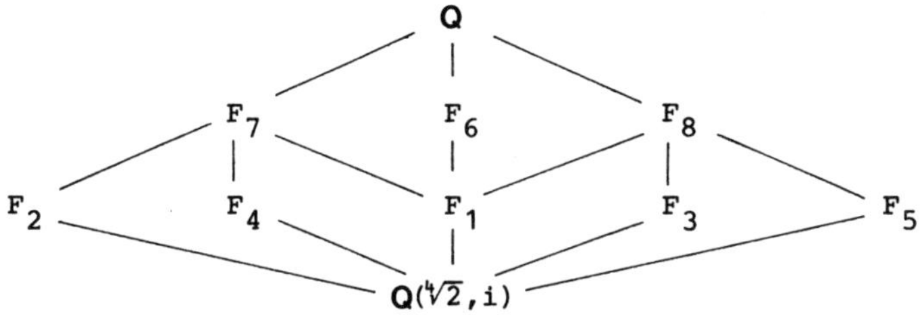

Man beachte $U_i \subseteq U_j \Leftrightarrow F_j \subseteq F_i$.

Erläuterung: *Die Gruppen gleicher Ordnung bzw. die Zwischenkörper gleichen Grades stehen jeweils in einer Zeile; eine Verbindungslinie bedeutet jeweils ein Enthaltensein - bei Gruppen von oben nach unten, bei den Körpern umgekehrt.*

107.a) $f = \tau^2 + t$ hat in $\mathbf{Z}_2(t)$ keine Wurzel und ist somit irreduzibel. Ein Ansatz $f(t)/g(t)$ für die Wurzel bringt nach einem Gradvergleich wie in 6.9.12 den Widerspruch.

b) Sei a eine Wurzel von f, dann ist $L = \mathbf{Z}_2(t,a)$ der Zerfällungskörper von f über $\mathbf{Z}_2(t)$. Wegen $a^2 = t$ gilt sogar die Darstellung $L = \mathbf{Z}_2(a)$. In L gilt $f = (\tau + a)^2$; für $\sigma \in G(L:\mathbf{Z}_2(t))$ ist damit nur $\sigma(a) = a$ möglich, d.h. $G(L:\mathbf{Z}_2(t)) = \{Id\}$. $\mathbf{Z}_2(a):\mathbf{Z}_2(t)$ ist nicht galoisch, da $F(L,G) = L \neq \mathbf{Z}_2(t)$ (vgl. 7.3.8) bzw. $[L:\mathbf{Z}_2(t)] = 2 \neq |G|$ (vgl. 7.3.10).

108.a) Sei $M = \begin{pmatrix} a & b \\ c & d \end{pmatrix} \in Gl(2,K)$, $K(\tau) \ni r_M(\tau) := \frac{a\tau + b}{c\tau + d}$, $\sigma_M(f) = f\circ r_M$. Man verifiziert leicht, daß $M \mapsto \sigma_M$ einen Homomorphismus von $Gl(2,K)$ auf G beschreibt mit Kern $\left\{ \begin{pmatrix} a & 0 \\ 0 & a \end{pmatrix} ; a \in K\setminus\{0\} \right\}$. $|Gl(2,K)| = (q^2 - 1)(q^2 - q)$ (vgl. I. Aufg. 3) und der Kern hat $q - 1$ Elemente. Also gilt mit dem Homomorphiesatz $|G| = (q^2 - 1)q$.

b) Sind F_i die Fixkörper $F(K(\tau),U_i)$ der drei Gruppen U_o,U_1,U_2, so zeigen wir

$$F_2 = K(s_2) \quad \text{mit} \quad s_2(\tau) = \tau^q - \tau ,$$

$$F_1 = K(s_1) \quad \text{mit} \quad s_1 = s_2^{\,q-1} ,$$

$$F_o = K(s_o) \quad \text{mit} \quad s_o = (s_1 + 1)^{q+1} s_1^{-q} .$$

Zu F_2: Offensichtlich ist s_2 in F_2; denn $(\tau + b)^q - (\tau + b) = \tau^q + b^q - \tau - b = \tau^q - \tau$. Damit haben wir $K(s_2) \subseteq F_2$ und $[K(\tau):F_2] \leq [K(\tau):K(s_2)] = q$ (vgl. Aufg. 32). Andererseits gilt $q = |U_2| \leq [K(\tau):F_2]$ (nach 7.3.1). Also ist $F_2 = K(s_2)$.

Zu F_1: $s_1 \in F_1$; denn mit $a^{q-1} = 1$ gilt

$$[(a\tau + b)^q - a\tau - b]^{q-1} = [a(\tau^q - \tau)]^{q-1} = (\tau^q - \tau)^{q-1}.$$

Also ist $[K(\tau):F_1] \leq [K(\tau):K(s_1)] = \text{Grad } s_1 = q(q-1) = |U_1| \leq [K(\tau):F_1]$. Das zeigt $F_1 = K(s_1)$.

Zu F_o: Um $s_o \in F_o$ nachzuweisen, müssen wir etwas mehr Mühe aufwenden und beachten, daß $U_o = G$ erzeugt wird von U_1 und der Abbildung $\sigma \in G$, definiert durch $\sigma(\tau) = \frac{1}{\tau}$. Wegen $s_o \in F_1$, d.h. $\varphi(s_o) = s_o$ für alle $\varphi \in U_1$ brauchen wir nur noch $\sigma(s_o) = s_o$

nachzuweisen. Per Definition gilt

$$\sigma(s_1) = \left(\frac{1}{\tau^q} - \frac{1}{\tau}\right)^{q-1} = \left(\frac{\tau - \tau^q}{\tau^{q+1}}\right)^{q-1} = \frac{s_1}{\tau^{q^2-1}}$$

und

$$\sigma(s_1 + 1) = \sigma(s_1) + 1 = \frac{s_1 + \tau^{q^2-1}}{\tau^{q^2-1}} = \frac{s_1+1}{\tau^{q^2-q}}$$

(die letzte Gleichung findet man aus $s_1(\tau^q - \tau) = (\tau^q - \tau)^q = \tau^{q^2} - \tau^q$).
Es folgt

$$\sigma(s_o) = \frac{\sigma(s_1 + 1)^{q+1}}{\sigma(s_1)^q} = \frac{(s_1 + 1)^{q+1}\ \tau^{(q^2-1)q}}{\tau^{(q-1)q(q+1)}\ \ s_1{}^q} = s_o \ .$$

Aus Grad $s_o = q(q-1)(q+1) = |U_o| = |G|$ folgt wie zuvor $F_o = K(s_o)$.

109. Die Galois-Gruppe ist aus Aufg. 32 bekannt. Wir brauchen nur noch $K = F(L,G(L:K))$ zu zeigen (vgl. 7.3.8). Sei $f(x)/g(x)$ aus dem Fixkörper, dann gilt insbesondere

$$\frac{f(x+b)}{g(x+b)} = \frac{f(x)}{g(x)} \quad \text{für alle } b \in K \ .$$

Da x transzendent ist über K, gibt das eine Gleichheit in $K[\tau]$

$$f(\tau + b)g(\tau) = g(\tau + b)f(\tau) \ ,$$

wobei wir o.E. f,g als teilerfremd annehmen. Ersetzt man τ durch 0, so liefert das $f(b)g(0) = g(b)f(0)$ für alle $b \in K$. Da K unendlich viele verschiedene Elemente besitzt, folgt (mit 4.1.15)

$$f(\tau)g(0) = g(\tau)f(0) \ .$$

$g(0) = 0$ impliziert $f(0) = 0$, d.h. f und g sind durch teilbar, das ist ein Widerspruch zu $(f,g) = 1$. Also gilt $g(0) \neq 0$ und wir haben

$$\frac{f}{g} = \frac{f(0)}{g(0)} \in K \ .$$

110. Bemerkung: *Mit dieser einfachen Aufgabe soll gezeigt werden, daß sog. Galois-Korrespondenzen mit den entsprechenden Schlußweisen (analog zu den Formeln (1) - (5) aus 7.3) auch in ganz anderen Zusammenhängen vorkommen.*

a) Sei $a \in A$, dann ist $(a,n) \in R$ für alle $n \in F_N(A)$, also $a \in F_M(F_N(A))$. Analog $B \subseteq F_N(F_M(B))$.

b) Zunächst beachten wir (als direkte Folge der Definition)

$$(*) \quad \begin{array}{l} A \subseteq A_1 \Leftrightarrow F_N(A_1) \subseteq F_N(A) \\ B \subseteq B_1 \Leftrightarrow F_M(B_1) \subseteq F_M(B) \end{array} .$$

Für $B = F_N(A)$ folgt aus a) $F_N(A) \subseteq F_N(F_M(F_N(A)))$, andererseits folgt wegen $A \subseteq F_M(F_N(A))$ mit (*) $F_N(F_M(F_N(A))) \subseteq F_N(A)$. Analog für B .

c) $\beta : F_N(A) \to F_M(F_N(A))$ leistet nach dem Vorhergehenden das Gewünschte.

d) Dualitätsprinzip in der Inzidenzstruktur des projektiven $\mathbf{R}^n$.

e) Dedekindsche Schnitte in $\mathbf{Q}$, falls A und B einpunktig.

f) Ohne Kommentar.

111. Wir verwenden die Bezeichnungen aus 7.3 :
Für einen Zwischenkörper M von $L:K$ sei $\Gamma(M) = G(L:M)$ und für eine Untergruppe U von $G(L:K)$ sei $\Phi(U) = F(L,U)$. Nun sei $M = \Phi(G_1 \circ G_2)$. Wegen $G_i \subseteq G_1 \circ G_2$ haben wir $M = \Phi(G_1 \circ G_2) \subseteq \Phi(G_i) = M_i$ $(i=1,2)$, also $M \subseteq M_1 \cap M_2$.
Andererseits ist offensichtlich nach Definition $G_1 \circ G_2 \subseteq \Gamma(M_1 \cap M_2)$ (jedes Element von $G_1 \cup G_2$ läßt jedes Element aus $M_1 \cap M_2$ fest und ist somit in $\Gamma(M_1 \cap M_2)$). Aus der letzten Inklusion folgt $M_1 \cap M_2 = \Phi\Gamma(M_1 \cap M_2) \subseteq \Phi(G_1 \circ G_2) = M$. Insgesamt folgt $M = M_1 \cap M_2 = \Phi(G_1 \circ G_2)$. Hierauf Γ angewandt und es folgt die Behauptung.

b) Aus $M_i \subseteq M_1 \circ M_2$ folgt $G(L:M_1 \circ M_2) \subseteq G_1 \cap G_2$. Umgekehrt läßt jedes $\sigma \in G_1 \cap G_2$ die Menge $M_1 \cup M_2 \cup K$ elementweise fest, dann auch $M_1(M_2)$, d.h. $G_1 \cap G_2 \subseteq G(L:M_1 \circ M_2)$.

112. Sei $M:K$ galoisch, also M Zerfällungskörper eines über K separabelen Polynoms f , dann ist M auch Zerfällungskörper des gleichen Polynoms über jedem Zwischenkörper, insbesondere $M:(M \cap M')$ galoisch (vgl. 7.3.10) , außerdem ist MM' Zerfällungskörper von f über M' , also ist auch $MM':M'$ galoisch.

Nun sei $\sigma \in G(MM':M')$; dann ist für jedes $a \in M$ $\sigma(a)$ unter den Wurzeln von m_a über K zu suchen, also $\sigma(a) \in M$, da $M:K$ normal ist. Die Restriktion von σ auf M sei σ_M und wir haben $\sigma_M \in G(M:(M \cap M'))$. Offenbar ist $\sigma \mapsto \sigma_M$ ein injektiver Gruppenhomomorphismus; denn $\sigma_M = Id$ gibt $\sigma = Id$ (die Elemente von M' bleiben ohnehin fest). Das Bild sei die Untergruppe $U \subseteq G(M:(M \cap M'))$, zu der (nach dem Hauptsatz der Galois-Theorie) ein Zwischenkörper F gehört mit $M \cap M' \subseteq F \subseteq M$ und $U = G(M:F)$. Für $a \in F$ gilt (per Def.) $\sigma_M(a) = \sigma(a) = a$ für alle $\sigma \in G(MM':M)$, also $a \in M'$ und somit $a \in M \cap M'$ bzw. $F \subseteq M \cap M'$. Gezeigt ist damit $F = M \cap M'$ und $U = G(M:(M \cap M'))$, also ist obiger Monomorphismus auch surjektiv.

113. a) L_i sei Zerfällungskörper des separablen Polynoms f_i über K , $i=1,2$ (vgl. 7.3.10). Offensichtlich ist L_1L_2 der Zerfällungskörper des separablen Polynoms $f = \mathrm{kgV}(f_1,f_2)$ über K ; also ist $L_1L_2:K$ galoisch.

b) Offensichtlich ist β ein Homomorphismus. $\sigma \in \mathrm{Kern}\,\beta$ induziert (per Def.) auf L_1 und auf L_2 die Identität, also gilt auch $\sigma(k) = k$ für alle $k \in K(L_1 \cup L_2) = L_1L_2$, d.h. $\sigma = Id$ bzw. β ist injektiv.

c) Nach dem Hauptsatz (7.3.12), Aufg. 112 und $L_1 \cap L_2 = K$ folgt

$$\begin{aligned} |G(L_1L_2:K)| &= |G(L_1:K)|\,|G(L_1L_2:L_1)| \\ &= |G_1|\,|G(L_2:(L_1 \cap L_2))| \\ &= |G_1|\,|G(L_2:K)| \\ &= |G_1|\,|G_2| = |G_1 \times G_2| . \end{aligned}$$

Der injektive Homomorphismus β zwischen Gruppen gleicher Ordnung ist zwangsläufig ein Isomorphismus.

114. Es sei g das Minimalpolynom von a über K , dieses zerfällt über L in

$$g(\tau) = \prod_{\sigma \in G} (\tau - \sigma(a))$$

(die verschiedenen Wurzeln bestimmen ja gerade alle Elemente von G). Ferner sei $h(\tau)$ das Minimalpolynom von a über $F = F(L,U)$.

Für $\sigma \in U$ gilt $0 = \sigma(h(a)) = h(\sigma(a))$, d.h. h hat $|U|$ verschiedene Wurzeln $\{\sigma(a) \; ; \; \sigma \in U\}$, insbesondere

$$\text{Grad } h \geq |U| = \text{Grad } f \quad .$$

Da offenbar $f \in F[\tau]$ und $f(a) = 0$, gilt $f = h$. Die Behauptung folgt aus 6.3.8 .

115. Wegen 7.3.3 und weil $L:M$ galoisch ist, gilt

$$F(L,G(L:M)) \subseteq F(L,G(L:M)) = M \; .$$

Jedes $\mu \in G(M:K)$ ist eine Restriktion $\sigma|_M$ mit $\sigma \in G(L:K)$ (nach Voraussetzung); damit hat man

$$x \in F(L,G(L:K)) \Rightarrow x \in M \text{ und } \sigma(x) = x \text{ für alle } \sigma \in G(L:K)$$

$$\Rightarrow \mu(x) = x \text{ für alle } \mu \in G(M:K) \Rightarrow x \in K \; .$$

(Der letzte Schluß ist richtig, da $M:K$ galoisch.)

116. Mit dem üblichen Ansatz (Beispiel 7.2.5) finden wir

$$G(\mathbf{Q}(\sqrt{2},\sqrt{3},\sqrt{5}):\mathbf{Q}) = \mathbf{Z}_2 \times \mathbf{Z}_2 \times \mathbf{Z}_2 \; .$$

Damit lautet der Verband der Zwischenkörper

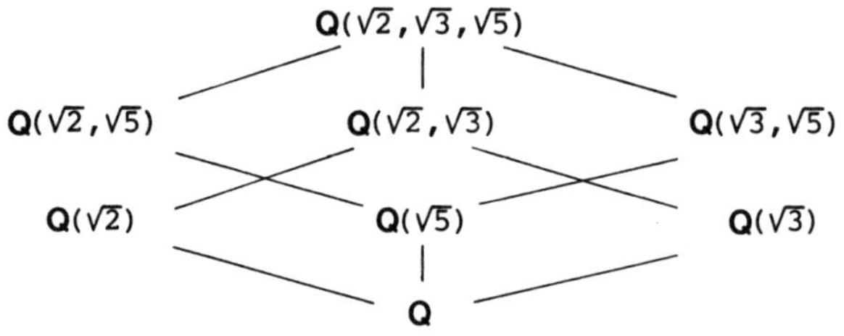

117. a) Es ist $s \in \mathrm{Hom}_K L$ (jedoch nicht $s \in \mathrm{Aut}\, L$) , $s = \mathrm{Id} - \sigma$. Wegen $\mathrm{Char}\, K = p$ und $\sigma^p = \mathrm{Id}$, folgt

$$s^p = (\mathrm{Id} - \sigma)^p = \mathrm{Id} - \sigma^p = 0 \quad (\in \mathrm{Hom}_K L) \; .$$

b) Nach 7.1.1 , Korollar, sind $\mathrm{Id}, \sigma, \ldots, \sigma^{p-1}$ linear unabhängig, daher ist $s^{p-1} \neq 0$ und es gibt $w \in L$ mit $s^{p-1}(w) \neq 0$ aber $s^p(w) = 0$. Somit erfüllt $b = s^{p-2}(w)$ die gestellten Bedingungen.

$s^2(b) = 0$ bedeutet $\sigma(b - \sigma(b)) = b - \sigma(b)$, d.h. $k := b - \sigma(b)$ liegt in K und $k \neq 0$; denn $L:K$ ist galoisch und $s(b) \neq 0$.

c) Wegen $b - \sigma(b) = k$ ist $c = -\frac{1}{k} b$ und es gilt $\sigma(c) = -\frac{1}{k}\sigma(b) = 1 + c$. Außerdem ist $\sigma(c^p - c) = \sigma(c)^p - \sigma(c) = c^p - c$; also gilt $d = c^p - c \in K$.

Bemerkung: *Ist Char* $K = p$ *, so sind die zyklischen Erweiterungen vom Grad* p *nicht Zerfällungskörper einer reinen Gleichung* $x^p - a = 0$ *, sondern Zerfällungskörper einer Gleichung* $x^p - x - d = 0$ *. Man vergleiche auch Aufg. 86 und Satz 7.5.11 .*

118. Nach dem Satz von Dedekind (7.1.1) sind $\sigma_1, \ldots, \sigma_n$ linear unabhängig über L und bilden (wegen $n = |G| = [L:K]$) folglich eine Basis des n-dimensionalen L-Vektorraumes $\mathrm{Hom}_K(L,L)$. Die Behauptung folgt aus Aufg. 98.
(Die Umkehrung ist trivial, da aus $a_1 = \sum_{i=2}^{n} \alpha_i a_i$ sofort folgt, daß

$$\sigma_j(a_1) = \sum_{i=2}^{n} \alpha_i \sigma_j(a_i),$$

damit ist $(\sigma_j(a_i))$ nicht invertierbar.)

119. Sei $x \in L$ algebraisch über K mit Minimalpolynom $f \in K[\tau]$, dann ist $\sigma(x)$ für $\sigma \in U$ unter den Wurzeln von f zu suchen, insbesondere gilt $|\{\sigma(x)\ ;\ \sigma \in U\}| \leq \mathrm{Grad}\ f$.

Sei umgekehrt die Bahn $\{\sigma(x)\ ;\ \sigma \in U\} = \{x, x_2, \ldots, x_n\}$ endlich (Wegen $\mathrm{Id} \in U$ ist x in der Bahn). Hierzu betrachten wir das Polynom (mit $x_1 = x$)

$$f(\tau) = \prod_{i=1}^{n} (\tau - x_i) .$$

Für $\mu \in U$ gilt $\mu U = U$, somit

$$\{\sigma(x)\ ;\ \sigma \in U\} = \{\mu(\sigma(x))\ ;\ \sigma \in U\} = \{\mu(x), \mu(x_2), \ldots, \mu(x_n)\}.$$

Wir erkennen (mit der Fortsetzung $\tilde{\mu}$ von μ auf $L[\tau]$)

$$f(\tau) = \prod_{i=1}^{n} (\tau - x_i) = \prod_{i=1}^{n} (\tau - \mu(x_i)) = \tilde{\mu}(f) .$$

Die Koeffizienten von f gehören demnach zu K, d.h. $f \in K[\tau]$. Ferner gilt $f(x) = 0$, also ist x algebraisch über dem Fixkörper $K = F(L,U)$.

120. Als Muster $p = 11$: Dem Beispiel 7.4.5 folgend, finden wir zu den Teilern 2 und 5 von $p-1 = 10$ die nicht-trivialen Zwischenkörper $\mathbb{Q}(\eta_1)$ und $\mathbb{Q}(\eta_2)$ mit der 2-gliedrigen (bzw. 5-gliedrigen) Gauß'schen Periode

$$\eta_1 = \zeta^2 + \zeta^9 \quad \text{bzw.} \quad \eta_2 = \zeta^2 + \zeta^8 + \zeta^{10} + \zeta^7 .$$

(Hierbei ist ζ eine primitive 11-te Einheitswurzel.)

121. a) Es sei ζ eine primitive p-te Einheitswurzel. Gemäß 7.2 ist $\mathbb{Q}(\zeta):\mathbb{Q}$ galoisch mit $[\mathbb{Q}(\zeta):\mathbb{Q}] = p-1$ und der Galois-Gruppe $G(\mathbb{Q}(\zeta):\mathbb{Q}) = \{Id, \sigma, \sigma^2, \ldots, \sigma^{p-2}\}$. Die beiden Perioden γ und γ' sind Fixelemente von $\sigma^2 : \zeta \mapsto \zeta^{g^2}$, d.h. $\gamma, \gamma' \in F(\mathbb{Q}(\zeta), U)$ mit

$$U = \{Id, \sigma^2, \sigma^4, \ldots, \sigma^{p-3}\} = \langle\sigma^2\rangle .$$

Wegen $[\mathbb{Q}(\zeta):F] = |U| = \frac{1}{2}(p-1)$ (vgl. 7.3.12) folgt $[F:\mathbb{Q}] = 2$. Da sowohl γ als auch γ' nicht in $\mathbb{Q}$ liegen, haben wir damit $F = \mathbb{Q}(\gamma) = \mathbb{Q}(\gamma')$ und Grad γ = Grad $\gamma' = 2$ (über $\mathbb{Q}$).

Wir beachten

$$\gamma + \gamma' = \Phi_p(\zeta) - 1 = -1$$

und aus $\sigma(\gamma) = \gamma'$ und $\sigma(\gamma') = \gamma$ sehen wir $\sigma(\gamma\gamma') = \gamma\gamma'$, also

$$a := \gamma\gamma' \in F(\mathbb{Q}(\zeta), G) = \mathbb{Q} .$$

Somit sind γ, γ' Nullstellen des Polynoms $\tau^2 + \tau + a \in \mathbb{Q}[\tau]$.

b) Durch gliedweises Ausmultiplizieren ist $\gamma\gamma'$ eine Summe von genau $(\frac{p-1}{2})^2$ Potenzen ζ^k , $0 \le k \le p-1$. Wir unterscheiden zwei Fälle:

(1) ζ^{-1} kommt in γ' als Summand vor; dann kommen auch ζ^{-g^2}, $\zeta^{-g^4}, \ldots$ in γ' als Summanden vor. Also entsteht in $\gamma\gamma'$ genau $\frac{p-1}{2}$-mal im Exponenten die Null. $\gamma\gamma' \in \mathbb{Q}$ und die Gestalt des Minimalpolynoms von ζ

$$m_\zeta = \tau^{p-1} + \tau^{p-2} + \ldots + \tau + 1$$

implizieren, daß jeder Exponent $\neq 0$ in der Summendarstellung von $\gamma\gamma'$ gleich oft vorkommen muß und zwar genau

$$\frac{1}{p-1}\left[\left(\frac{p-1}{2}\right)^2 - \frac{p-1}{2}\right] = \frac{p-3}{4}$$

mal. Dieser Fall tritt nur ein, wenn $4 \mid p-3$; es gilt dann

$$\gamma\gamma' = \frac{p-1}{2} + \frac{p-3}{4}(\zeta + \zeta^2 + \ldots + \zeta^{p-1}) = \frac{1+p}{4} .$$

(2) ζ^{-1} tritt in γ als Summand auf. Dann ist keiner der Exponenten in $\gamma\gamma'$ Null. Von den Exponenten $1,2,\ldots,p-1$ muß aber wieder jeder gleich oft vorkommen und zwar

$$\frac{1}{p-1}\left(\frac{p-1}{2}\right)^2 = \frac{p-1}{4}$$

mal. Daher tritt dieser Fall nur ein, wenn $4 \mid p-1$ und es ist

$$\gamma\gamma' = \frac{p-1}{4}(\zeta + \zeta^2 + \ldots + \zeta^{p-1}) = \frac{1-p}{4} .$$

Mit der Formel von Viëta erhält man jeweils das Minimalpolynom m_γ .

Bemerkung: *Der p-te Kreisteilungskörper* $P_p:\mathbf{Q}$*, p Primzahl, enthält also stets den Unterkörper*

$$\mathbf{Q}\left(\sqrt{(-1)^{\frac{p-1}{2}}p}\right) .$$

122. Es sei $n = 8p_1 \ldots p_r$. Dann enthält $\mathbf{Q}(\zeta)$ eine primitive 8-te Einheitswurzel α . Wegen $\alpha^4 = -1$ ist $(\tau^2+1) = (\tau - \alpha^4)(\tau + \alpha^4)$. Ferner folgt $\alpha^2 + \alpha^{-2} = 0$. Setzt man $\beta = \alpha + \alpha^{-1}$, so ist $\beta^2 = 2$, d.h. $(\tau^2 - 2) = (\tau - \beta)(\tau + \beta)$ in $\mathbf{Q}(\alpha)$. Wegen $\alpha^2 = i = \sqrt{-1}$ ist mit Aufg. 121.b auch $\sqrt{p_n} \in \mathbf{Q}(\zeta)$, $n=1,2,\ldots,r$ (denn $\mathbf{Q}(\zeta)$ enthält die p_n-ten Einheitswurzeln). Also zerfällt f in $\mathbf{Q}(\zeta)$ vollständig in Linearfaktoren.

123. Analog zu Beispiel 7.4.3 :

a) $f(\tau) = \tau^3 - 10$ ist über $\mathbf{Q}$ irreduzibel und hat genau zwei nichtreelle Wurzeln in $\mathbf{Q}$, folglich $G(f,\mathbf{Q}) \cong S_3$ (vgl. 7.5.7) .

b) Der Körper $\mathbf{Q}(i\sqrt{3})$ enthält alle dritten Einheitswurzeln, somit gilt $G(f,\mathbf{Q}(i\sqrt{3})) \cong \mathbf{Z}_3$ (vgl. 7.5.10 , Korollar).

124.a) Analog zu Aufg. 106 finden wir $G(\tau^4 - 5,\mathbf{Q}) \cong D_4$.

b) Über $\mathbf{Q}(\sqrt{5})$ zerfällt f in $(\tau^2 + \sqrt{5})(\tau^2 - \sqrt{5})$, der Zerfällungskörper über $\mathbf{Q}(\sqrt{5})$ ist $L = \mathbf{Q}(\sqrt{5})(\sqrt[4]{5},i)$.

Die Elemente der Galois-Gruppe von $L:\mathbf{Q}(\sqrt{5})$ sind

$$\sigma_{11} = \mathrm{Id}, \qquad \sigma_{12}: \begin{cases} \sqrt[4]{5} \mapsto \sqrt[4]{5} \\ i \mapsto -i \end{cases},$$

$$\sigma_{21}: \begin{cases} \sqrt[4]{5} \mapsto -\sqrt[4]{5} \\ i \mapsto i \end{cases}, \qquad \sigma_{22}: \begin{cases} \sqrt[4]{5} \mapsto -\sqrt[4]{5} \\ i \mapsto -i \end{cases}.$$

Sie erfüllen $\sigma_{ij}^{\,2} = \mathrm{Id}$, somit ist $G(\tau^4 - 5, \mathbf{Q}(\sqrt{5})) \cong \mathbf{Z}_2 \times \mathbf{Z}_2$.

c) Läuft wie b).

d) $G(\tau^4 - 5, \mathbf{Q}(i)) \cong \mathbf{Z}_4$ (nach 7.5.10, Korollar).

125. Es ist $\tau^n - t$ irreduzibel über $\mathbf{C}(t)$ (nach Eisenstein mit dem Primelement $t \in \mathbf{C}[t]$), folglich gilt $G(\tau^n - t, \mathbf{C}(t)) \cong \mathbf{Z}_n$, wieder mit 7.5.10, Korollar.

126. Beachte, daß $L = L_1L_2 \dots L_r$ der Zerfällungskörper von f ist. Die Behauptung folgt mit einfacher Induktion aus Aufg. 113.

127. $f = (\tau^2 - 5)(\tau^2 - 20)$ hat die Wurzeln $\pm\sqrt{5}$, $\pm 2\sqrt{5}$. Der Zerfällungskörper von f über $\mathbf{Q}$ ist demnach $\mathbf{Q}(\sqrt{5})$, folglich ist $G(f,\mathbf{Q}) \cong \mathbf{Z}_2$.

$G(g,\mathbf{Q}) \cong \mathbf{Z}_2 \times \mathbf{Z}_2 \times S_3$ (mit Aufg. 126). Das geht auch direkt recht einfach, indem man die Automorphismen des Zerfällungskörpers L von $\tau^3 - \tau + 1$ über $\mathbf{Q}$ ($G(L:\mathbf{Q}) \cong S_3$) fortsetzt zu Automorphisman von $L(\sqrt{5} + \sqrt{2})$.

128. Mit Aufg. 40 und $f_i = \tau^3 + a_i\tau + b_i$, $i=1,2$, ist $G(f_1,\mathbf{Q}) \cong A_3$, wenn f_1 irreduzibel über $\mathbf{Q}$ und die Diskriminante ein Quadrat in $\mathbf{Q}$ ist ($-4a^3 - 27b^2 = w^2 \in \mathbf{Q}$) z.B. $a_1 = -3$ und $b_1 = 1$, d.h.

$$f_1(\tau) = \tau^3 - 3\tau + 1 .$$

Die Wurzeln sind dann stets reell. Ist $-4a^3 - 27b^2 > 0$ und kein Quadrat in $\mathbf{Q}$, so ist $G(f,\mathbf{Q}) \cong S_3$ und alle Wurzeln sind reell:

$$f_2(\tau) = \tau^3 - 4\tau + 1 .$$

(Für beide Polynome ist $f(-3) < 0$, $f(0) > 0$, $f(1) < 0$ und $f(2) > 0$, also liegen nur reelle Wurzeln vor.)

129. Gemäß 7.5.5 ist $G(f,\mathbb{Q})$ eine transitive Gruppe. Seien x_1, $x_2,\ldots,x_n$ die (paarweise verschiedenen) Wurzeln von f, dann gibt es $\sigma_i \in G$ mit $\sigma_i(x_1) = x_i$ für $1 \le i \le n$. Ist nun $\sigma \in G$, so ist $\sigma(x_1)$ unter den Wurzeln von f zu suchen, sagen wir

$$\sigma(x_1) = x_s = \sigma_s(x_1) ,$$

also

$$x_1 = \sigma_s^{-1}\sigma(x_1) = \sigma\sigma_s^{-1}(x_1) .$$

Für beliebiges $i = 1,2,\ldots,n$ folgt nun

$$\sigma\sigma_s^{-1}(x_i) = \sigma\sigma_s^{-1}\sigma_i(x_1) = \sigma_i\sigma\sigma_s^{-1}(x_1) = \sigma_i(x_1) = x_i ,$$

d.h. $\sigma = \sigma_s$, somit $G = \{\sigma_1,\sigma_2,\ldots,\sigma_n\}$ mit $n = \text{Grad } f$.

130. $L:K$ ist als Zerfällungskörper des separablen Polynoms f eine Galois-Erweiterung. Gemäß 7.2 und 7.3.10 haben wir $G(L:K) = \{\mu_1,\mu_2,\ldots,\mu_m\}$, μ_k vollständig bestimmt durch $\mu_k(c_1) = c_k$. Also gilt

$$P_i(c_k) = P_i(\mu_k(c_1)) = \mu_k(P_i(c_1)) = \mu_k(x_i) .$$

Mit x_i ist auch $\mu_k(x_i)$ Wurzel von f. Demnach gilt

$$\sigma_k = \begin{pmatrix} x_1 & \ldots & x_n \\ \mu_k(x_1) & \ldots & \mu_k(x_n) \end{pmatrix} .$$

$\varphi: G(L:K) \longrightarrow S_n$, $\varphi(\mu_k) = \sigma_k$, ist ein injektiver Gruppenhomomorphismus; denn

$$\begin{aligned}\varphi(\mu_k\mu_j) &= \begin{pmatrix} x_1 & \ldots & x_n \\ \mu_k(\mu_j(x_1)) & \ldots & \mu_k(\mu_j(x_n)) \end{pmatrix} \\ &= \begin{pmatrix} \mu_j(x_1) & \ldots & \mu_j(x_n) \\ \mu_k(\mu_j(x_1)) & \ldots & \mu_k(\mu_j(x_n)) \end{pmatrix}\begin{pmatrix} x_1 & \ldots & x_n \\ \mu_j(x_1) & \ldots & \mu_j(x_n) \end{pmatrix} \\ &= \varphi(\mu_k)\varphi(\mu_j) .\end{aligned}$$

(Man beachte die Reihenfolge der Faktoren bei einem Produkt von Permutationen.) $\varphi(\mu_k) = \text{Id}$ bedeutet $\mu_k(x_i) = x_i$ $(1 \le i \le n)$, also $\mu_k = \text{Id}$, d.h. φ ist injektiv. Damit gilt (vgl. 7.5.3)

$$G(L:K) = G(f,K) \cong \{\sigma_1,\ldots,\sigma_m\} .$$

131. Offensichtlich wird hier $S_n = S(\mathbf{Z}_n)$ gesetzt. Mit $\pi, \sigma \in H_n$, $\pi(x) = ax + b$, $\sigma(x) = cx + d$, folgt $(\pi\sigma)(x) = acx + ad + b$. Da $ac \in \mathbf{Z}_n^*$, sehen wir $\pi\sigma \in H_n$; somit ist H_n Untergruppe von S_n (vgl. 1.6.3). Aus $|\mathbf{Z}_n^*| = \varphi(n)$ und $|\mathbf{Z}_n| = n$ erkennen wir $|H_n| = n\varphi(n)$.

a) Für ein irreduzibles Polynom f mit Grad $f = 3$ gibt es nur zwei Möglichkeiten: $G(f,\mathbf{Q}) \cong S_3$ oder $G(f,\mathbf{Q}) \cong \mathbf{Z}_3$. Wegen $\varphi(3)3 = 6 = |S_3|$ gilt $S_3 = H_3$; ferner ist

$$\mathbf{Z}_3 \cong \{x \mapsto x + a \; ; \; a \in \mathbf{Z}_3\} \subseteq H_3 .$$

b) Sei ζ eine primitive p-te Einheitswurzel und $\mathbf{Q}(\zeta)$ der p-te Kreisteilungskörper, dann gilt (vgl. 7.5.10, Korollar)

$$G(\tau^p - a, \mathbf{Q}(\zeta)) \cong \mathbf{Z}_p ,$$

$$G(\mathbf{Q}(\zeta) : \mathbf{Q}) \cong \mathbf{Z}_{p-1} .$$

Nach dem Hauptsatz 7.3.12 gilt

$$G(\mathbf{Q}(\zeta) : \mathbf{Q}) \cong G(\tau^p - a, \mathbf{Q})/G(\tau^p - a, \mathbf{Q}(\zeta)) ,$$

insbesondere

$$|G(\tau^p - a, \mathbf{Q})| = p(p-1).$$

Der Zerfällungskörper von $\tau^p - a$ über $\mathbf{Q}$ ist $L = \mathbf{Q}(\sqrt[p]{a}, \zeta)$, wobei das Kreisteilungspolynom Φ_p auch Minimalpolynom von ζ über $\mathbf{Q}(\sqrt[p]{a})$ bleibt (das folgt aus den vorhergehenden Gradbetrachtungen). Wieder analog zum Beispiel 7.2.5 finden wir die Automorphismen von $L:\mathbf{Q}$:

$$\sigma_{ij} : \begin{cases} \sqrt[p]{a} \mapsto \sqrt[p]{a}\,\zeta^i \\ \zeta \mapsto \zeta^j \end{cases} , \quad \begin{matrix} 0 \le i \le p-1 \\ 1 \le j \le p-1 \end{matrix} .$$

Die Abbildung $\sigma_{ij} \mapsto (x \mapsto \bar{j}x + \bar{i})$ ist ein Isomorphismus von $G(g,\mathbf{Q})$ auf H_p.

c) Ist $G(f,\mathbf{Q})$ 1-affin und für $i = 1,2,\ldots,p$

$$U_i = \{\sigma \in G(f,\mathbf{Q}) \; ; \; \sigma(x_i) = x_i\} ,$$

so gilt für $i \neq j$ stets $U_i \cap U_j = \{Id\}$; denn mit $\sigma(x_i) = x_{\pi(i)}$, $\pi(i) = ai + b \pmod p$, folgt für $\sigma \in U_i \cap U_j$ und $i \neq j$

$i = ai + b \pmod p$ und $j = aj + b \pmod p$. Das geht in $\mathbf{Z}_p$ nur für $a = 1$, $b = 0$, d.h. $\sigma = \mathrm{Id}$. Aus $G(L:\mathbf{Q}(x_i,x_j)) = U_j \cap U_i = \{\mathrm{Id}\}$ $(i \neq j)$ folgt mit dem Hauptsatz der Galoistheorie die Behauptung $L = \mathbf{Q}(x_i,x_j)$.

Zur Umkehrung: Aus $L = \mathbf{Q}(x_i,x_j)$ für $1 \le i < j \le p$ folgt mit 7.3.7 $U_i \cap U_j = \{\mathrm{Id}\}$. Zu jeden j $(1 \le j \le p)$ gibt es $\sigma_j \in G := G(f,\mathbf{Q})$ mit $\sigma_j(x_1) = x_j$ (vgl. 7.5.5) und es gilt $\sigma_j U_1 \sigma_j^{-1} = U_j$, d.h. $|U_1| = |U_j|$ $(=: r)$ und $|G| = pr$. Da $\mathrm{Id} \in U_i$ für alle i , hat man

$$|U_1 \cup U_2 \cup \ldots \cup U_p| = pr - (p-1) .$$

Es gibt also $p-1$ Elemente $s_1,\ldots,s_{p-1} \in G \setminus (U_1 \cup \ldots \cup U_p)$. Sei $(k_1,\ldots,k_h)$ der kleinste Zykel in der Zykeldarstellung von s_j , dann ist $h > 1$ (sonst wäre $s_j \in U_k$) und es gilt

$$s_j^{\,h} \in U_{k_1} \cap U_{k_2} \cap \ldots \cap U_{k_h} ,$$

d.h. $s_j^{\,h} = \mathrm{Id}$ und jeder Zykel von s_j hat die Länge h ; also ist h ein Teiler von p und somit (wegen $h > 1$) $h = p$. $s_1,\ldots,s_{p-1}$ sind also gerade die p-Zykeln in S_p . O.E. sei jetzt $s_1 = (1,2,\ldots,p)$.

Ist $s \in G$ (beliebig), so ist ss_1s^{-1} ein p-Zykel in G (2.4.3) , also gibt es k $(1 \le k \le p-1)$ mit $ss_1 = s_1^{\,k}s$. Das bedeutet

$$\begin{pmatrix} 1 & 2 & & p-1 & p \\ s(2) & s(3) & \ldots & s(p) & s(1) \end{pmatrix} = \begin{pmatrix} 1 & 2 & \ldots & p \\ s(1)+k & s(2)+k & \ldots & s(p)+k \end{pmatrix},$$

wobei modulo p zu rechnen ist. Mit einfacher Induktion erkennt man hieraus für $1 \le i \le p$

$$s(i) \equiv k \cdot i + (s(1) - k) \pmod p ,$$

d.h. jedes $s \in G(f,\mathbf{Q})$ ist 1-affin.

Bemerkung: *Man vergleiche auch Aufg. 140 .*
Ist $n = p^m$, p Primzahl, so kann jedem $x \in \{1,2,\ldots,n\}$ eindeutig ein $\vec{x} \in \mathbf{Z}_p^{\,m}$ zugeordnet werden. Eine Permutation $\pi \in S_n$ heißt m -affin , falls für jedes $x \in \{1,2,\ldots,n\}$

$$\overrightarrow{\pi(x)} = A\vec{x} + b$$

mit $A \in (\mathbf{Z}_p^{(m,m)})^*$ und $b \in \mathbf{Z}_p^{\,m}$. Die m-affinen Permutationen bilden eine Untergruppe in S_n der Ordnung $n(n-1)(n-p)(n-p^2)\ldots(n-p^{m-1})$.

132. Die Aufgabe ist einfach direkt zu lösen. Wir wollen die Theorie heranziehen:
$\tau^2 - \tau + 1$ ist das 6-te Kreisteilungspolynom, also a eine primitive 6-te Einheitswurzel. Der Rest folgt mit 7.5.10 .

133. Sind $\alpha_1, \alpha_2, \ldots, \alpha_n$ die Wurzeln von f , so gilt

$$\sum_{i=1}^{n} \alpha_i = 0 \quad \text{und} \quad \sum_{i<j} \alpha_i \alpha_j = a_{n-2} \geq 0 .$$

Es folgt

$$0 = \left(\sum_{i=1}^{n} \alpha_i\right)^2 = \sum_{i=1}^{n} \alpha_i^2 + 2 \sum_{i<j} \alpha_i \alpha_j$$

bzw.

$$\sum_{i=1}^{n} \alpha_i^2 = -2 \sum_{i<j} \alpha_i \alpha_j \leq 0 .$$

Sind alle α_i reell, so geht das nur für $\alpha_1 = \ldots = \alpha_n = 0$; das widerspricht aber $f \neq \tau^n$.

134.a) Sind $x_1, \ldots, x_k$ die zwischen α und β gelegenen Wurzeln von f und $m_1, \ldots, m_k$ ihre Vielfachheiten, so gilt mit Aufg. 50 : $x_1, \ldots, x_k$ sind Wurzeln von f' mit den Vielfachheiten $m_1 - 1, \ldots, m_k - 1$, wobei Vielfachheit 0 keine Wurzel an dieser Stelle bedeutet. $f : \mathbf{R} \longrightarrow \mathbf{R}$ ist stetig und stetig differenzierbar; aus der Differentialrechnung folgt (Satz von Rolle): Zwischen zwei Nullstellen von f liegt mindestens eine Nullstelle von f' .
Daher gilt

$$R'(\alpha,\beta) \geq (m_1-1) + \ldots + (m_k-1) + k - 1 = m_1 + \ldots + m_k - 1 = R(\alpha,\beta) - 1 .$$

b) Da $a_n > 0$ vorausgesetzt ist, gilt für die Vorzeichenwechsel $\delta(f)$ in der Folge $a_o, a_1, \ldots, a_n$ (wie man leicht zeigt)

$$(*) \qquad \delta(f) \equiv \begin{cases} 1 \pmod 2 , & \text{falls } a_o < 0 \\ 0 \pmod 2 , & \text{falls } a_o > 0 \end{cases} .$$

Für die Anzahl $\mu_+(f)$ der positiven Wurzeln von f gilt ebenfalls

$$(\overset{*}{*}) \qquad \mu_+(f) \equiv \begin{cases} 1 \pmod 2 , & \text{falls } a_o < 0 \\ 0 \pmod 2 , & \text{falls } a_o > 0 \end{cases} .$$

Beweis: Wegen $a_n > 0$ ist $f \neq 0$. Durchläuft x einmal die positiven reellen Zahlen, so treten für $f(x)$ nur endlich viele Vorzeichenwechsel auf und zwar genau an den Nullstellen von f mit ungerader Vielfachheit; denn es gilt, falls x_r eine derartige Stelle ist

$$f(\tau) = (\tau - x_r)^{2k+1} g(\tau - x_r) \ , \ g \in \mathbf{R}[\tau] \ , \ g(0) \neq 0 \ ,$$

und für hinreichend kleines $\varepsilon > 0$ ändert $g(\xi)$ das Vorzeichen für $-\varepsilon < \xi < \varepsilon$ nicht, wohl aber genau einmal ξ^{2k+1}. Ist die Vielfachheit gerade, so tritt kein Vorzeichenwechsel ein. $\mu_+(f)$ ist also modulo 2 gerechnet gleich der Anzahl der Vorzeichenwechsel von $f(x)$ für $x > 0$; denn $f(0) = a_0 \neq 0$.

Für hinreichend großes $x \in \mathbf{R}$ ist $f(x) > 0$ (da $a_n > 0$), also hat $f(x)$, falls $a_0 = f(0) > 0$, für positive x eine gerade Anzahl von Vorzeichenwechsel, für $a_0 < 0$ eine ungerade Anzahl (das ist derselbe Schluß wie bei (*)). Damit folgt ($\ast\atop\ast$) . □

Wegen (*) und ($\ast\atop\ast$) ist

(i) $\mu_+(f) \leq \delta(f)$ oder (ii) $\mu_+(f) \geq \delta(f) + 2$.

Wir zeigen, daß (ii) nicht möglich ist, durch eine Induktion nach n (dem Grad von f). Für $n = 1$ ist offenbar (ii) nicht möglich (vgl. 4.1.14). Nach Induktionsvoraussetzung gilt bereits

$$\mu_+(f') \leq \delta(f') \ ,$$

da Grad $f' = n-1$. Die Koeffizienten von f' sind $na_n, (n-1)a_{n-1}, \ldots, a_1$; diese stimmen bis auf positive Faktoren mit den ersten n Koeffizienten von f überein, daher ist

(iii) $\delta(f') = \delta(f)$ oder $\delta(f') = \delta(f) - 1$.

Aus a) folgt aber $\mu_+(f') \geq \mu_+(f) - 1$; zusammen mit (ii) wäre dann

$$\delta(f') \geq \mu_+(f') \geq \mu_+(f) - 1 \geq \delta(f) + 2 - 1 = \delta(f) + 1 \ ,$$

das ist ein Widerspruch zu (iii) ; also ist nur (i) möglich, das ist die Behauptung.

c) Wegen $f(0) = a_0 \neq 0$ sind die positiven Wurzeln von $f(\tau)$ und die positiven Wurzeln von $g(\tau) = f(-\tau)$ zusammen in ihrer Anzahl gleich der Zahl aller Wurzeln von $f(\tau)$.

135. Nach Aufg. 134 hat f höchstens 3 reelle Wurzeln. (Alternativ: Über $\mathbb{C}$ faktorisieren wir $f = \prod_i (\tau - \alpha_i)$ mit den Wurzeln $\alpha_1,\ldots,\alpha_5$. Koeffizientenvergleich liefert

$$\sum_{i=1}^{5} \alpha_i = 0 \ , \ \sum_{i<j} \alpha_i\alpha_j = 0 \ , \text{also} \ \sum_{i=1}^{5} \alpha_i^2 = \Big(\sum_{i=1}^{5} \alpha_i\Big)^2 - 2\sum_{i<j} \alpha_i\alpha_j = 0 \ .$$

Sind alle α_i reell, so geht das nur für $\alpha_1 = \ldots = \alpha_5 = 0$, d.h. für $f = \tau^5$, das ist ein Widerspruch. Also hat f wenigstens eine nicht-reelle Wurzel und mit der dazu konjugiert komplexen wenigstens 2 nicht-reelle Wurzeln.)

Wegen $f(0) = 1$, $f(1) < 0$ und $f(-k) < 0$ hat f mindestens 2 reelle Wurzeln. Da die Anzahl der reellen Wurzeln von f ungerade ist (die komplexen nicht-reellen Wurzeln treten stets paarweise auf), hat f wenigstens 3, mit obigem also genau 3 reelle Wurzeln. Mit 7.5.7 gilt also $G(f,\mathbb{Q}) \cong S_5$.

136. Es ist $f(\tau) = \tau^5 - n^4p^8\tau + p$. Nach Aufg. 134 hat f höchstens 3 reelle Wurzeln. Wegen $f(0) = p > 0$, $f(1) = p + 1 - n^4p^8 < 0$ und $f(p^2n) = p > 0$ hat f genau 3 Wurzeln in $\mathbb{R}$. Mit 7.5.7 ist $G(f,\mathbb{Q}) \cong S_5$; mit 2.6.8 und 7.6.6 ist f nicht durch Radikale auflösbar.

137. Es sei $\zeta = \exp(\frac{2\pi i}{15})$ eine primitive 15-te Einheitswurzel. Der Zerfällungskörper von $\tau^{15} - 1$ über $\mathbb{Q}$ ist $\mathbb{Q}(\zeta)$ mit Galois-Gruppe

$$G(\mathbb{Q}(\zeta):\mathbb{Q}) \cong \mathbb{Z}_{15}^* \cong \mathbb{Z}_2 \times \mathbb{Z}_4$$

(vgl. 7.2.2). Die primitiven 15-ten Einheitswurzeln über $\mathbb{Q}$ sind

$$\zeta,\zeta^2,\zeta^4,\zeta^7,\zeta^8,\zeta^{11},\zeta^{13},\zeta^{14} \ .$$

Die Galois-Gruppe $G(\mathbb{Q}(\zeta):\mathbb{Q})$ besteht demnach aus den Automorphismen σ_k, bestimmt durch $\sigma_k(\zeta) = \zeta^k$, $(k,15) = 1$. Die nichttrivialen Untergruppen der Galois-Gruppe sind

$$U_1 = \{\sigma_1,\sigma_{14},\sigma_4,\sigma_{11}\} \cong \mathbb{Z}_2 \times \mathbb{Z}_2 \ , \quad U_2 = \{\sigma_1,\sigma_2,\sigma_4,\sigma_8\} \cong \mathbb{Z}_4 \ ,$$

$$U_3 = \{\sigma_1,\sigma_{13},\sigma_4,\sigma_7\} \cong \mathbb{Z}_4 \ , \quad U_4 = \{\sigma_1,\sigma_4\} \cong \mathbb{Z}_2 \ ,$$

$$U_5 = \{\sigma_1,\sigma_{11}\} \cong \mathbb{Z}_2 \ , \quad U_6 = \{\sigma_1,\sigma_{14}\} \cong \mathbb{Z}_2 \ .$$

Der Untergruppenverband ist also

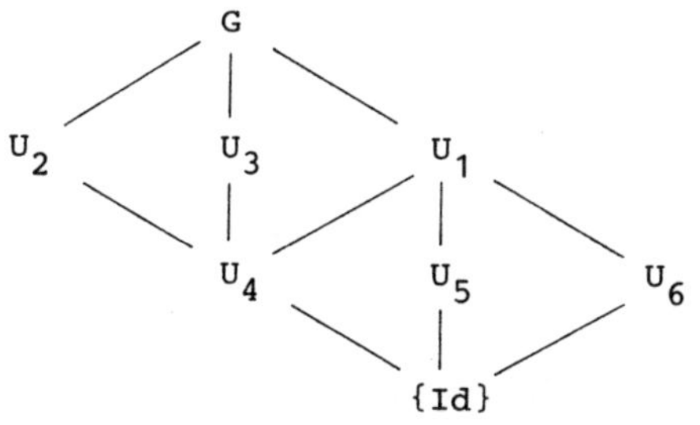

Die Unterkörper von $\mathbb{Q}(\zeta)$ sind genau die Fixkörper von U_i, d.h. $F_i = F(\mathbb{Q}(\zeta), U_i)$, $i=1,\ldots,6$. Diese bestimmt man nach den in 7.4 angegebenen Verfahren.

Der Verband der Unterkörper (jeweils in Radikalerweiterung dargestellt) lautet

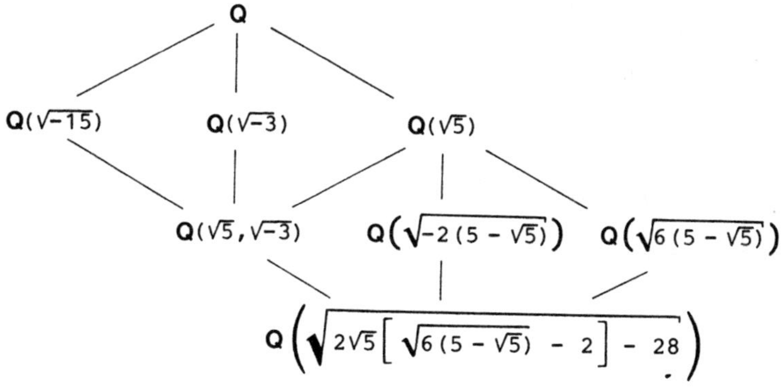

Als Beispiel leiten wir F_2, F_1 und F_6 her:
Wegen $[F_2:\mathbb{Q}] = |G:U_2| = 2$ brauchen wir nur ein Element $\eta \in F_2$, das nicht in $\mathbb{Q}$ liegt, zu adjungieren. Wir nehmen die Gauß'sche Periode $\eta = \mathrm{Spur}_{U_2}\zeta = \zeta + \zeta^2 + \zeta^4 + \zeta^8$. Somit gilt $F_2 = \mathbb{Q}(\eta)$. Dies erkennen wir aber noch nicht als Radikalerweiterung. Wir wissen jedoch, daß η Wurzel eines quadratischen Polynoms aus $\mathbb{Q}[\tau]$ ist, dessen andere Wurzel $\bar{\eta} = \zeta^{-1} + \zeta^{-2} + \zeta^{-4} + \zeta^{-8} = \zeta^{14} + \zeta^{13} + \zeta^{11} + \zeta^{7}$ ist. Wir verwenden nun, daß für jede n-te Einheitswurzel $\xi \neq 1$ stets $1 + \xi + \ldots + \xi^{n-1} = 0$ (vgl. Aufg. 67), für die 3-te E.W. ζ^5 demnach $\zeta^5 + \zeta^{10} + \zeta^{15} = 0$, für die 5-te E.W. ζ^3 entsprechend

$\zeta^3 + \zeta^6 + \zeta^9 + \zeta^{12} + \zeta^{15} = 0$. Nun folgt

$$\eta + \bar{\eta} = \sum_{i=1}^{15} \zeta^i + \zeta^{15} = 1 \quad \text{und} \quad \eta\bar{\eta} = 4 .$$

Also ist η Wurzel des Polynoms

$$\tau^2 - (\eta + \bar{\eta})\tau + \eta\bar{\eta} = \tau^2 - \tau + 4$$

und wir erkennen $F_2 = \mathbf{Q}(\eta) = \mathbf{Q}(\sqrt{-15})$.

Für F_1 hat man die beiden Perioden $\theta = \zeta + \zeta^{-1} + \zeta^4 + \zeta^{-4}$ und $\tilde{\theta} = \zeta^2 + \zeta^{-2} + \zeta^7 + \zeta^{-7}$, diese sind Wurzeln von $\tau^2 - \tau - 1$ über $\mathbf{Q}$; insbesondere ist $\theta = (\sqrt{5} - 1)/2$. Andererseits ist $\psi = \zeta^3 + \zeta^{-3} \in F_1$ (da Fixelement von U_1); ψ ist zusammen mit $\tilde{\psi} = \zeta^6 + \zeta^{-6}$ Wurzel von $\tau^2 + \tau - 1$ über $\mathbf{Q}$.

Für F_6 gilt $F_6 = \mathbf{Q}(\phi)$ mit $\phi = \zeta + \zeta^{-1}$; ϕ und $\tilde{\phi} = \zeta^4 + \zeta^{-4}$ sind Wurzeln von

$$\tau^2 - \theta\tau + (\psi - 1) \in F_1[\tau] .$$

Insbesondere ist $\phi = \frac{1}{4}[1 + \sqrt{5} + \sqrt{6(5 - \sqrt{5})}]$.

Aus $\phi = \zeta + \zeta^{-1}$ folgt $\zeta^2 - \phi\tau + 1 = 0$, d.h.

$$\tau^2 - \phi\tau + 1 \in F_6[\tau]$$

ist Minimalpolynom von ζ über $\mathbf{Q}(\phi)$.

138. Es sei ζ eine primitive 7-te Einheitswurzel. Gemäß 7.2 gilt $L = \mathbf{Q}(\zeta)$, $G(L:\mathbf{Q}) = \langle\sigma\rangle \cong \mathbf{Z}_7^* \cong \mathbf{Z}_6$ mit $\sigma : \zeta \longmapsto \zeta^3$.
Es gibt nur die Untergruppen

$$U_0 = \{Id\} , \quad U_1 = \langle\sigma^3\rangle \cong \mathbf{Z}_2 , \quad U_2 = \langle\sigma^2\rangle \cong \mathbf{Z}_3 , \quad U_4 = G .$$

$F_i = F(L,U_i)$ seien die Fixkörper, dann ist $F_0 = L$ und $F_4 = \mathbf{Q}$ klar. Wegen $[F_2:\mathbf{Q}] = |G:U_2| = 2$ gilt $F_2 = \mathbf{Q}(\eta)$ mit einem Element $\eta \in F_2 \setminus \mathbf{Q}$. Mit Aufg. 121 gilt $F_2 = \mathbf{Q}(\sqrt{-7})$. $\mathrm{Spur}_{U_1}\zeta = \zeta + \zeta^{-1}$ liegt in F_1 und $[F_1:\mathbf{Q}] = 3$. Mit Aufg. 74 ist $[\mathbf{Q}(\zeta + \zeta^{-1}):\mathbf{Q}] = 3$, d.h. $F_1 = \mathbf{Q}(\zeta + \zeta^{-1})$.

Obwohl ζ in einer Radikalerweiterung von $\mathbf{Q}$ liegt (vgl. 7.6.6 , Korollar 3) , ist F_1 keine Radikalerweiterung über $\mathbf{Q}$ (*Casus irreduzibilis*). Da $[F_1:\mathbf{Q}] = 3$, müßte sonst $F_1 = \mathbf{Q}(\sqrt[3]{\alpha})$ mit $\alpha \in \mathbf{Q}$

und $\sqrt[3]{\alpha} \notin \mathbb{Q}$ sein. U_1 ist Normalteiler in G, mit dem Hauptsatz ist also $F_1 : \mathbb{Q}$ normal. Damit müßten in F_1 auch die 3-ten Einheitswurzeln liegen. Das widerspricht aber dem Gradsatz bzw. $F_1 \subseteq \mathbb{R}$.

139. Es sei $f \in \mathbb{Q}[\tau]$ irreduzibel und eine Wurzel α von f liege in der Radikalerweiterung $L:\mathbb{Q}$. Gemäß 7.6.2 können wir o.E. annehmen, daß $L:\mathbb{Q}$ galoisch ist, insbesondere ist damit $L:\mathbb{Q}$ normal (Satz von Artin, 7.3.10). Damit liegen alle Wurzeln von f in L (vgl. 6.9.1).

140. a) G operiert in natürlicher Weise auf $X = \{1,2,\ldots,p\}$ vermöge der Definition von S_p. Für zwei Bahnen von N $N\cdot x$, $N\cdot y$, $x,y \in X$, gilt, da G transitiv und N ein Normalteiler in G ist:

$$|N\cdot y| = |N\cdot(g\cdot x)| = |(Ng)\cdot x| = |(gN)\cdot x| = |N\cdot x| .$$

D.h. durch N wird X in disjunkte Bahnen gleicher Länge zerlegt. Dies bedeutet $|N\cdot x| \mid p$. Da p Primzahl ist, folgt $|N\cdot x| = p = |X|$, d.h. N ist transitiv auf X; $|N\cdot x| = 1$ ist wegen $N \neq \{Id\}$ nicht möglich.

b) Wir schreiben

$$f_{a,b} = \begin{pmatrix} 1 & 2 & \cdots & p \\ a+b & a\cdot 2+b & \cdots & b \end{pmatrix} \in S_p$$

für 1-affine Permutationen, wobei $a \in \mathbb{Z}_p^*$, $b \in \mathbb{Z}_p$ und modulo p zu rechnen ist. Es gilt dann

$$f_{a,b} \circ f_{c,d} = f_{ac,ad+b}$$

und

$$f_{a,b} \circ f_{c,d} \circ f_{a,b}^{-1} \circ f_{c,d}^{-1} = f_{1,ad+b-cb-d} .$$

Ist G 1-affin, so gilt also $K(G) = \{f_{1,b} ; b \in \mathbb{Z}_p\} \cong \mathbb{Z}_p$; also ist G auflösbar. (Man beachte, daß für diese Richtung des Beweises nicht notwendig p eine Primzahl sein muß.)

Ist umgekehrt G auflösbar und auf X transitiv, so existiert eine Kompositionsreihe

$$G = G_0 \supset G_1 \supset \ldots \supset G_j \supset \ldots \supset G_k = \{Id\}$$

mit zyklischen Faktoren. Mit a) und einer Induktion nach j (beginnend bei $j=0$) erweist sich jede Gruppe G_j $(0 \le j \le k-1)$ als transitiv. Damit ist G_{k-1} eine zyklische Gruppe von Primzahlordnung (vgl. 2.6.13) und transitiv auf X. Da $|X| = p$ und p eine Primzahl ist, liefert der Satz von Lagrange

$$(*) \qquad G_{k-1} \cong \mathbf{Z}_p \cong \{f_{1,b}\ ;\ b \in \mathbf{Z}_p\}\ .$$

Mit einer Induktion nach j zeigen wir (jetzt beginnend bei $j=k-1$), daß alle G_j $(0 \le j \le k-1)$ ebenfalls 1-affin sind:

Den Induktionsbeginn sichert (*). Nun sei G_{j+1} 1-affin, dann gilt für jedes $f \in G_j$

$$f^{-1} \circ f_{1,1} \circ f = f_{a,b} \in G_{j+1}$$

(denn $f_{1,1} \in G_{k-1} \subset G_{j+1}$ und G_{j+1} ist Normalteiler in G_j). Hieraus folgt

$$f_{a,b}^p = f^{-1} \circ f_{1,1}^p \circ f = f^{-1} \circ f = f_{1,0}\ .$$

Das ist nur möglich, wenn $a^p \equiv 1 \pmod p$ (vgl. die Verknüpfungsregel für 1-affine Permutationen von oben).
Da stets $a^p \equiv a \pmod p$, folgt $a \equiv 1 \pmod p$. Also ist

$$f^{-1} \circ f_{1,1} \circ f = f_{1,b}\ .$$

Setzt man hierin f explizit an, so ergibt sich $f = f_{b,c-b}$ mit $c = f(0)$ (vgl. die Lösung zu Aufg. 131). Also ist mit G_{j+1} auch G_j affin $(0 \le j \le p-2)$; insbesondere ist also $G = G_0$ 1-affin.

Bemerkung: *Diese Charakterisierung der auflösbaren transitiven Untergruppen von S_p, p prim, wurde bereits von E. GALOIS gegeben.*

141. Folgt mit Aufg. 131.c) aus Aufg. 140.

Bemerkung: *Auch diese Charakterisierung der auflösbaren Gleichungen stammt bereits von E. GALOIS.*

142. Sind x_1, x_2 zwei (nach Voraussetzung) vorhandene reelle Wurzeln, so ist $\mathbf{Q}(x_1,x_2) \subset \mathbf{R}$; da eine Wurzel $x_j \notin \mathbf{R}$, liegt der Zerfällungskörper $\mathbf{Q}(x_1,\dots,x_p)$ von f nicht in $\mathbf{R}$. Mit Aufg. 141 kann f nicht durch Radikale auflösbar sein. (Vgl. 7.5.7.)

143.a) Das Polynom $\tau^3 - 7\tau + 5$ hat drei reelle Wurzeln, wie man mit Vorzeichenbetrachtungen sofort feststellt. Die Radikaldarstellung der Wurzeln lautet mit den Formeln von CARDANO (vgl. 7.6 modulo Druckfehler) :

$$x_1 = P + Q \quad , \quad x_2 = \zeta P + \zeta^2 Q \quad , \quad x_3 = \zeta^2 P + \zeta Q$$

mit

$$P = \sqrt[3]{-\frac{5}{2} + \sqrt{-\frac{697}{108}}} \quad , \quad Q = \sqrt[3]{-\frac{5}{2} - \sqrt{-\frac{697}{108}}} \quad , \quad \zeta = \frac{\sqrt{-3} - 1}{2} \quad .$$

b) Das Polynom $\tau^4 + 4\tau + 2$ hat zwei reelle und zwei nicht-reelle Wurzeln. Nach EULER führt der Ansatz für die Wurzeln x_1, x_2, x_3, x_4

$$(*) \qquad \begin{aligned} x_1 &= u + v + w \quad , & x_3 &= -u + v + w \\ x_2 &= u - v - w \quad , & x_4 &= -u - v + w \end{aligned}$$

über einen Koeffizientenvergleich auf eine Gleichung dritten Grades, deren 3 Wurzeln gerade u^2, v^2 und w^2 sind. Diese Gleichung lautet in diesem Falle

$$(**) \qquad \tau^3 - \frac{1}{2}\tau - \frac{1}{4} = 0 \quad .$$

Sind U, V, W die drei Wurzeln von $(**)$, und setzt man

$$u = \sqrt{U} \quad , \quad v = \sqrt{V} \quad , \quad w = \sqrt{W} \quad \text{mit} \quad \sqrt{U}\sqrt{V}\sqrt{W} < 0 \ ,$$

so liefert $(*)$ die gesuchte Radikaldarstellung, wenn man für U, V, W die Radikaldarstellung von CARDANO einsetzt.

144. Für das kubische Polynom $f = \tau^3 + a\tau^2 + b\tau + c \in \mathbf{Q}[\tau]$ berechnen wir die Wurzeln mit den Formeln von CARDANO :

Mit

$$p := b - \frac{a^2}{3} \quad , \quad q := \frac{2a^3}{27} - \frac{ab}{3} + c \quad , \quad r := \frac{p^3}{27} + \frac{q^2}{4} \quad \in \mathbf{Q}$$

und

$$P := \sqrt[3]{-\frac{q}{2} + \sqrt{r}} \quad , \quad Q := \sqrt[3]{-\frac{q}{2} - \sqrt{r}} \quad , \quad \zeta := \exp(\frac{2\pi i}{3}) \quad \in \mathbf{C}$$

lauten die Wurzeln von f

$$x_1 = P + Q - \frac{a}{3} \quad , \quad x_2 = \zeta^2 P + \zeta Q - \frac{a}{3} \quad , \quad x_3 = \zeta P + \zeta^2 Q - \frac{a}{3} \quad .$$

Damit wird (wegen $\zeta^3 = 1$ und $1+\zeta+\zeta^2 = 0$)

$$\beta := x_1 + \zeta x_2 + \zeta^2 x_3 = 3P$$

und

$$\alpha := \beta^3 = 27(-\tfrac{q}{2} + \sqrt{r}) .$$

Das zeigt $K(\alpha) = K(\sqrt{r})$ und $K(\beta) = K(P)$. Wegen

$$PQ = \sqrt[3]{\frac{q^2}{4} - r} = \frac{p}{3} \in \mathbf{Q}$$

liegt auch Q in $K(P)$. Damit gilt

$$\mathbf{Q} \subset K \subset K(\alpha) \subset K(\beta) = K(P,Q) = K(x_1,x_2,x_3) .$$

Bemerkung: β *ist eine LAGRANGEsche Resolvente der kubischen Gleichung* $f = 0$.

145.a),b) Erledigt man wie Aufg. 135 .

c) Das Polynom ist durch Radikale lösbar; man setze $t = \tau^2$ und löse $t^3 - 6t + 3$ mit den Formeln von CARDANO . Die Wurzeln sind dann $x_i = \pm\sqrt{t_i}$, $i = 1,2,3$.

d) Nach Aufg. 134 hat das Polynom f höchstens 5 reelle Wurzeln. Weiter gilt

$$f(-4) < 0 , \; f(-3) > 0 , \; f(-1) < 0 , \; f(0) > 0 , \; f(2) < 0 , \; f(4) > 0 ;$$

also hat f genau 5 reelle Wurzeln. Mit Eisenstein $(p = 5)$ ist f irreduzibel und aus 7.5.7 folgt $G(f,\mathbf{Q}) \cong S_7$.
Mit 2.6.8 und 7.6.6 ist f nicht durch Radikale auflösbar.
(Alternativ: Mit Aufg. 142 .)

146.a) $f' = 1$, also ist f separabel. Die Galois-Gruppe von f ist $G(f,K) \cong \mathbf{Z}_2$, also auflösbar.

b) Werden zu K Einheitswurzeln adjungiert, so bleibt f irreduzibel, denn t ist transzendent über jedem solchen Erweiterungskörper und außerdem Primelement (die Einheitswurzeln sind algebraisch über $\mathbf{Z}_2$) . Die Adjunktion einer Quadratwurzel liefert eine inseparable Erweiterung; eine Erweiterung mit ungeradem Wurzelexponenten führt wegen des Gradsatzes nicht zu einer Zerfällung von f.

Bemerkung: *In Satz 7.6.6 (f auflösbar ⇔ G(f;K) auflösbar) ist die Voraussetzung Char K = 0 nicht vernachläßigbar. Für Char K = p ≠ 0 gilt: Ist f separabel über K und auflösbar, so ist G(f,K) auflösbar; sind umgekehrt G(f,K) auflösbar und alle Primfaktoren von |G(f,K)| kleiner als p , so ist f auflösbar. Für den Fall Grad f = p vergleiche man Aufg. 117 .*

147. a) In der Produktdarstellung von F durchläuft σ alle Permutationen von S_n , daher ist F ein symmetrisches Polynom in $x_1,\dots,x_n$; mit 4.4.4 ist $F \in K[\tau,t_1,\dots,t_n]$; denn die elementarsymmetrischen Polynome von $x_1,\dots,x_n$ sind bis aufs Vorzeichen die Koeffizienten von f und liegen somit in K .

b) Es sei $z := x_1t_1 + \dots + x_nt_n$, $F_1(z) = 0$ und

$$G = \{\sigma \in S_n \ ; \ \tilde{s}_\sigma(F_1) = F_1\} .$$

$\tau - s_\pi(z)$ ist genau dann ein Teiler von $F_1(\tau)$, wenn $\pi \in G$; denn gilt $(\tau - s_\pi(z))|F_1(\tau)$ für $\pi \in S_n$, so ist $(\tau - z)|\tilde{s}_\pi^{-1}(F_1(\tau))$. Da F_1 irreduzibel ist, muß $\tilde{s}_\pi^{-1}(F_1) = F_r$ für ein r $(1 \le r \le k)$ sein, da f und damit auch F seprarabel ist, bleibt nur $\tilde{s}_\pi^{-1}(F_1) = F_1$, d.h. $\pi \in G$. Die Umkehrung ist trivial. Also gilt

$$F_1(\tau) = \prod_{\pi \in G} (\tau - s_\pi(z)) .$$

Ein $\gamma \in G(f,K) = G(f,K(t_1,\dots,t_n))$ ($\subseteq S_n$) bestimmt ein Element $S_\gamma \in G(L':K(t_1,\dots,t_n))$ gemäß $S_\gamma : x_i \longmapsto x_{\gamma(i)}$, $i = 1,\dots,n$. Wir betrachten nun

$$P(\tau) = \prod_{\gamma \in G(f,K)} (\tau - S_\gamma(z)) .$$

Ist $\tilde{S}_\gamma$ die Fortsetzung von S_γ auf $L'[\tau]$, so ist $\tilde{S}_\gamma(P) = P$ für alle $\gamma \in G(f,K(t_1,\dots,t_n))$. Der Hauptsatz der Galoistheorie liefert

$$P(\tau) \in K[\tau,t_1,\dots,t_n] .$$

F_1 ist irreduzibel und z eine gemeinsame Wurzel von F_1 und P, also gilt $F_1|P$. F_1 bleibt aber umgekehrt bei jedem $\tilde{S}_\gamma$ mit $\gamma \in G(f,K)$ unverändert (da $F_1 \in K[\tau,t_1,\dots,t_n]$) , also ist jede Wurzel von P auch Wurzel von F_1 , d.h. $F_1 = P$. Die Wurzeln von F_1 sind also genau die Konjugierten von z bzgl. $G(f,K)$

und $\gamma \in G(f,K)$ ist eindeutig durch $S_\gamma(z)$ bestimmt. In L' gilt aber

$$(*) \qquad s_\pi(S_\pi(z)) = z \quad \text{für} \quad \pi \in S_n \ ,$$

also ist $S_\gamma(z) = s_\gamma^{-1}(z) = s_{\gamma^{-1}}(z)$ und jedes $\gamma \in G(f,K)$ liegt in G und umgekehrt.

Bemerkungen: *1. Man hat mit diesem Ergebnis ein konstruktives (allerdings rechnerisch sehr aufwendiges) Verfahren, die Galois-Gruppe eines separablen Polynoms zu bestimmen, indem man F explizit gemäß a) aufstellt und faktorisiert. Weiterhin gelingt damit eine Charakterisierung der Untergruppen der Galois-Gruppe eines Polynoms (vgl. Aufg. 148).*

2. Man beachte: α) Durch die in x_i und t_i symmetrische Gestalt der sog. GALOIS'schen Resolvente z kann jede Permutation der t_i als Permutation der x_i in z gedeutet werden und umgekehrt (vgl. (*)).

β) Die t_i sind transzendent über K, damit ist mit f stets auch F separabel und mithin Grad $F_1 = |G(f,K)|$. (Aus $s_\pi(z) = z$ folgt nämlich

$$\Sigma_i\, x_i s_\pi(t_i) = \Sigma_i\, s_\pi^{-1}(x_i)t_i = s_\pi(z) = z = \Sigma_i\, x_i t_i \ ;$$

da die t_i transzendent sind, muß also $x_{\pi(i)} = x_i$ sein für alle i, d.h. π ist die Identität.)

3. Im Diagramm

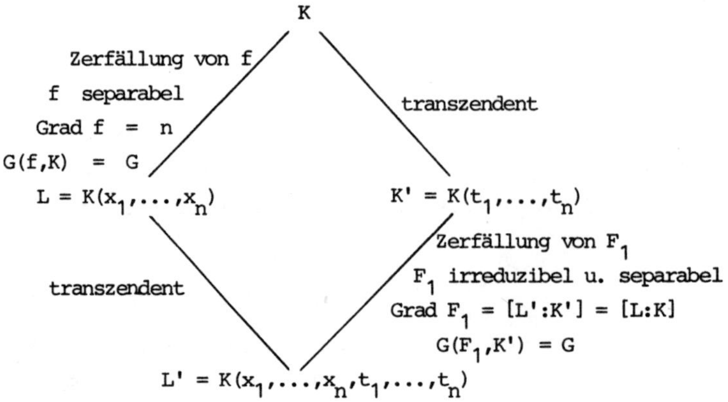

sind nochmals Idee und Bedeutung zusammengefaßt.

148. Wir betrachten zu den Nullstellen von f das Polynom F von Aufg. 147. F liegt in $\mathbf{Z}[\tau,t_1,\ldots,t_n]$ und die Primfaktorisierung $F = F_1F_2\cdots F_k$ ist nach dem Satz von Gauß (4.3.6) ebenfalls bereits über $\mathbf{Z}$ durchführbar. Durch $\tilde{\varphi}$ entsteht über $\mathbf{Z}_p$ eine (nicht notwendig irreduzible) Faktorisierung

$$\tilde{\varphi}(F) = \tilde{\varphi}(F_1)\ldots\tilde{\varphi}(F_k)\ .$$

Ist

$$\tilde{\varphi}(F) = \overline{F}_1 \ldots \overline{F}_m$$

die irreduzible Zerlegung von $\tilde{\varphi}(F)$ über $\mathbf{Z}_p$, so ist (bei entsprechender Numerierung) $\overline{F}_1$ Teiler von $\tilde{\varphi}(F_1)$ und mit Aufg. 147 ist

$$G(\overline{f},\mathbf{Z}_p) = \{\gamma\in S_n\ ;\ \tilde{s}_\gamma(\overline{F}_1) = \overline{F}_1\}\ .$$

$G(\overline{f},\mathbf{Z}_p)$ ist damit Untergruppe von $\{\gamma\in S_n\ ;\ \tilde{s}_\gamma(\tilde{\varphi}(F_1)) = \tilde{\varphi}(F_1)\}$.
Für $\gamma\notin G(f,\mathbf{Q})$ ist $\tilde{s}_\gamma(F_1) \neq F_1$ (vgl. Lösung von Aufg. 147), somit ist $\tilde{s}_\gamma(\tilde{\varphi}(F_1)) \neq \tilde{\varphi}(F_1)$; d.h.

$$G(f,\mathbf{Q}) = \{\gamma\in S_n\ ;\ \tilde{s}_\gamma(\tilde{\varphi}(F_1)) = \tilde{\varphi}(F_1)\}\ .$$

Beide Aussagen zusammen ergeben die Behauptung.

149. Sei $f = (1,2,\ldots,n-1)\in U$ der Zyklus der Länge $n-1$. Da U eine Transposition (i,k) $(1\le i<k\le n)$ enthält und transitiv ist, gibt es (vgl. 2.4.3.g) eine Transposition $(j,n)\in U$ mit $1\le j\le n-1$. Die Konjugierten dieser Transposition $f^s\circ(j,n)\circ f^{-s}$, $1\le s\le n$, sind dann gerade die Transpositionen $(1,n),\ldots,(n-1,n)$. Mit I. Aufg. 141.a ist $U = S_n$.

150. Mit dem chinesischen Restesatz (vgl. II. Aufg. 22) existiert ein f der gewünschten Gestalt. Die Galois-Gruppe von f ist transitiv, da $f \pmod{p_1}$ irreduzibel und normiert ist. Die Galois-Gruppen von f_2 und f_3 sind zyklisch (vgl. 7.2.4) und enthalten daher wegen (ii) bzw. (iii) einen Zyklus $(n-1)$-ter Ordnung bzw. eine Transposition. Mit Aufg. 148 gilt dasselbe auch für die Galois-Gruppe von f. Mit Aufg. 149 folgt $G(f,\mathbf{Q}) \cong S_n$.

Bemerkungen: *1. Die Polynome f_1,f_2,f_3 existieren wegen 6.7.2 und können explizit konstruiert werden, etwa für $p_1 = 2$, $p_2 = 3$, $p_3 = 5$.*

2. Ob jede Untergruppe von S_n Galois-Gruppe einer Gleichung über $\mathbf{Q}$ *sein kann, ist ein bis jetzt noch ungelöstes Problem. Nach E. NOETHER hätte man eine positive Antwort, wenn man wüßte, ob jeder Zwischenkörper K mit*

$$\mathbf{Q}(s_1,\dots,s_n) \subset K \subset \mathbf{Q}(t_1,\dots,t_n)$$

von n algebraisch unabhängigen Elementen erzeugt werden kann (t_i sind hierbei algebraisch unabhängig über $\mathbf{Q}$ *und s_j sind die elementarsymmetrischen Polynome der t_i) . Für $n = 1$ ist bekanntlich die Aussage richtig (Satz von LÜROTH , vgl. Aufg. 32.c.)*

151. Das Polynom f hat höchsten Koeffizienten 1 , alle anderen Koeffizienten sind durch 2 teilbar (da m und die n_k durch 2 teilbar sind), und der konstante Koeffizient $-mn_3n_4\cdots n_p - 2$ ist nicht durch 4 teilbar, da bereits der erste Summand der beiden durch 4 teilbar ist (wegen $p > 2$) . Nach Eisenstein (mit $p = 2$) ist f irreduzibel über $\mathbf{Q}$.

Wir wollen zeigen, daß f genau 2 nicht-reelle Wurzeln hat in $\mathbf{C}$. Über $\mathbf{C}$ schreiben wir $f = \prod_i (\tau - \alpha_i)$ mit den Wurzeln $\alpha_1,\dots,\alpha_p \in \mathbf{C}$ von f . Dann gilt (mit einem Koeffizientenvergleich)

$$\sum_{i=1}^{p} \alpha_i = \sum_{i=3}^{p} n_i \quad , \qquad \sum_{i>j} \alpha_i\alpha_j = \sum_{i>j} n_in_j + m$$

und wir erhalten

$$\sum_{i=1}^{p} \alpha_i^2 = (\sum_{i=1}^{p} \alpha_i)^2 - 2\sum_{i>j} \alpha_i\alpha_j = (\sum_{i=3}^{p} n_i)^2 - 2\sum_{i>j} n_in_j - 2m$$

$$= \sum_{i=3}^{p} n_i^2 - 2m < 0 \quad .$$

Also können nicht alle Wurzeln reell sein, da für reelles α stets $\alpha^2 \geq 0$. Damit hat f wenigstens zwei nicht-reelle Wurzeln.

Um zu zeigen, daß die anderen Wurzeln reell sind, zeigen wir, daß f wenigstens $p-2$ reelle Wurzeln hat. Offensichtlich gilt $f(n_i) = -2$ für $i = 3,4,\dots,p$. Für ungerades $k \in \mathbf{Z}$ gilt

$$|(k^2 + m)(k - n_3)\dots(k - n_p)| \geq 3 \ ,$$

da $|k - n_i| \geq 1$ und $k^2 + m \geq 1 + 2 = 3$. Somit ist $|f(k)| \geq 1$ für ungerades $k \in \mathbf{Z}$. Ist nun k_i eine ungerade Zahl im Intervall zwischen n_{2i-1} und n_{2i}, dann ist $f(k_i) \geq 1$ (die Wahl der Indices garantiert das richtige Vorzeichen). Nach dem Zwischenwertsatz für stetige Funktionen gibt es somit in den Intervallen $n_{2i-1} \leq x \leq k_i$ und $k_i \leq x \leq n_{2i}$ jeweils wenigstens eine reelle Wurzel von f. Das liefert insgesamt bereits $p-3$ reelle Wurzeln. Aus $f(n_p) = -2$ und $\lim_{n\to\infty} f(n) = +\infty$ finden wir noch eine weitere reelle Wurzel von f.

Bemerkung: *Damit ist explizit für jede Primzahl $p \geq 3$ die Existenz eines Polynoms nachgewiesen, das über $\mathbb{Q}$ genau zwei nicht reelle Wurzeln hat, und damit ist Satz 7.5.7 für jede Primzahl keine leere Aussage.*

In der Reihe

MATHEMATISCHE GRUNDLAGEN
für Mathematiker, Physiker und Ingenieure

sind bereits erschienen:

F. von Finckenstein:
Einführung in die Numerische Mathematik Band 1

K.W. Gaede und *J. Heinhold:*
Grundzüge des Operations Research, Teil 1, 1976

O. Giering, O. und *H. Seybold:*
Konstruktive Ingenieurgeometrie 1978

H.-R. Halder und *W. Heise:*
Einführung in die Kombinatorik, 1976

J. Heinhold unter Mitwirkung von *B. Riedmüller:*
Einführung in die Höhere Mathematik,
Teil 1: Grundlagen und Lineare Algebra, 1976

J. Heinhold und *F. Behringer:*
Einführung in die Höhere Mathematik,
Teil 2: Infinitesimalrechnung, 1976

J. Heinhold und *B. Riedmüller:*
Lineare Algebra und Analytische Geometrie,
Teil 1, 2. Auflage 1975
Teil 2, 1973

J. Heinhold, B. Riedmüller und *H. Fischer:*
Aufgaben und Lösungen zur Linearen Algebra und Analytischen Geometrie,
Teil 1, 2. Auflage 1974
Teil 2, 2. Auflage 1977

K. Meyberg:
Algebra,
Teil 1, 1975
Teil 2, 1976

K. Meyberg und *P. Vachenauer:*
Aufgaben und Lösungen zur Algebra, 1978

In Vorbereitung:

P. Albrecht:
Die numerische Behandlung gewöhnlicher Differentialgleichungen

F. von Finckenstein:
Einführung in die Numerische Mathematik Band 2

J. Heinhold und *F. Behringer:*
Einführung in die Höhere Mathematik, Teil 3: Differentialgleichungen

J. Heinhold und *K.W. Gaede:*
Einführung in die Höhere Mathematik, Teil 4: Funktionentheorie